# 周期表

| 10 | 11 | 12 | 13 | 14 | 15 | 16 | 17 | 18 | 周期 |
|---|---|---|---|---|---|---|---|---|---|
| | | | | | | | | 2 **He** ヘリウム 4.003 | 1 |
| | | | 5 **B** ホウ素 10.81 | 6 **C** 炭素 12.01 | 7 **N** 窒素 14.01 | 8 **O** 酸素 16.00 | 9 **F** フッ素 19.00 | 10 **Ne** ネオン 20.18 | 2 |
| | | | 13 **Al** アルミニウム 26.98 | 14 **Si** ケイ素 28.09 | 15 **P** リン 30.97 | 16 **S** 硫黄 32.07 | 17 **Cl** 塩素 35.45 | 18 **Ar** アルゴン 39.95 | 3 |
| 28 **Ni** ニッケル 58.69 | 29 **Cu** 銅 63.55 | 30 **Zn** 亜鉛 65.38 | 31 **Ga** ガリウム 69.72 | 32 **Ge** ゲルマニウム 72.63 | 33 **As** ヒ素 74.92 | 34 **Se** セレン 78.97 | 35 **Br** 臭素 79.90 | 36 **Kr** クリプトン 83.80 | 4 |
| 46 **Pd** パラジウム 106.4 | 47 **Ag** 銀 107.9 | 48 **Cd** カドミウム 112.4 | 49 **In** インジウム 114.8 | 50 **Sn** スズ 118.7 | 51 **Sb** アンチモン 121.8 | 52 **Te** テルル 127.6 | 53 **I** ヨウ素 126.9 | 54 **Xe** キセノン 131.3 | 5 |
| 78 **Pt** 白金 195.1 | 79 **Au** 金 197.0 | 80 **Hg** 水銀 200.6 | 81 **Tl** タリウム 204.4 | 82 **Pb** 鉛 207.2 | 83 **Bi*** ビスマス 209.0 | 84 **Po*** ポロニウム (210) | 85 **At*** アスタチン (210) | 86 **Rn*** ラドン (222) | 6 |
| 110 **Ds*** ダームスタチウム (281) | 111 **Rg*** レントゲニウム (280) | 112 **Cn*** コペルニシウム (285) | 113 **Nh*** ニホニウム (284) | 114 **Fl*** フレロビウム (289) | 115 **Mc*** モスコビウム (288) | 116 **Lv*** リバモリウム (293) | 117 **Ts*** テネシン (293) | 118 **Og*** オガネソン (294) | 7 |

| 63 **Eu** ユウロピウム 152.0 | 64 **Gd** ガドリニウム 157.3 | 65 **Tb** テルビウム 158.9 | 66 **Dy** ジスプロシウム 162.5 | 67 **Ho** ホルミウム 164.9 | 68 **Er** エルビウム 167.3 | 69 **Tm** ツリウム 168.9 | 70 **Yb** イッテルビウム 173.1 | 71 **Lu** ルテチウム 175.0 |
|---|---|---|---|---|---|---|---|---|
| 95 **Am*** アメリシウム (243) | 96 **Cm*** キュリウム (247) | 97 **Bk*** バークリウム (247) | 98 **Cf*** カリホルニウム (252) | 99 **Es*** アインスタイニウム (252) | 100 **Fm*** フェルミウム (257) | 101 **Md*** メンデレビウム (258) | 102 **No*** ノーベリウム (259) | 103 **Lr*** ローレンシウム (262) |

● 本書の補足情報・正誤表を公開する場合があります．当社 Web サイト（下記）
で本書を検索し，書籍ページをご確認ください．
https://www.morikita.co.jp/

● 本書の内容に関するご質問は下記のメールアドレスまでお願いします．なお，
電話でのご質問には応じかねますので，あらかじめご了承ください．
editor@morikita.co.jp

● 本書により得られた情報の使用から生じるいかなる損害についても，当社およ
び本書の著者は責任を負わないものとします．

|JCOPY|〈（一社）出版者著作権管理機構 委託出版物〉
本書の無断複製は，著作権法上での例外を除き禁じられています．複製される
場合は，そのつど事前に上記機構（電話 03-5244-5088, FAX 03-5244-5089,
e-mail: info@jcopy.or.jp）の許諾を得てください．

# はじめに

　本書は，大学や高専で物理化学をはじめて学ぶための教科書，参考書として，高専や大学で実際に講義を担当している教員が分担して執筆し，まとめたものである．化学以外の分野で物理化学をはじめて学ぶ人にもわかりやすいように難しい表現を回避しつつ，物理化学を理解するうえで必要な専門用語は色分けをして強調し，さらに，各章の冒頭には理解度チェックをする欄，章末には物理化学で重要な公式などをまとめる欄を設けるなど，見やすい教科書，参考書になるように努力した．

　物理化学は数式を扱うことが多く，数学でつまずくケースが非常に多い．そのため，数式を使わず，イラストを多用することでわかりやすさを優先した物理化学の教科書も数多く出版されているが，本書はあえて数学を避けることはせず，その代わりに，物理化学を理解するうえで必要最小限の数学については本書の「付録」内で例題を解きながら復習できるようにし，幅広い内容を有する数学の各分野の専門書に頼ることなく本書を読み通せる工夫もした．一方で，物理化学の教科書にありがちな式の導出は極力回避し，物理化学でよく出てくる公式が実際にどのように使われるのか，その適用例について多くのページを割いた．各章，各節における重要公式の意味や内容については，例題を解くことで理解できるようにしたつもりである．

　本書で扱う範囲は，大学や高専の物理化学の専門共通科目として一般的に講義される内容をできるかぎり網羅するようにした一方で，各章，各節の内容は初学者にも親しみやすいように基礎的な事項に限定している．各章，各節のより深い内容を学びたい場合は，より高度で専門的な物理化学の教科書が出版されているので，それらを参考にしてほしい．

　また，本書は数多くの問題を解くことで物理化学の理解を深めることができるように，章末に演習問題を配置した．さらに，その難易度についても，例題と同等の基礎的な理解度のチェックのための問題と，その章の内容を深く理解していないと解くことが難しい難易度が高い問題の2種類に分類している．各章の学修度の理解をチェックするときは「復習総まとめ問題」を，また，大学編入試験，大学院試験などで力試しとして問題を活用したい場合は「難問にチャレンジ」をおすすめしたい．

　本書の執筆にあたって，これまで出版された物理化学の教科書，参考書に掲載されている多くの例題，問題を参考にさせていただいた．著者の方々には厚く御礼を申し上げたい．そして，最後に，本書の執筆についてお声がけと激励を頂いた森北出版の佐藤氏，また，細かく原稿に目を通していただき，ご尽力とご配慮をいただいた藤原氏に厚く感謝いたします．

執筆者一同を代表して　村上能規

# 目 次

## Chapter 1　気体の運動と状態方程式 …………………………………………… 1

- **1.1**　状態方程式と混合気体　2
- **1.2**　気体分子運動論　8
- **1.3**　実在気体のファンデルワールス方程式　17
- この章のまとめ　24
- 復習総まとめ問題　25
- 難問にチャレンジ　25

## Chapter 2　熱力学と熱化学 ………………………………………………………… 27

- **2.1**　熱力学第1法則　28
- **2.2**　熱化学と反応エンタルピー　38
- **2.3**　熱力学第2，第3法則　44
- **2.4**　自由エネルギー　52
- この章のまとめ　62
- 復習総まとめ問題　63
- 難問にチャレンジ　64

## Chapter 3　化学平衡と液体・固体の性質 ………………………………………… 67

- **3.1**　化学平衡と熱力学　68
- **3.2**　相平衡と相図　77
- **3.3**　液体の性質　83
- **3.4**　固体の性質　90
- この章のまとめ　96
- 復習総まとめ問題　97
- 難問にチャレンジ　98

## Chapter 4　溶液の性質―イオン，コロイド，界面現象 ………………………… 101

- **4.1**　イオンの輸送，電離平衡　102
- **4.2**　電池と電極電位　109
- **4.3**　電気分解　117
- **4.4**　コロイドと界面の性質　121
- **4.5**　界面現象―表面張力と毛細管現象　124
- この章のまとめ　126
- 復習総まとめ問題　127
- 難問にチャレンジ　128

## Chapter 5　反応速度と反応機構 ……………………………………………………………… 129

- **5.1**　反応速度と反応次数，反応速度の温度依存性　130
- **5.2**　複雑な反応の速度解析　138
- この章のまとめ　149
- 復習総まとめ問題　150
- 難問にチャレンジ　152

## Chapter 6　量子化学の基礎 ……………………………………………………………………… 155

- **6.1**　熱輻射と量子仮説　156
- **6.2**　電子の二重性とシュレーディンガー方程式　164
- **6.3**　分子軌道の組み立て方―共鳴安定化，混成軌道　176
- この章のまとめ　186
- 復習総まとめ問題　187
- 難問にチャレンジ　188

## Chapter 7　原子核の崩壊と放射性元素 ………………………………………………………… 191

- **7.1**　放射線核種と半減期　192
- **7.2**　核分裂と核融合，核の結合エネルギー　196
- この章のまとめ　198
- 復習総まとめ問題　199
- 難問にチャレンジ　199

## 付録 ……………………………………………………………………………………………………… 201

- **A.1**　単位　202
- **A.2**　有効数字　203
- **A.3**　基礎物理定数表　203
- **A.4**　微分・積分・偏微分　204
- **A.5**　物理化学物性データ集　207

## 章末問題解答 …………………………………………………………………………………………… 209

## 索引 ……………………………………………………………………………………………………… 220

# chapter 1
# 気体の運動と状態方程式

### 理解度チェック

- [ ] 気体の法則と，理想気体の状態方程式を理解できる
- [ ] 混合気体の分圧が計算できる
- [ ] 気体分子運動論から圧力を定義して，理想気体の状態方程式を導出できる
- [ ] 気体分子の並進速度，流出速度が計算できる
- [ ] 実在気体の特徴と状態方程式が理解できる
- [ ] 臨界現象と対応状態の原理を説明できる

## 1.1 状態方程式と混合気体

**KEYWORD**

ボイルの法則，シャルルの法則，絶対零度，アボガドロの法則，モル体積，理想気体の状態方程式，ドルトンの分圧の法則

### 1.1.1 ボイルの法則とシャルルの法則

はじめに，**理想気体**(ideal gas)について考える．理想気体とは**実在気体**(real gas)を単純化したもので，「分子間の相互作用（引力・斥力）」と「分子の実体積」を無視した仮想的な気体である．

まずは，理想気体の圧縮性と温度膨張性を考えてみよう．理想気体の「圧縮性」は**ボイルの法則**(Boyle's law)で表されることが知られている．

---

**ボイルの法則**

一定温度 $T$，一定量 $n$ の気体の体積 $V$ は，圧力 $P$ に反比例する．

$$V \propto \frac{1}{P} \quad (T, n \text{ 一定}) \quad \text{あるいは} \quad PV = \text{一定} \tag{1.1.1}$$

---

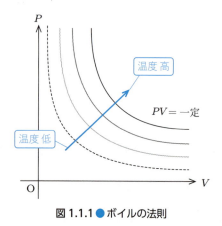

**図 1.1.1** ● ボイルの法則

図 1.1.1 に示すように，温度により $V$–$P$ を表す曲線の位置は変化するが，体積 $V$ は圧力 $P$ に反比例している．また実際の計算では，「始めの状態」を 1,「終わりの状態」を 2 として，次の関係式もよく使われる．

$$P_1 V_1 = P_2 V_2 \tag{1.1.2}$$

圧力 $P$ が 2 倍になれば，体積 $V$ は 1/2 倍となる（**図 1.1.2**）．

理想気体の「温度膨張性」については，**シャルルの法則**(Charles's law)で表されることが知られている．

**NOTE**
式 (1.1.2) では圧力 $P$ と体積 $V$ の単位は何でもよいが，両辺の単位を合わせること！

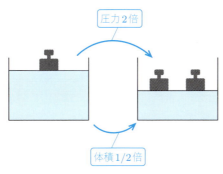

図 1.1.2 ● 圧力 $P$ と体積 $V$ の関係

> **シャルルの法則**
>
> 一定圧力 $P$, 一定量 $n$ の気体の体積 $V$ は, 絶対温度 $T$ に比例する.
>
> $$V \propto T \quad (P, n \text{一定}) \quad \text{あるいは} \quad \frac{V}{T} = \text{一定} \qquad (1.1.3)$$

**NOTE**

ボイルの法則とシャルルの法則を合わせたものとして, **ボイル-シャルルの法則** Boyle-Charles's law $PV/T=$ 一定もあるので覚えておこう.

式 (1.1.2) と同じく, 次の関係式がよく使われる.

$$\frac{V_1}{T_1} = \frac{V_2}{T_2} \qquad (1.1.4)$$

シャルルの法則によると, たとえば温度が 0℃（273 K）から 27℃（300 K）に上がる（1.1 倍になる）と, 体積も 1.1 倍となる（**図 1.1.3**）.

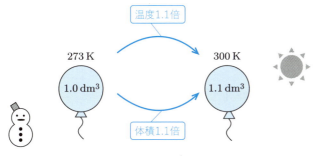

図 1.1.3 ● 温度 $T$ と体積 $V$ の関係

なおここでは, 温度には絶対温度を使用している. 絶対温度は $T$ で表され, 単位は K（ケルビン）である. セルシウス温度 $t$ [℃] との関係は次のとおりである.

1.1 状態方程式と混合気体　3

**POINT**

計算では絶対温度を使う．式 (1.1.5) は必ず覚えよう．2つの温度の変換では，273 を使うことも多い．

**セルシウス温度と絶対温度の関係**

$$T\,[\mathrm{K}] = t\,[\mathrm{℃}] + 273.15 \tag{1.1.5}$$

－273.15℃ は到達できる最低温度であり，この温度を**絶対零度** (absolute zero) とよぶ．絶対零度を 0 とした温度目盛が絶対温度目盛（ケルビン温度目盛）である．絶対温度目盛では，負の値は存在しない．また，絶対温度とセルシウス温度の目盛の間隔は同じであり，1 K は 1℃ に相当する．

**例題 1.1**

ある温度の気体は圧力 740 mmHg で体積 15.0 cm³ を占める．同じ気体が同温で 760 mmHg のときの体積を求めよ．ただし，1 mmHg = 133.3 Pa である．

**解答** ボイルの法則 $P_1 V_1 = P_2 V_2$ ☞式 (1.1.2) を用いる．

$$740\,[\mathrm{mmHg}] \times 15.0\,[\mathrm{cm^3}] = 760\,[\mathrm{mmHg}] \times V\,[\mathrm{cm^3}]$$

$$\therefore V = 14.6\,\mathrm{cm^3}$$

**例題 1.2**

風船の体積が －5.0℃ で 1.00 dm³ だった．風船から空気が抜けないとして，30.0℃ のときの風船の体積を求めよ．

**解答** シャルルの法則 $V_1/T_1 = V_2/T_2$ ☞式 (1.1.4) を用いる．

$$\frac{1.00\,[\mathrm{dm^3}]}{-5.0 + 273\,[\mathrm{K}]} = \frac{V\,[\mathrm{dm^3}]}{30.0 + 273\,[\mathrm{K}]}$$

$$\therefore V = 1.13\,\mathrm{dm^3}$$

**NOTE**

体積の単位 L（リットル）は，SI では dm³ を用いることに注意．1 dm³ = 1000 cm³．

### 1.1.2 理想気体の状態方程式

気体には，体積と分子数の関係を表す法則も存在する．**アボガドロの法則** (Avogadro's law) は，**アボガドロの原理** (Avogadro's principle) ともよばれる．

**アボガドロの法則**

一定温度 $T$，一定圧力 $P$ の気体の体積 $V$ は，物質量 $n$ に比例する．

$$V \propto n \quad (T,\ P\ 一定) \quad \text{あるいは} \quad \frac{V}{n} = 一定 \tag{1.1.6}$$

体積 $V$ を物質量 $n$ で割った値を**モル体積** (molar volume) とよび，$V_\mathrm{m}$（あるいは $\bar{V}$）で表す．次式が示すように，モル体積 $V_\mathrm{m}$ は 1 mol あたりの体積である．

$$V_\mathrm{m} = \frac{V}{n} \tag{1.1.7}$$

アボガドロの法則では，同温同圧ではモル体積が一定となる．実際に，標準温度・圧力（0℃，1 atm = $1.013 \times 10^5$ Pa）で 1 mol の気体の体積は，気体の種類によらず 22.414 $\mathrm{dm}^3$ である．この条件では，気体のモル体積は 22.414 $\mathrm{dm}^3\,\mathrm{mol}^{-1}$ となる．「標準温度・圧力」のように，温度と圧力を指定した状態を**標準状態**(standard state)とよぶ．標準状態の圧力は $10^5$ Pa あるいは $1.013 \times 10^5$ Pa，温度は 0℃（273.15 K）あるいは 25℃（298.15 K）を指定する．たとえば「標準環境温度・圧力」は 25℃，$10^5$ Pa の標準状態をさす．

これまで出てきた理想気体の 3 つの法則は，体積 $V$ が別の変数（$1/P$, $T$, $n$）に比例するというものである．

$$V \propto \frac{nT}{P} \tag{1.1.8}$$

これら 3 つの法則は，1 つにまとめることができる．ここで，比例定数を $R$ として上式を変形すると，**理想気体の状態方程式**(ideal gas equation of state)が得られる．

> **理想気体の状態方程式**
>
> $$PV = nRT \tag{1.1.9}$$
>
> 体積，気体定数，圧力，物質量，絶対温度

**POINT**
モル体積はさまざまな場面で登場する．標準温度・圧力でのモル体積は 22.414 $\mathrm{dm}^3$ であるので覚えておこう．

**NOTE**
理想気体の状態方程式 $PV = nRT$ は頻出．

$R$ はどの気体でも同じ値となる定数で，**気体定数**(gas constant)とよばれる．

$$\begin{aligned}
R &= \frac{PV}{nT} = \frac{1\,[\mathrm{atm}] \times 22.414\,[\mathrm{dm}^3]}{1\,[\mathrm{mol}] \times 273.15\,[\mathrm{K}]} \\
&= 0.08206\ \mathrm{atm\,dm^3\,K^{-1}\,mol^{-1}} \quad \text{圧力 [atm]，体積 [dm}^3\text{]} \\
&= 8.314\ \mathrm{J\,K^{-1}\,mol^{-1}} \quad\quad\quad\quad\ \ \text{圧力 [Pa]，体積 [m}^3\text{]}
\end{aligned} \tag{1.1.10}$$

**NOTE**
圧力 $P$ と体積 $V$ の単位により，気体定数 $R$ の値は異なる．単位に気をつけよう．

---

**例題 1.3**

22.0℃，756 mmHg で 28.2 $\mathrm{cm}^3$ の体積を占める気体の物質量を求めよ．ただし，1 atm = 760 mmHg，気体は理想気体とみなす．

**解答** 物質量を $n$ [mol] とし，状態方程式 $PV = nRT$ ☞式(1.1.9) で $R = 0.0821\ \mathrm{atm\,dm^3\,K^{-1}\,mol^{-1}}$ を用いる．

$$\frac{756}{760}\,[\mathrm{atm}] \times \frac{28.2}{1000}\,[\mathrm{dm}]^3 = n\,[\mathrm{mol}] \times 0.0821\,[\mathrm{atm\,dm^3\,K^{-1}\,mol^{-1}}] \times 295\,[\mathrm{K}]$$

$$\therefore n = 1.16 \times 10^{-3}\ \mathrm{mol}$$

### 例題 1.4

25.0℃，1.00 atm で，ある気体 1.02 g を体積 1.23 dm³ の容器に詰めた．この気体の分子量を求めよ．ただし，気体は理想気体とみなす．

**解答** 状態方程式 $PV=nRT$ ☞式(1.1.9) で，気体の分子量を $M$ [g mol$^{-1}$] とする．

$$1.00\,[\text{atm}] \times 1.23\,[\text{dm}^3] = \frac{1.02\,[\text{g}]}{M} \times 0.0821\,[\text{atm dm}^3\,\text{K}^{-1}\,\text{mol}^{-1}] \times 298\,[\text{K}]$$

$$\therefore M = 20.3\ \text{g mol}^{-1}$$

$M$ の値から，この気体はネオン Ne であることがわかる．

**HINT**
気体の質量 $w$ [g] と気体の分子量 $M$ [g mol$^{-1}$] を使うと，式(1.1.9)は次のようになる．
$$PV = \frac{w}{M}RT$$

### 1.1.3 ドルトンの分圧の法則

2種類以上の理想気体を混合した混合気体では，次の**ドルトンの分圧の法則** (Dalton's law of partial pressures) が成り立つ．

---
**ドルトンの分圧の法則**

理想気体を成分とする混合気体の圧力は，同じ温度，同じ体積を占める各成分の分圧の和に等しい．

---

たとえば，2成分（気体 A と気体 B）の混合気体の圧力（**全圧** total pressure）$P$ は，それぞれの気体の圧力（**分圧** partial pressure）$P_A$, $P_B$ を用いて次のように表される．

$$P = P_A + P_B \tag{1.1.11}$$

成分が増えれば，式(1.1.11)の右辺に加える分圧が増える．なお，大気圧（全圧）は，ほぼ窒素と酸素の分圧の合計となる（図 1.1.4）．

**図 1.1.4** 全圧と分圧の関係

**モル分率** (mole fraction) を用いると，全圧と分圧を変換することができる．モル分率 $x_i$ は，混合気体の全物質量 $n$ に対する成分 $i$ の物質量 $n_i$ の比である．そのため，モル分率の合計は 1 となる．

また，温度と体積が一定であれば，モル分率 $x_i$ は全圧 $P$ に対する分圧 $P_i$ の比となる．すなわち，全圧 $P$ にモル分率 $x_i$ をかけることで成分 $i$ の分圧 $P_i$ を計算することができる．

**POINT**
モル分率の合計が 1 であることは必ず覚えよう．

**モル分率**

$$x_i = \frac{n_i}{n} = \frac{P_i}{P} \tag{1.1.12}$$

(成分 $i$ の物質量) (成分 $i$ の分圧)
(モル分率) (全物質量) (全圧)

モル分率 $x_i$ の合計は 1 となる.

$$\sum_i x_i = 1 \tag{1.1.13}$$

**POINT**

モル分率は混合物では頻出. モル分率は比であるため, 単位はない. モル分率による全圧と分圧の変換（式 (1.1.12)）もできるようになろう.

### 例題 1.5

温度 25.0℃ で, 窒素 $N_2$ 0.200 mol と酸素 $O_2$ 0.400 mol の混合気体の体積は 1.00 dm$^3$ であった. 混合気体の全圧と, 各成分の分圧を計算せよ. ただし, 混合気体は理想気体とする.

**解答**　状態方程式 $PV = nRT$ より, 全圧 $P$ を求める.

$P \text{[atm]} \times 1.00 \text{[dm}^3\text{]}$
$= (0.200 + 0.400 \text{[mol]}) \times 0.0821 \text{[atm dm}^3\text{K}^{-1}\text{mol}^{-1}\text{]} \times 298 \text{[K]}$

∴ $P = 14.67$ atm ≒ 14.7 atm

モル分率の式☞式(1.1.12) を用いて分圧を計算する.

窒素のモル分率　$x_{N_2} = \dfrac{0.200 \text{[mol]}}{0.200 + 0.400 \text{[mol]}} = 0.333$

窒素の分圧　$P_{N_2} = P \times x_{N_2} = 14.67 \text{[atm]} \times 0.333 = 4.885$ atm ≒ 4.89 atm

酸素のモル分率　$x_{O_2} = 1 - 0.333 = 0.667$

酸素の分圧　$P_{O_2} = P \times x_{O_2} = 14.67 \text{[atm]} \times 0.667 = 9.784$ atm ≒ 9.78 atm

**別解**：窒素, 酸素それぞれに対して状態方程式 $PV = nRT$ を用いる.

窒素の分圧

$P_{N_2} \text{[atm]} \times 1.00 \text{[dm}^3\text{]}$
$= 0.200 \text{[mol]} \times 0.0821 \text{[atm dm}^3\text{K}^{-1}\text{mol}^{-1}\text{]} \times 298 \text{[K]}$

∴ $P_{N_2} = 4.893$ atm ≒ 4.89 atm

酸素の分圧

$P_{O_2} \text{[atm]} \times 1.00 \text{[dm}^3\text{]}$
$= 0.400 \text{[mol]} \times 0.0821 \text{[atm dm}^3\text{K}^{-1}\text{mol}^{-1}\text{]} \times 298 \text{[K]}$

∴ $P_{O_2} = 9.786$ atm ≒ 9.79 atm

## 1.2 気体分子運動論

**KEYWORD**

根平均二乗速度，マクスウェル・ボルツマンの速度分布，平均速度，最大確率速度，エネルギー等分配則，衝突頻度，平均自由行程，流出速度，グラハムの流出の法則

### 1.2.1 気体の分子運動，根平均二乗速度

**気体分子運動論**（kinetic theory of gases）は，気体のさまざまな性質（マクロな現象）を個々の気体の分子運動（ミクロな現象）で説明する理論である．気体の分子運動は大きく3つに分けられる（図1.2.1）．

- **並進**（translation）
  $x$, $y$, $z$ の3方向．**自由度**（degree of freedom）は3である．

- **回転**（rotation）
  分子構造により自由度が異なる．直線分子では2，非直線分子では3．

- **振動**（vibration）
  分子構造により自由度が異なる．分子を構成する原子数を $n$ 個とすると，直線分子では $3n-5$，非直線分子では $3n-6$．

> **参考**
> 1自由度における配分されるエネルギーが $(1/2)k_BT$ と温度のみで決定されるという法則を，**エネルギー等分配則**という．ただし，$k_B$ はボルツマン定数．

図 1.2.1 ● 分子運動の種類

3つの分子運動のうち，気体分子の並進運動を用いて，気体分子を閉じ込めている容器の壁に圧力が生じる理由を考えてみよう．はじめに，気体の分子運動については以下の仮定をする．

① 気体は絶えず運動している粒子から構成される．
② 弾性衝突以外の分子間の相互作用（引力・斥力）はなし．
③ 分子は質量をもつが，分子の体積（実体積）は無視できる．
④ 衝突時のエネルギー損失がない（完全弾性衝突）．

②と③は，理想気体の条件と同じである．気体分子による容器壁への衝突が原因で気体の圧力 $P$ が生じると考えると，容器壁に衝突する分子数が多いほど圧力は大きくなる（図1.2.2）．

次に，分子衝突と圧力の関係を考えよう．分子の壁への衝突により，壁には力 $F$ [N] が加わる．力 $F$ を壁の単位面積 $A$ [m²] で割ると，圧力 $P$ [Pa] （=

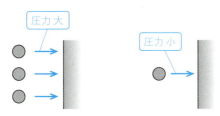

図 1.2.2 ● 気体が壁に及ぼす圧力

$F\,[\mathrm{N}]\,/A\,[\mathrm{m}^2]$）となる．ここで，力 $F$ は，単位時間あたりの分子の運動量の変化量（$\Delta P/\Delta t=\Delta(mu)/\Delta t$）に等しい．

$$F = ma = m\frac{\Delta u}{\Delta t} = \frac{\Delta P}{\Delta t} \tag{1.2.1}$$

ところで，分子の壁への衝突は完全弾性衝突であるため（仮定④），速度 $-u$ で衝突した質量 $m$ の分子は，衝突後，同じ位置に速度 $+u$ で戻ってくる（**図 1.2.3**）．したがって，衝突前後の分子1個の運動量の変化量は，$\Delta P = (+mu) - (-mu) = +2mu$ となる．

**復習**
運動量の変化 $\Delta P=\Delta(mu)$ が力積 $F\Delta t$ に等しいという関係からも，式 (1.2.1) が導出できる．

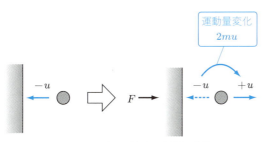

図 1.2.3 ● 壁への衝突と運動量変化

いま，一辺 $L\,[\mathrm{m}]$ の空間内で，質量 $m\,[\mathrm{kg}]$，速度 $u\,[\mathrm{m\,s^{-1}}]$ の分子が，$x$ 軸に垂直な面積 $A\,[\mathrm{m}^2]$ の壁に衝突する状況を考える（**図 1.2.4**(a)）．速度 $u$ は $x, y, z$ の3方向の成分に分けられる（図(b)）．このとき，$x$ 軸方向にある壁への衝突で変化する速度成分は $u_x$ であることから，1回の衝突による運動量の変化量は，$+2mu_x\,[\mathrm{kg\,m\,s^{-1}}]$ となる．

単位時間あたりの運動量の変化量（力 $F$）は，分子1個の分子の運動量の変化量 $\Delta p = +2mu$ に1秒間の衝突数をかけたものになる．分子速度 $u\,[\mathrm{m\,s^{-1}}]$ の $x$ 軸方向の速度は $u_x\,[\mathrm{m\,s^{-1}}]$，分子を閉じ込めている箱の一辺の長さは $L\,[\mathrm{m}]$ なので，単位時間あたりの衝突数は，$u_x/2L\,[\mathrm{s}^{-1}]$ となる．したがって，単位時間あたりの運動量の変化量（力 $F$）は，これらをかけたものになる．

$$F = +2mu_x \times \frac{u_x}{2L} = \frac{mu_x^2}{L} \tag{1.2.2}$$

1つの分子が壁に及ぼす圧力 $P$ は，力 $F$ を壁の面積 $A$（$=L^2$）で割って

**NOTE**
長さ $L\,[\mathrm{m}]$ に速度 $u\,[\mathrm{m\,s^{-1}}]$ で衝突する頻度は $u/L\,[\mathrm{s}^{-1}]$ となるはずだが，1つの分子が同じ側の壁に衝突するためには，$2L\,[\mathrm{m}]$ の距離を往復する必要があるため，$u/2L\,[\mathrm{s}^{-1}]$ となる．

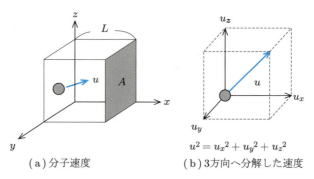

（a）分子速度　　　　（b）3方向へ分解した速度

図 1.2.4 ● 一辺 $L$ の空間内の分子の速度

求められる.

$$P = \frac{F}{A} = \frac{mu_x^2}{L^3} \tag{1.2.3}$$

$N$ 個の分子が存在する場合は，$x$ 軸に垂直な壁に及ぼす圧力を $P_x$ とすると以下のようになる．ただし，$u_{x,i}$ は $i$ 番目の分子の $x$ 軸方向の速度である．

$$P_x = \sum_{i=1}^{N} \frac{mu_{x,i}^2}{L^3} \tag{1.2.4}$$

$y$ 軸および $z$ 軸に垂直な壁に及ぼす圧力 $P_y$，$P_z$ も式 (1.2.4) と同様に求められる．

> **NOTE**
> $P_y$，$P_z$ は，式 (1.2.4) の $x$ をそれぞれ $y$，$z$ に変えたものとなる．

それぞれの壁への圧力 $P_x$，$P_y$，$P_z$ は空間内の圧力 $P$ に等しいことから，$P = P_x = P_y = P_z$ より以下の関係式が得られる．

$$P = \sum_{i=1}^{N} \frac{mu_{x,i}^2}{L^3} = \sum_{i=1}^{N} \frac{mu_{y,i}^2}{L^3} = \sum_{i=1}^{N} \frac{mu_{z,i}^2}{L^3} \tag{1.2.5}$$

図 1.2.4 の関係式 $u^2 = u_x^2 + u_y^2 + u_z^2$ を式 (1.2.5) に適用すると，次式が得られる．

$$P = \sum_{i=1}^{N} \frac{mu_i^2}{3L^3} = \frac{m}{3L^3} \sum_{i=1}^{N} u_i^2 \tag{1.2.6}$$

ここで，速度を 2 乗したもので平均をとった平均二乗速度 $\overline{u^2}$ を導入しよう．

$$\overline{u^2} = \frac{1}{N} \sum_{i=1}^{N} u_i^2 \tag{1.2.7}$$

さらに，体積 $V[\mathrm{m}^3] = L^3$，物質量 $n\,[\mathrm{mol}] = N/N_\mathrm{A}$，モル質量 $M\,[\mathrm{kg\ mol^{-1}}] = m \times N_\mathrm{A}$ の関係式を使って式 (1.2.6) を変形すると，$N = n \times N_\mathrm{A} = n \times M/m$ より，次式が得られる．

> **NOTE**
> $N_\mathrm{A}$ はアボガドロ定数．

$$PV = \frac{Nm}{3} \times \overline{u^2} = n \times \frac{M\overline{u^2}}{3} \tag{1.2.8}$$

式 (1.2.8) と理想気体の状態方程式 $PV = nRT$ ☞式 (1.1.9) を比べると，次の関係が成り立つ．

$$RT = \frac{M\overline{u^2}}{3} \qquad (1.2.9)$$

$\sqrt{\overline{u^2}}$ を**根平均二乗速度**(root-mean-square speed)とよび $u_{\mathrm{rms}}$ [m s$^{-1}$] と表すと，分子の速度は分子のモル質量 $M$ と温度 $T$ で表されることがわかる．

---

**根平均二乗速度**

$$u_{\mathrm{rms}} = \sqrt{\overline{u^2}} = \sqrt{\frac{3RT}{M}} \qquad (1.2.10)$$

（気体定数）（温度）（モル質量）

---

式 (1.2.10) は，気体の個々の分子の速度（ミクロな量）は，気体全体の温度（マクロな量）で表されることを示している．また，同じ温度であれば，軽い分子は重い分子よりも速度が大きいことがわかる．

#### 例題 1.6

25℃における窒素 $N_2$ と塩素 $Cl_2$ の根平均二乗速度を計算せよ．ただし，窒素 $N_2$ と塩素 $Cl_2$ の分子量をそれぞれ 28.0，70.9 とする．

**解答** 根平均二乗速度の公式☞式(1.2.10) に数値を代入して計算する．

$$N_2 : u_{\mathrm{rms}} = \sqrt{\frac{3 \times 8.31\,[\mathrm{J\,K^{-1}\,mol^{-1}}] \times 298\,[\mathrm{K}]}{28.0 \times 10^{-3}\,[\mathrm{kg\,mol^{-1}}]}} = 515\,\mathrm{m\,s^{-1}}$$

$$Cl_2 : u_{\mathrm{rms}} = \sqrt{\frac{3 \times 8.31\,[\mathrm{J\,K^{-1}\,mol^{-1}}] \times 298\,[\mathrm{K}]}{70.9 \times 10^{-3}\,[\mathrm{kg\,mol^{-1}}]}} = 324\,\mathrm{m\,s^{-1}}$$

同じ温度では，重い $Cl_2$ よりも軽い $N_2$ のほうが速度が大きい．

#### 例題 1.7

50℃における塩素 $Cl_2$ の根平均二乗速度を計算し，例題 1.6 の結果と比較せよ．ただし，塩素 $Cl_2$ の分子量を 70.9 とする．

**解答** 根平均二乗速度の公式☞式(1.2.10) を用いて計算する．

$$u_{\mathrm{rms}} = \sqrt{\frac{3 \times 8.31\,[\mathrm{J\,K^{-1}\,mol^{-1}}] \times 323\,[\mathrm{K}]}{70.9 \times 10^{-3}\,[\mathrm{kg\,mol^{-1}}]}} = 337\,\mathrm{m\,s^{-1}}$$

同じ分子では，高温のほうが速度は大きい．

### 1.2.2 マクスウェル・ボルツマンの速度分布と分子の並進速度

根平均二乗速度☞式(1.2.10) とは，各分子の速度を 2 乗し，その和を分子の総数で割って求めた平均値の平方根をとった値である．実際の分子は，同じ

温度でも遅いものから速いものまでさまざまな速度で運動している．速度 $u$ から $u+\mathrm{d}u$ の範囲で運動する分子の割合を $f(u)\mathrm{d}u$ で表すとき，分子速度の分布は，次式の**マクスウェル–ボルツマンの速度分布**で表される．
Maxwell - Boltzmann distribution of speeds

$$f(u) = 4\pi \left(\frac{M}{2\pi RT}\right)^{3/2} u^2 \exp\left(-\frac{Mu^2}{2RT}\right) \tag{1.2.11}$$

> **POINT**
> $f(u)$ を $u_1$ から $u_2$ まで積分する (つまり, $\int_{u_1}^{u_2} f(u)\mathrm{d}u$) と, この分子の速度が $u_1$ から $u_2$ の間にある確率を計算できる．

式 (1.2.11) で表される速度分布の形状は，モル質量 $M$ と温度 $T$ に依存する．図 1.2.5 に速度分布曲線を示す．

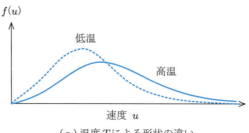

(a) 温度 $T$ による形状の違い

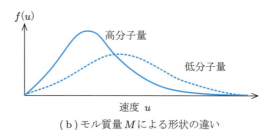

(b) モル質量 $M$ による形状の違い

**図 1.2.5** ● 速度分布曲線

　図(a)より，低温では速度の大きい分子は少なく，速度は狭い範囲に分布していることがわかる．一方，高温では速度分布の広がりが大きく，分子はさまざまな速度をもち，速度が大きい分子の割合が増える．同様に，図(b)より，高分子量よりも低分子量のほうが速度が大きい分子の割合が増えることがわかる．
　速度分布からは，**平均速度**と**最大確率速度**の2つの分子速度が求められる．
mean speed　　most probable speed
平均速度 $\bar{u}$ [m s$^{-1}$] はすべての分子の速度の平均であり，次式の積分を解くことで求められる．

> **復習**
> ある値 $x$ が分布 $f(x)$ をもって存在するとき，その期待値 $\bar{x}$ は, $\bar{x} = \int_0^\infty xf(x)\mathrm{d}x$ で求められる．

$$\boxed{\text{平均速度}\quad \bar{u} = \int_0^\infty u f(u) \mathrm{d}u = \sqrt{\frac{8RT}{\pi M}}} \tag{1.2.12}$$

最大確率速度 $u_{\mathrm{mp}}\,[\mathrm{m\,s^{-1}}]$ は，図 1.2.5 の速度分布曲線の頂点にあたる部分の速度である．式 (1.2.11) の微分を 0 とおいて

$$\frac{\mathrm{d}f(u)}{\mathrm{d}u} = 0 \tag{1.2.13}$$

を解くことで求められる．

**復習**

$y = f(x)$ が最大値，最小値をとるとき，$\mathrm{d}f(x)/\mathrm{d}x = 0$ となる．

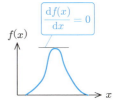

**最大確率速度**

$$u_{\mathrm{mp}} = \sqrt{\frac{2RT}{M}} \tag{1.2.14}$$

3 つの分子速度（最大確率速度，平均速度，根平均二乗速度）は，すべてモル質量 $M$ と温度 $T$ に依存する．

3 つの速度の比をとると，次の関係が得られる．

$$u_{\mathrm{mp}} : \bar{u} : u_{\mathrm{rms}} = \sqrt{2} : \sqrt{\frac{8}{\pi}} : \sqrt{3} = 1 : 1.13 : 1.22 \tag{1.2.15}$$

図 1.2.6 に，最大確率速度，平均速度，根平均二乗速度の大小関係の例を示す．図に示すように，同じ速度分布にもかかわらず，3 つの分子速度の値は異なる．つまり，分子の平均速度 $\bar{u}$ をもつ分子の数が一番多いというわけではなく，また根平均二乗速度 $u_{\mathrm{rms}}$ は平均速度 $\bar{u}$ と一致するわけでもない．分子の速度を表記するときは，3 つのうちのどの速度を用いているかを明記しておく必要がある．

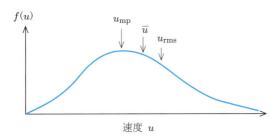

図 1.2.6 ● 速度分布における各分子速度の関係

**例題 1.8**

25.0℃ における窒素 $N_2$ の平均速度と最大確率速度を計算せよ．ただし，窒素 $N_2$ の分子量は 28.0 とする．

**解答** 平均速度と最大確率速度の公式 ☞式(1.2.12), (1.2.14) を用いて計算する．

平均速度

$$\bar{u} = \sqrt{\frac{8 \times 8.31\,[\mathrm{J\,K^{-1}\,mol^{-1}}] \times 298\,[\mathrm{K}]}{\pi \times 28.0 \times 10^{-3}\,[\mathrm{kg\,mol^{-1}}]}} = 475\,\mathrm{m\,s^{-1}}$$

最大確率速度
$$u_{\mathrm{mp}} = \sqrt{\frac{2 \times 8.31\,[\mathrm{J\,K^{-1}\,mol^{-1}}] \times 298\,[\mathrm{K}]}{28.0 \times 10^{-3}\,[\mathrm{kg\,mol^{-1}}]}} = 421\,\mathrm{m\,s^{-1}}$$

### 例題 1.9

25.0℃の窒素 $N_2$ と，ある温度の酸素 $O_2$ がある．2 つの気体の平均速度が同じとき，酸素 $O_2$ の温度を計算せよ．ただし，窒素 $N_2$ の分子量は 28.0，酸素 $O_2$ の分子量は 32.0 とする．

**解答** 2 つの平均速度が同じであるので，酸素 $O_2$ の温度を $T\,[\mathrm{K}]$ で表すと，式 (1.2.12) より，以下の関係式が成り立つ．

$$\sqrt{\frac{8 \times 8.31\,[\mathrm{J\,K^{-1}\,mol^{-1}}] \times 298\,[\mathrm{K}]}{\pi \times 28.0 \times 10^{-3}\,[\mathrm{kg\,mol^{-1}}]}} = \sqrt{\frac{8 \times 8.31\,[\mathrm{J\,K^{-1}\,mol^{-1}}] \times T}{\pi \times 32.0 \times 10^{-3}\,[\mathrm{kg\,mol^{-1}}]}}$$

式を整理すると

$$\sqrt{\frac{298\,[\mathrm{K}]}{28.0\,[\mathrm{kg\,mol^{-1}}]}} = \sqrt{\frac{T}{32.0\,[\mathrm{kg\,mol^{-1}}]}}$$

よって，$T = 341\,\mathrm{K} = 67$℃．

### 1.2.3 エネルギー等分配則とグラハムの流出の法則

平均二乗速度 $\overline{u^2}$ を用いて，気体分子の運動エネルギーを求めることができる．1 分子の運動エネルギー $\varepsilon_i$ をアボガドロ数 $N_\mathrm{A}$ 分だけ合計すると，1 mol の気体分子の運動エネルギー $E_\mathrm{m}$ となる．

$$E_\mathrm{m} = \sum_{i=1}^{N_\mathrm{A}} \varepsilon_i = \sum_{i=1}^{N_\mathrm{A}} \frac{1}{2} m u_i^2 = \frac{1}{2} m \times \sum_{i=1}^{N_\mathrm{A}} u_i^2 = \frac{1}{2} m \times N_\mathrm{A} \overline{u^2}$$

$$\therefore E_\mathrm{m} = \frac{1}{2} M \overline{u^2} \tag{1.2.16}$$

**復習**

質点の運動エネルギーは $(1/2)mu^2$ で与えられる（$m$ は質点の質量，$u$ は質点の速度）．

ただし，$\overline{u^2} = (1/N_\mathrm{A}) \sum_{i=1}^{N_\mathrm{A}} u_i^2$ の関係と，気体分子のモル質量 $M$ は各気体分子の質量 $m$ に 1 mol の気体分子の数 $N_\mathrm{A}$ を掛けたものであるという $M = m \times N_\mathrm{A}$ の関係を用いている．式 (1.2.9) より $M\overline{u^2} = 3RT$ の関係があるので，これを式 (1.2.16) に代入すると

$$E_\mathrm{m} = \frac{3}{2} RT \tag{1.2.17}$$

が得られる．$E_\mathrm{m}$ は 1 mol の気体分子の運動エネルギーなので，式 (1.2.17) をアボガドロ数 $N_\mathrm{A}$ で割ると，1 分子の運動エネルギー $\overline{\varepsilon}$ が求まる．

$$\overline{\varepsilon} = \frac{E_\mathrm{m}}{N_\mathrm{A}} = \frac{3}{2} \times \frac{R}{N_\mathrm{A}} \times T = \frac{3}{2} \times k_\mathrm{B} \times T \tag{1.2.18}$$

ここで，

$$k_\mathrm{B} = \frac{R}{N_\mathrm{A}} = 1.3807 \times 10^{-23}\,\mathrm{J\,K^{-1}}$$

は**ボルツマン定数** (Boltzmann constant) である.

以上の関係を用いると

$$\frac{3}{2} m \overline{u_x^2} = \frac{3}{2} k_\mathrm{B} T \tag{1.2.19}$$

の関係が成り立つことがわかる. さらに, 気体分子は $x$ 軸, $y$ 軸, $z$ 軸について等方的に運動しているので, 式 (1.2.19) は

$$\frac{1}{2} m \overline{u_x^2} = \frac{1}{2} m \overline{u_y^2} = \frac{1}{2} m \overline{u_z^2} = \frac{1}{2} k_\mathrm{B} T \tag{1.2.20}$$

となる. この式 (1.2.20) を**エネルギー等分配則** (equipartition law of energy) とよぶ. これは 1 自由度における配分されるエネルギーが $(1/2)\,k_\mathrm{B} T$ と温度のみで決定され, 同じ値をもつこと, つまり気体分子の並進運動の「等方性」を示している.

いままでは理想気体 (体積は考えない) なので衝突を考えていなかったが, 実在気体では衝突を考える必要がある. 分子の**衝突頻度** (collision frequency) および**平均自由行程** (mean free path) についても, 分子の平均速度を用いて求めることできる.

導出は省略するが, 圧力 $P$, 温度 $T$ において, 分子の衝突直径を $d$, 平均速度を $\bar{u}$ とすると, 衝突頻度 $Z\,[\mathrm{s^{-1}}]$ は以下のように与えられる.

**衝突頻度**

$$Z = \pi d^2 \times \sqrt{2}\,\bar{u} \times \frac{P}{k_\mathrm{B} T} \tag{1.2.21}$$

（衝突直径）（ボルツマン定数）

平均自由行程 $\lambda\,[\mathrm{m}]$ とは, ある気体分子が他の気体分子と衝突してから次の気体分子と衝突するまでに移動する距離なので, 平均速度 $\bar{u}$ を衝突頻度 $Z$ で割ることで求まる. 衝突頻度の式☞式(1.2.21) を用いると, 平均自由行程 $\lambda$ は次のようになる.

**平均自由行程**

$$\lambda = \bar{u} \times \frac{1}{Z} = \frac{1}{\sqrt{2}\pi d^2} \times \frac{k_\mathrm{B} T}{P} \tag{1.2.22}$$

**流出速度** [m s$^{-1}$] は，気体が細孔から流出する速度である．流出速度は細孔を通り抜ける頻度に比例するので，細孔に衝突する気体分子の頻度，つまり衝突頻度 $Z$ と関係がある．衝突頻度 $Z$ は式 (1.2.21) に示すように，気体分子の平均速度 $\bar{u}$ に比例，言い換えると気体分子のモル質量の平方根 $\sqrt{M}$ に反比例するので，2つの異なる気体分子（気体1，気体2）の流出速度 $u_1$ と $u_2$ には次の関係が成り立つ．

> **NOTE**
> グラハムの流出の法則（式 (1.2.23)）は，同温同体積の成分1と成分2について，流出速度 $u$ とモル質量 $M$ の関係を示した式である．

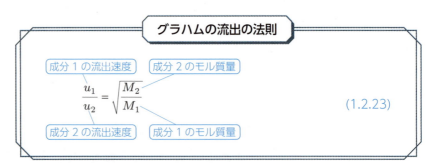

グラハムの流出の法則

$$\frac{u_1}{u_2} = \sqrt{\frac{M_2}{M_1}} \tag{1.2.23}$$

式 (1.2.23) は**グラハムの流出の法則**ともよばれる．

---

**例題 1.10**

25.0℃，$1.00 \times 10^{-7}$ Pa における窒素 $N_2$ の衝突頻度 $Z$ と平均自由行程 $\lambda$ を計算せよ．ただし，窒素分子の衝突直径は $d = 395$ pm ($= 3.95 \times 10^{-10}$ m) とする．

**解答** 平均速度 $\bar{u}$ は例題 1.8 で計算しており，その結果より，$\bar{u} = 475$ m s$^{-1}$ である．

衝突頻度の式☞式 (1.2.21) から，

$$Z = \pi \times (3.95 \times 10^{-10} \,[\text{m}])^2 \times \sqrt{2} \times 475\,[\text{m s}^{-1}] \times \frac{1.00 \times 10^{-7}\,[\text{Pa}]}{1.38 \times 10^{-23}\,[\text{J K}^{-1}] \times 298\,[\text{K}]}$$

$$= 8.00 \times 10^{-3}\,\text{s}^{-1}$$

平均自由行程は $\lambda = \bar{u} \times (1/Z)$ の関係☞式 (1.2.22) より，

$$\lambda = \bar{u} \times \frac{1}{Z} = 475\,[\text{m s}^{-1}] \times \frac{1}{8.00 \times 10^{-3}\,[\text{s}^{-1}]}$$

$$= 5.94 \times 10^4\,\text{m}$$

と求められる．

---

**例題 1.11**

ある気体の流出速度は，酸素 $O_2$ の 0.853 倍である．この気体の分子量を計算せよ．ただし，酸素 $O_2$ の分子量は 32.0 とする．

**解答** グラハムの流出の法則☞式 (1.2.23) から求める．ある気体を添字1，酸素 $O_2$ を添字2とすると

> **HINT**
> グラハムの流出の法則の式において「流出速度 $u$ は $\sqrt{M}$ に反比例する（$M$ はモル質量）」ことに注目しよう．

$$\frac{u_1}{u_2} = 0.853 = \sqrt{\frac{32.0 \times 10^{-3}\,[\mathrm{kg\,mol^{-1}}]}{M_1}}$$

となる．これより $M_1 = 44.0 \times 10^{-3}\,\mathrm{kg\,mol^{-1}}$，よって分子量 44.0 となる．

## 1.3 実在気体のファンデルワールス方程式

**KEYWORD**

圧縮因子，ビリアル状態方程式，ファンデルワールス方程式，臨界点，対応状態の原理

### 1.3.1 実在気体のビリアル状態方程式

理想気体では「分子間の相互作用」と「分子の実体積」の2つを無視していた．一方で，実在気体ではこれらの影響を考える必要があり，そのために**圧縮因子** $Z$ を導入する．
compression factor

**圧縮因子**

$$Z = \frac{V_\mathrm{m}}{V_\mathrm{m}^0} = \frac{PV_\mathrm{m}}{RT} \tag{1.3.1}$$

（実在気体のモル体積 / 理想気体のモル体積）

ここで，$V_\mathrm{m}$ は実在気体のモル体積 $[\mathrm{mol\,dm^{-3}}]$，$V_\mathrm{m}^0$ は理想気体のモル体積 $[\mathrm{mol\,dm^{-3}}]$ である．理想気体の状態方程式 $PV = nRT$ ☞式(1.1.9) を用いると，理想気体のモル体積 $V_\mathrm{m}^0$ は $PV_\mathrm{m}^0 = RT$ の関係式から求められ，これを代入すると式(1.3.1)の最右辺が成り立つ．

**NOTE**

理想気体の状態方程式 $PV = nRT$ は頻出なので覚えておこう．

図 1.3.1 に各物質の0℃における圧力に対する圧縮因子の変化を示す．理想気体の場合は，どの条件でも常に $Z=1$ となる．一方で，実在気体では $Z$ はさまざまな値をとるが，圧力 $P$ が0に近づくと，$Z$ は1に近づく．

これは，きわめて低い圧力では分子数が少なく，「分子間の相互作用」と「分子の実体積」の影響が少なくなり，理想気体とみなせるためである．よって，圧縮因子 $Z$ は，理想気体からのずれとみなすことができる．

図では，圧力が $P > 200\,\mathrm{atm}$ の条件では $Z > 1$ となり，モル体積は理想気体に比べて大きくなる．高圧では分子数が多く，分子間の反発力が多く影響し，圧縮しにくくなるためである．

一方，窒素では，圧力が $0 < P < 200\,\mathrm{atm}$ の条件では $Z < 1$ となり，モル

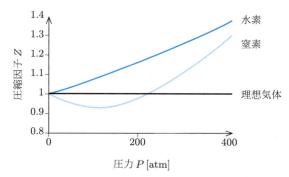

図 1.3.1 ● 各物質の 0℃における圧力に対する圧縮因子の変化

体積は理想気体に比べて小さくなる．これは中程度の圧力では，分子間の引力の影響が大きくなり，より圧縮が進むためである．

実在気体では，圧縮因子 $Z$ が一定ではないため，圧縮因子 $Z$ をモル体積 $V_m$ の関数とすることで，実在気体の状態方程式を表すことができる．式 (1.3.1) より，実在気体の状態方程式は次のようになる．

$$PV_m = RTZ \tag{1.3.2}$$

ここで，圧縮因子 $Z$ をモル体積 $V_m$ のべき乗の逆数で級数展開とすると，式 (1.3.2) から**ビリアル状態方程式** (virial equation of state) が得られる．

$$PV_m = RT\left(1 + \frac{B}{V_m} + \frac{C}{V_m^2} + \cdots\right) \tag{1.3.3}$$

括弧内の $B$, $C$, … はそれぞれ第 2 ビリアル係数，第 3 ビリアル係数，… とよばれ，温度に依存する係数である．

また，圧縮因子 $Z$ を圧力 $P$ で展開した方程式もある．

$$PV_m = RT(1 + B'P + C'P^2 + \cdots) \tag{1.3.4}$$

式 (1.3.3)，式 (1.3.4) では，括弧内の第 1 項はどちらも 1 である．第 2 項以下が 0 のとき $Z = 1$ となり，両式は理想気体の状態方程式と等しくなる．よって，第 2 項以下が理想気体からのずれの程度を表している．

> **参考**
> 第 2 ビリアル係数 $B$ は分子間相互作用の示標である．$B = 0$ になる温度を**ボイル温度** (Boyle temperature) とよぶ．

### 例題 1.12

0℃，1.00 atm ($= 1.013 \times 10^5$ Pa) における二酸化炭素 $CO_2$ のモル体積を $V_m = 22.2 \text{ dm}^3 \text{ mol}^{-1}$ として，二酸化炭素の圧縮因子 $Z$ を計算せよ．

**解答** 式 (1.3.1) より計算する．

$$Z = \frac{PV_m}{RT} = \frac{1.00 \text{ [atm]} \times 22.2 \text{ [dm}^3 \text{ mol}^{-1}\text{]}}{0.0821 \text{ [atm dm}^3 \text{ K}^{-1} \text{ mol}^{-1}\text{]} \times 273 \text{ [K]}} = 0.990$$

### 1.3.2 実在気体のファンデルワールス方程式

**ファンデルワールス方程式**は，ビリアル状態方程式と同じく実在気体を表す状態方程式である．ファンデルワールス方程式では，「分子間の相互作用」と「分子の体積（実体積）」の影響を考慮する．

「分子間の相互作用」は分子間の引力や斥力であり，これらの力の大小により分子運動が壁に及ぼす圧力が変化する．壁に向かう分子は，周りの分子の引力により減速されるため，理想気体に比べて圧力は減少する．分子運動による圧力は，「分子の運動量」と「分子の壁への衝突頻度」に依存する☞式(1.2.2),(1.2.3)．式(1.2.2)で，「分子の運動量」と「分子の壁への衝突頻度」はどちらも分子速度 $u$ を含むが，周りの分子の引力により分子速度 $u$ は減少する．周りの分子数，すなわち単位体積あたりの分子数 $(n/V)$ が多いほど，壁に向かう分子に及ぼす引力は大きくなる．よって，「分子の運動量」と「分子の壁への衝突頻度」のそれぞれの分子速度 $u$ は，どちらも単位体積あたりの分子数 $(n/V)$ に比例する引力により減少することから，圧力は $(n/V)^2$ に比例して減少する．以上より，比例定数 $a$ をとると，理想気体の状態方程式は次のように変形できる．

$$P = \frac{nRT}{V} - a\left(\frac{n}{V}\right)^2 \tag{1.3.5}$$

「分子の実体積」は，気体が占有する体積 $V$ に影響を及ぼす．分子どうしは重なることはできないため，分子数 $n$ が多いほど気体が実際に移動できる空間は減少する．よって，比例定数を $b$ とすると，式(1.3.5)は次のように変形でき，ファンデルワールス方程式が得られる．

**ファンデルワールス方程式**

$$P = \frac{nRT}{V - nb} - a\left(\frac{n}{V}\right)^2 \tag{1.3.6}$$

（ファンデルワールス係数）

**POINT**
ファンデルワールス方程式において，$a$ は分子間の引力，$b$ は分子の排除体積の補正を表すことを覚えておこう．

比例定数 $a$, $b$ は**ファンデルワールス係数**とよばれ，物質ごとに固有の値をもつ．

式(1.3.6)は，モル体積 $V_m$ を用いて表すこともできる．ファンデルワールス係数のうち，$b$ は分子の体積から値を見積もることができる．

**ファンデルワールス方程式**（モル体積 $V_\mathrm{m}$ を用いた場合）

$$P = \frac{RT}{V_\mathrm{m} - b} - \frac{a}{V_\mathrm{m}^2} \tag{1.3.7}$$

### 例題 1.13

2.00 mol の二酸化炭素 $CO_2$ を 10.0 $dm^3$ の容器に入れ，25.0℃に保った．ファンデルワールス方程式に従う実在気体として，圧力 $P$ を計算せよ．ただし，ファンデルワールス係数は以下のとおりである．

$$a = 3.61 \text{ atm dm}^6 \text{ mol}^{-2}, \quad b = 4.29 \times 10^{-2} \text{ dm}^3 \text{ mol}^{-1}$$

**解答** ファンデルワールス方程式 式(1.3.6) を用いて計算する．

$$P = \frac{2.00 \, [\mathrm{mol}] \times 0.0821 \, [\mathrm{atm \, dm^3 \, K^{-1} \, mol^{-1}}] \times 298 \, [\mathrm{K}]}{10.0 \, [\mathrm{dm^3}] - 2.00 \, [\mathrm{mol}] \times 4.29 \times 10^{-2} [\mathrm{dm^3 \, mol^{-1}}]}$$

$$- 3.61 \, [\mathrm{atm \, dm^6 \, mol^{-2}}] \times \left( \frac{2.00 \, [\mathrm{mol}]}{10.0 \, [\mathrm{dm^3}]} \right)^2$$

よって，$P = 4.79$ atm.

なお，はじめにモル体積 $V_\mathrm{m} = (V/n)$ を求めれば，式(1.3.7) でも計算できる．

### 1.3.3 ファンデルワールス方程式からの分子半径の見積もり

分子を半径 $r$ の球と見なすと，その体積は $V_\mathrm{molecule} = (4/3) \times \pi r^3$ である．2つの分子が最接近したときの中心間の距離は $2r$ であることから，排除される体積は $(4/3) \times \pi \times (2r)^3 = 8 \times V_\mathrm{molecule}$ となる．この値は2分子あたりなので，1分子あたりでは半分となり $4V_\mathrm{molecule}$ である．ファンデルワールス係数 $b$ は 1 mol あたりの排除体積であるため，次式が成り立つ．

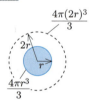

**ファンデルワールス方程式から分子半径の予測式**

$$b = 4 \times \frac{4}{3} \pi r^3 \times N_\mathrm{A} \tag{1.3.8}$$

（分子の半径）（アボガドロ数）

式(1.3.8) を用いると，ファンデルワールス係数 $b$ から分子の半径 $r$ を求めることができる．

### 例題 1.14

水 $H_2O$ をファンデルワールス方程式に従う実在気体として，分子の半径を計算せよ．ただし，ファンデルワールス係数は $b = 3.05 \times 10^{-2}$ $dm^3$ $mol^{-1}$ である．

**解答** 式 (1.3.8) を用いて計算する.

$$3.05 \times 10^{-2} \, [\mathrm{dm^3 \, mol^{-1}}] = 4 \times \frac{4}{3} \pi r^3 \times 6.02 \times 10^{23} \, [\mathrm{mol^{-1}}]$$

これより,

$$r = 1.45 \times 10^{-9} \, \mathrm{m} = 1.45 \, \mathrm{nm}$$

となる.

### 1.3.4 臨界点

ビリアル状態方程式やファンデルワールス方程式により,実在気体の圧力 $P$,温度 $T$,体積 $V$ の関係を表すことができたが,実在気体では高圧や低温の条件で液化が起こる.どちらの式も気体を表す式であるため,液体状態の物質は扱うことができない.

図 1.3.2 は,各温度における二酸化炭素のモル体積と圧力の関係である.21.5℃ では,50 atm から 70 atm まで圧力を上げると実線に沿って圧力が変化し,点 a で液化が起こる.点 a 以降では気相と液相の平衡状態となり,それぞれのモル体積は,$V_a$(気相)と $V_b$(液相)となる.さらに圧力を上げた点 b 以降は,完全に液化し,圧力を上げても体積はほとんど変化しなくなる.

同じ圧力変化をファンデルワールス方程式で表すと,実在気体では直線関係だった a-b 間は,破線で示す 3 次関数の関係を示す.

このように実在気体は液化が起こるため,気体を扱うファンデルワールス方程式では十分に関係を表すことができない.

一方で,31.1℃ を超えると,いくら圧縮しても液化は起こらなくなる.そのため,図の 31.1℃ と 48.0℃ の場合は,ファンデルワールス方程式により 1 つの曲線で表すことができ,実在気体の状態をよく表すことができる.液

**POINT**

気液相変化を伴う変化は,ファンデルワールス方程式では記述できない.

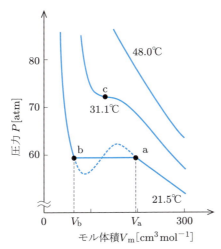

図 1.3.2 ● 各温度における二酸化炭素のモル体積と圧力の関係
（破線:ファンデルワールス方程式）

化が起こらなくなる温度 (31.1℃) の点 c は**臨界点** (critical point) とよばれ，このときの圧力，温度，モル体積は，それぞれ**臨界圧力** $P_c$ (critical pressure)，**臨界温度** $T_c$ (critical temperature)，**臨界モル体積** $V_c$ (critical molar volume) とよばれ，これらを臨界定数という．

物質は，臨界点を超えるまでは気体や液体状態となるが，超えた後は，単一の状態である**超臨界流体** (supercritical fluid) とよばれる状態となる．

> **参考**
> 超臨界流体は気体のような拡散性と液体のような溶解性をもつ状態で，反応や抽出などで応用されている．

臨界定数は物質ごとに固有の値をもつが，以下のようにファンデルワールス係数を用いて表すこともできる．

---

**臨界定数**

$$P_c = \frac{a}{27b^2}, \quad V_c = 3b, \quad T_c = \frac{8a}{27Rb} \tag{1.3.9}$$

（ファンデルワールス係数，気体定数）

---

次に，圧力 $P$，温度 $T$，モル体積 $V_m$ をそれぞれの臨界定数で割った換算圧力 $P_r$，換算温度 $T_r$，換算モル体積 $V_r$ を導入しよう．

$$P_r = \frac{P}{P_c}, \quad T_r = \frac{T}{T_c}, \quad V_r = \frac{V_m}{V_c} \tag{1.3.10}$$

これをファンデルワールス方程式に代入すると，次式のようにファンデルワールス係数を用いない方程式が得られる．

$$P_r = \frac{8T_r}{3V_r - 1} - \frac{3}{V_r^2} \tag{1.3.11}$$

式 (1.3.11) は物質固有のファンデルワールス係数を含まず，どの物質でも成立する．これを**対応状態の原理** (principle of corresponding states) とよぶ．

---

**対応状態の原理**

同じ換算体積 $V_r$，換算温度 $T_r$ の実在気体は，同じ換算圧力 $P_r$ を示す．

---

式 (1.3.11) を用いて各物質の換算圧力 $P_r$ に対する圧縮因子 $Z$ をプロットすると，図 1.3.1 とは異なり，1 つの曲線で表すことができる（**図 1.3.3**）．

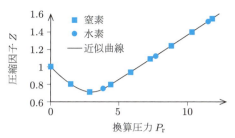

図 1.3.3 ● 各物質の $T_r=1.4$ における換算圧力 $P_r$ に対する圧縮因子 $Z$ の変化

### 例題 1.15

アンモニア $NH_3$ のファンデルワールス係数から臨界定数 $P_c$, $T_c$ を計算せよ．ただし，アンモニアのファンデルワールス係数は $a=4.17\ \mathrm{atm\ dm^6\ mol^{-2}}$，$b=0.0371\ \mathrm{dm^3\ mol^{-1}}$ とする．

**解答** 式 (1.3.9) を用いて計算する．

$$P_c = \frac{a}{27b^2} = \frac{4.17\ [\mathrm{atm\ dm^6\ mol^{-2}}]}{27\times(0.0371\ [\mathrm{dm^3\ mol^{-1}}])^2} = 112\ \mathrm{atm}$$

$$T_c = \frac{8a}{27Rb}$$
$$= \frac{8\times 4.17\ [\mathrm{atm\ dm^6\ mol^{-2}}]}{27\times 0.0821\ [\mathrm{atm\ dm^3\ K^{-1}\ mol^{-1}}]\times 0.0371\ [\mathrm{dm^3\ mol^{-1}}]}$$
$$= 406\ \mathrm{K}$$

井戸用ポンプで水を汲み上げる場合，水を汲み上げられるのは 10 m より浅い井戸である．それよりも深い井戸からは水を汲み上げられない．

井戸用ポンプは，内部の管内の空気を抜き，真空に近づけることで，大気圧で押された水が管内を上ってくる．大気圧は，1 atm = 760 mmHg である．水銀の液柱は大気圧で 76 cm の高さまでしか上がらないが，密度が水銀の 13.5 分の 1 の水では，約 10 m の高さまで上がる．

## この章のまとめ

| | |
|---|---|
| 理想気体の状態方程式 | $PV = nRT$ |
| モル分率 | $x_i = \dfrac{n_i}{n} = \dfrac{P_i}{P}$ |
| 根平均二乗速度 | $u_{\mathrm{rms}} = \sqrt{\overline{u^2}} = \sqrt{\dfrac{3RT}{M}}$ |
| 平均速度 | $\bar{u} = \sqrt{\dfrac{8RT}{\pi M}}$ |
| 最大確率速度 | $u_{\mathrm{mp}} = \sqrt{\dfrac{2RT}{M}}$ |
| 衝突頻度 | $Z = \pi d^2 \times \sqrt{2}\,\bar{u} \times \dfrac{P}{k_{\mathrm{B}} T}$ |
| 平均自由行程 | $\lambda = \dfrac{1}{\sqrt{2}\pi d^2} \times \dfrac{k_{\mathrm{B}} T}{P}$ |
| グラハムの流出速度の法則 | $\dfrac{u_1}{u_2} = \sqrt{\dfrac{M_2}{M_1}}$ |
| 圧縮因子 | $Z = \dfrac{V_{\mathrm{m}}}{V_{\mathrm{m}}^0} = \dfrac{PV_{\mathrm{m}}}{RT}$ |
| ファンデルワールス方程式 | $P = \dfrac{nRT}{V - nb} - a\left(\dfrac{n}{V}\right)^2 = \dfrac{RT}{V_{\mathrm{m}} - b} - \dfrac{a}{V_{\mathrm{m}}^2}$ |
| 臨界定数 | $P_{\mathrm{c}} = \dfrac{a}{27b^2}, \quad V_{\mathrm{c}} = 3b, \quad T_{\mathrm{c}} = \dfrac{8a}{27Rb}$ |

## 復習総まとめ問題

**1.1** ある温度で $1.00 \times 10^5$ Pa の気体がある．同じ温度で圧力を 5 倍にしたとき，気体の体積ははじめの体積の何倍になるか計算せよ．

**1.2** 20.0℃，1.00 atm，100 cm$^3$ の気体を 30℃，1.50 atm としたときの体積を計算せよ．

**1.3** 25.0℃，$2.00 \times 10^5$ Pa，2.00 dm$^3$ の酸素 $O_2$ の物質量を計算せよ．ただし，$R = 8.31$ J K$^{-1}$ mol$^{-1}$ とする．

**1.4** 30.0℃，1.00 dm$^3$ に保たれた容器に，窒素 0.500 mol，二酸化炭素 1.00 mol を入れた．窒素と二酸化炭素のモル分率と分圧（Pa）を計算せよ．ただし，$R = 8.31$ J K$^{-1}$ mol$^{-1}$ とする．

**1.5** 20.0℃における酸素 $O_2$ について，次の 3 つの速度を計算せよ．ただし，$R = 8.31$ J K$^{-1}$ mol$^{-1}$ とする．
　　（1）根平均二乗速度，（2）平均速度，（3）最大確率速度

**1.6** メタン $CH_4$ のファンデルワールス係数は，$a = 2.25$ atm dm$^6$ mol$^{-2}$，$b = 0.0428$ dm$^3$ mol$^{-1}$ である．ファンデルワールス係数を SI 基本単位を用いた数値で表せ．ただし，1 atm $= 1.01 \times 10^5$ Pa とする．

**1.7** 5.00 dm$^3$ の容器に，$3.00 \times 10^5$ Pa で 0.500 mol のメタン $CH_4$ が入っている．メタンがファンデルワールス方程式に従う実在気体として，容器内の温度を計算せよ．ただし，$R = 8.31$ J K$^{-1}$ mol$^{-1}$，メタンのファンデルワールス係数は，$a = 0.227$ Pa m$^6$ mol$^{-2}$，$b = 4.28 \times 10^{-5}$ m$^3$ mol$^{-1}$ とする．

## 難問にチャレンジ

**1.A** 25.0℃，1.00 atm，2.00 dm$^3$ の水素 $H_2$ がある．同温・同圧で，この水素を完全燃焼させるのに必要な酸素 $O_2$ の体積を計算せよ．

**1.B** ある気体の密度は，$1.20 \times 10^5$ Pa，50.0℃で，1.97 kg m$^{-3}$ である．この気体の分子量を計算せよ．ただし，この気体は理想気体とし，$R = 8.31$ J K$^{-1}$ mol$^{-1}$ とする．

**1.C** 1.00 g の酢酸 $CH_3COOH$ の気体は，25.0℃，$2.00 \times 10^3$ Pa で 11.0 dm$^3$

の体積を占める．この酢酸の気体中には，単量体 $CH_3COOH$ と二量体 $(CH_3COOH)_2$ が存在する．気体は理想気体として，単量体と二量体のモル分率を計算せよ．ただし，$R = 8.31$ J K$^{-1}$ mol$^{-1}$，単量体の分子量は 60.0 とする．

**1.D** ある温度で，ある量の気体の酸素 $O_2$ が流出する時間は 50.0 s だった．同温・同量の水素 $H_2$ が流出する時間を計算せよ．ただし，水素と酸素の原子量はそれぞれ 1.0, 16.0 とする．

**1.E** $^{235}U$ と $^{238}U$ の分離は流出法で行う．気体の六フッ化ウラン ($^{235}UF_6$, $^{238}UF_6$) の混合物を流出させ，流出速度の違いにより分離することができる．$^{235}U$ と $^{238}U$ の比が 1 : 1 の六フッ化ウランの混合物を用いて，1 回分離を行ったときの濃度比を有効数字 4 桁で計算せよ．ただし，$^{235}UF_6$, $^{238}UF_6$ の分子量はそれぞれ 349.0, 352.0 とする．

**1.F** 窒素 $N_2$ の臨界定数は $P_c = 33.5$ atm（1.00 atm $= 1.01325 \times 10^5$ Pa），$T_c = 126$ K である．窒素 $N_2$ がファンデルワールス方程式に従う実在気体として，窒素 $N_2$ の分子半径を計算せよ．ただし，$R = 0.0821$ atm dm$^3$ K$^{-1}$ mol$^{-1}$ とする．ただし，$N_A = 6.02 \times 10^{23}$ とする．

chapter 2

# 熱力学と熱化学

### 理解度チェック

- [ ] 内部エネルギーとエンタルピーを理解でき，計算できる

- [ ] さまざまなエンタルピー変化の計算ができる．ヘスの法則について理解し，応用できる

- [ ] エントロピーの意味が理解できる．さまざまな変化のエントロピーを計算できる

- [ ] ギブズエネルギー変化の計算ができる．ギブズ–ヘルムホルツの式の意味を理解できる

## 2.1 熱力学第 1 法則

> **KEYWORD**
>
> 内部エネルギー，熱力学第 1 法則，エンタルピー，モル熱容量，相変化，顕熱，潜熱，断熱変化，ポアソンの法則

### 2.1.1 内部エネルギーと熱力学第 1 法則

**熱力学** (thermodynamics) は，18 世紀にワットが発明した蒸気機関の効率を上げるために，熱をどのように動力として使うかを 1 つの大きなテーマとして発展した学問である．

熱力学では対象とする物質や空間を**系** (system) とよぶ．また，系の外側を**外界** (surroundings) とよび，系をエネルギーや物質のやり取りの有無によって，**表 2.1.1**，**図 2.1.1** に示すように，4 種類に分類する．

表 2.1.1 ● 熱力学の系と外界とのやり取り

| 系 | 物質 | 仕事 ($W$) | 熱 ($Q$) |
|---|---|---|---|
| 開いた系 | ○ | ○ | ○ |
| 閉じた系 | × | ○ | ○ |
| 断熱系 | × | ○ | × |
| 孤立系 | × | × | × |

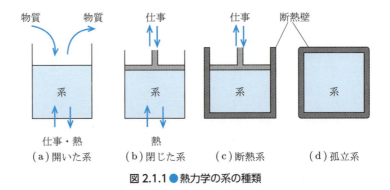

(a) 開いた系　(b) 閉じた系　(c) 断熱系　(d) 孤立系

図 2.1.1 ● 熱力学の系の種類

マイヤーやヘルムホルツは，力学におけるエネルギー保存則を熱力学の系に拡張した**熱力学第 1 法則** (first law of thermodynamics) を見出した．

いま，系の内部に蓄えられているエネルギーを**内部エネルギー** (internal energy) とよび，$U$ で表す．次に，外界から系に熱エネルギー $Q$ と仕事 $W$ を加えると，**図 2.1.2** に示すように，系には内部エネルギーの形で蓄えられ，次のような関係式が成り立つ．

> **参考**
>
> 本章では，熱エネルギーと力学的なエネルギーに限定する．そのほか，電気エネルギー，表面エネルギーなどさまざまな形態のエネルギーが存在する．

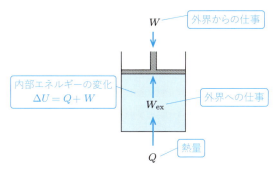

図 2.1.2 ● 熱力学第 1 法則

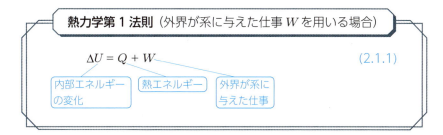

図 2.1.2 に示すように，ピストンで系を圧縮すると外界から系に仕事を与えるので仕事 $W$ は正の値に，ピストンで系を膨張させると，系が外界に仕事をするので仕事 $W$ は負の値となる．

また，系が外界に与えた仕事を $W_{\text{ex}}$ とおくと，系が外界に与えた仕事 $W_{\text{ex}}$ と外界が系に与えた仕事 $W$ には次の関係がある．

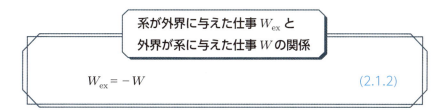

系が外界に与えた仕事 $W_{\text{ex}}$ であるか，外界が系に与えた仕事 $W$ であるかに注意が必要である．

また，系が外界に与えた仕事 $W_{\text{ex}}$ を用いると，熱力学第 1 法則は次のようになる．

**参考**

式 (2.1.3) は $Q = \Delta U + W_{ex}$ と変形できる．つまり，系が得た熱 $Q$ は，内部エネルギーの上昇 $\Delta U$（減少の場合は負の値）と系が外界に与えた仕事 $W_{ex}$ の和から計算できる．

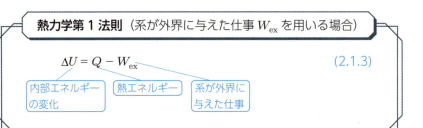

熱力学第 1 法則（系が外界に与えた仕事 $W_{ex}$ を用いる場合）

$$\Delta U = Q - W_{ex} \tag{2.1.3}$$

内部エネルギーの変化　　熱エネルギー　　系が外界に与えた仕事

**例題 2.1**

ピストン付きの容器に入った気体を 300 W のヒーターで 10.0 s 加熱したところ，外部に 200 J の仕事をした．気体の内部エネルギーの変化を求めよ．

**解答**　気体に与えた熱量は $Q = 300 \times 10 = 3000$ J であり，$W_{ex} = 200$ J であるから，$W_{ex} = -W$ の関係☞式 (2.1.2) より $W = -200$ J となる．これらを式 (2.1.1) に代入する．

$$\Delta U = 3000 - 200 = 2800 \text{ J} = 2.80 \text{ kJ}$$

ここで，外界が系に与えた仕事（ピストンなどを使って圧縮）$W$ は（力）×（距離）=（圧力）×（面積）×（距離）で表すことができる．圧力を $P$ [Pa]，ピストンの断面積を $S$ [m²]，ピストンが移動した距離を $x$ [m] とすると，気体の体積変化 $\Delta V = S \times x$ より，仕事 $W$ について

$$W = -P \times \Delta V \tag{2.1.4}$$

が得られる．

ピストンを圧縮すれば

$$\Delta V < 0 \text{ で } W > 0 \tag{2.1.5}$$

逆に，ピストンを膨張させれば，

$$\Delta V > 0 \text{ で } W < 0 \tag{2.1.6}$$

となることが式 (2.1.4) からわかる．図 2.1.3 にその関係を示した．

**復習**

物理の基本公式
$W = F \times x$
$F$：力，$x$：距離
$P = F/S$，$\Delta V = x \times S$
ゆえに，
$W = P \times \Delta V$

なお，本文では図の上向きを正にとっているので，外界がピストンで圧縮して系に仕事をすることを正とするためにマイナス符号を付けている．

外界の圧力 $P_{ex}$　　　　　$P_{ex}$

系の圧力 $P$　　　　　$P$

$\Delta V < 0, W > 0, W_{ex} < 0$　　　$\Delta V > 0, W < 0, W_{ex} > 0$

（a）圧縮　　　　　　（b）膨張

**図 2.1.3** ● 気体による圧縮と膨張の仕事

式 (2.1.4) を用いて熱力学第1法則を書き直すと次のようになり，この式も熱力学第1法則の式としてよく用いられる．

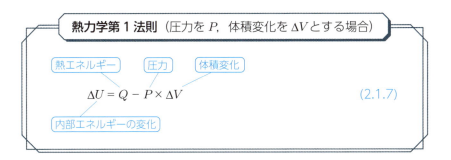

**熱力学第1法則**（圧力を $P$，体積変化を $\Delta V$ とする場合）

$$\Delta U = Q - P \times \Delta V \tag{2.1.7}$$

（熱エネルギー，圧力，体積変化，内部エネルギーの変化）

圧力は，圧縮の場合は外界の圧力 $P_{\mathrm{ex}}$ を，膨張の場合は系の圧力 $P$ を用いなければいけないが（図 2.1.3），外界と系の圧力がつりあい，平衡状態を保ちながら変化が起こる（**準静的過程**とよぶ）quasistatic process とすると，(外界の圧力) = (系の圧力) としてよい．

また，体積変化とともに圧力が変化することが多いため，その場合には積分の形で表す必要がある．体積が $V_1$ から $V_2$ に変化すると，式 (2.1.4) から次の公式が得られる．

**体積変化による外界が系に与えた仕事**

$$W = -\int_{V_1}^{V_2} P\,dV \tag{2.1.8}$$

> **NOTE**
> 準静的過程では状態を元に戻すことが可能であるので，この過程を可逆過程とよぶ．可逆過程は理想的な変化として熱力学ではよく用いられる．一方，自然界では元の状態に戻すことができない不可逆過程が一般的である．

横軸に体積，縦軸に圧力のグラフを考えると，仕事 $W$ は図 2.1.4 の色が付いた図形の面積に等しい．ある状態 A から B に変わるとき，圧力の変化の仕方によって仕事 $W$ が変わることから，この図は，仕事 $W$ は経路に依存することを意味している．

同様に，熱量 $Q$ も経路に依存する．一方，内部エネルギー $U$ は経路に依

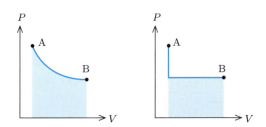

図 2.1.4 ● $P$–$V$ 曲線における仕事の例（右図と左図で斜線の面積＝仕事が異なる）

**POINT**
仕事 $W$ と熱量 $Q$ は状態量ではないが，その和である $U$ は状態量であり，内部エネルギー変化 $\Delta U$ は最初と最後の状態で値が決まり，経路によらない．

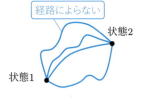

**復習**
微積分の基本公式
$$\int_{x_1}^{x_2} \frac{1}{x} dx = \ln\left(\frac{x_2}{x_1}\right)$$

存せず，変化の始めと終わりの状態によって一義的に決まる**状態量**(quantity of state)である．そのため，$U$ の変化 $\Delta U$ は経路によらない．

**例題 2.2**

2.0 mol の理想気体について，温度が $T = 300$ K の一定の条件で体積が $V_1 = 2.0$ dm$^3$ から $V_2 = 1.0$ dm$^3$ に準静的に変化したとき，外界が系に与えた仕事を求めよ．

**解答** 理想気体の状態方程式☞式(1.1.9)を式(2.1.8)に代入する．

$$W = -\int_{V_1}^{V_2} \frac{nRT}{V} dV$$

温度が一定であるから，$nRT$ は一定値である．

$$W = -nRT \int_{V_1}^{V_2} \frac{1}{V} dV = -nRT \ln\left(\frac{V_2}{V_1}\right) = nRT \ln\left(\frac{V_1}{V_2}\right)$$

$n = 2.0$ mol，$V_1 = 2.0$ dm$^3$，$V_2 = 1.0$ dm$^3$ ならびに $R$ と $T$ の値を代入すると，次のようになる．

$$W = 2.0 RT \ln 2.0 = 2.0 \times 8.3 \,[\text{J K}^{-1}\text{mol}^{-1}] \times 300 \,[\text{K}] \times \ln 2.0 \,[\text{J}]$$
$$\approx 3.5 \times 10^3 \,\text{J}$$

$V_1 > V_2$（気体を圧縮）のとき，$W > 0$ となることがわかる．

### 2.1.2 定積・定圧変化

熱力学第1法則を使って物質が得る熱量や仕事について，体積が一定および圧力が一定の条件のそれぞれについて考えよう．

#### ■ 体積一定の場合（定積変化）

体積が一定の条件では，$\Delta V = 0$ である．系に熱量 $Q$ を与えたとき，熱力学第1法則☞式(2.1.7)において仕事 $W = P\Delta V = 0$ となり，

$$\Delta U = Q \tag{2.1.9}$$

となる．つまり，定積変化において系に出入りした熱は，系の内部エネルギー変化と等しい．

**NOTE**
$U$ は物質 1 mol あたりの内部エネルギー変化であるので，単位は [J mol$^{-1}$] である．

与えられた微小熱量 $Q$ によって 1 mol の物質が $\Delta T$ [K] だけ温度上昇したとすると，熱量 $Q$ については次式が成り立つ．

$$Q = \Delta U = C_v(T) \times \Delta T \tag{2.1.10}$$

ここで，$C_v(T)$ [J K$^{-1}$ mol$^{-1}$] は**定積モル熱容量**(molar heat capacity at constant volume)とよばれ，次のように定義される．

**定積モル熱容量**

$$C_v(T) = \left(\frac{\partial U}{\partial T}\right)_V \tag{2.1.11}$$

> **NOTE**
> 全微分 d と偏微分 ∂ の違いに注意!

ここで，$U$ は系の物質 1 mol あたりの内部エネルギー，偏微分の添字 $V$ は体積 $V$ が一定であることを示している．なお，物質量も考慮した量 $n \times C_v(T)$ [J K$^{-1}$] を**定積熱容量**とよぶ．
heat capacity at constant volume

式 (2.1.11) の両辺を $T_1$ から $T_2$ まで積分することで，温度変化に伴う 1 mol あたりの内部エネルギー変化 $\Delta U$ が次式で求められる．

$$Q = \Delta U = \int_{T_1}^{T_2} C_v(T)\, dT \tag{2.1.12}$$

### ● 圧力一定の場合（定圧変化）

化学反応などのさまざまな変化は，大気圧下など一定の圧力で行われることが多い．状態 1（体積 $V_1$）の物質 1 mol を考え，熱 $Q$ を与えて状態 2（体積 $V_2$）になったとき，熱力学第 1 法則☞式(2.1.7) より，

$$\Delta U = U_2 - U_1 = Q - P\Delta V = Q - P(V_2 - V_1) \tag{2.1.13}$$

となる．ここで，添字 1, 2 は状態 1, 2 を示す．上式を変形し，

$$Q = U_2 + PV_2 - (U_1 + PV_1) \tag{2.1.14}$$

さらに，物質 1 mol あたりの**エンタルピー** $H$ を次式で定義する．
enthalpy

$$H \equiv U + PV \tag{2.1.15}$$

すると，式 (2.1.14) は次のようになる．

$$Q = U_2 + PV_2 - (U_1 + PV_1) = H_2 - H_1 = \Delta H \tag{2.1.16}$$

つまり，定圧変化において系と外界の間で出入りした熱 $Q$（すなわち系（の物質）が得たり失ったりする熱）は，系のエンタルピー変化 $\Delta H$ に等しくなっていることがわかる．

**定積および定圧変化における熱量 $Q$ と系の変化の関係**

定積変化：系に出入りした熱量 $Q$ = 系の内部エネルギー変化 $\Delta U$

定圧変化：系に出入りした熱量 $Q$ = 系のエンタルピー変化 $\Delta H$

定積変化と同様に，**定圧モル熱容量** $C_p(T)$ を次のように定義する．
molar heat capacity at constant pressure

> **定圧モル熱容量**
>
> $$C_\mathrm{p}(T) = \left(\frac{\partial H}{\partial T}\right)_P \qquad (2.1.17)$$

ここで，$H$ は物質 1 mol あたりのエンタルピーである．したがって 1 mol あたりの熱 $Q$ は次のようになる．

$$Q = \Delta H = \int_{T_1}^{T_2} C_\mathrm{p}(T)\,\mathrm{d}T \qquad (2.1.18)$$

圧力一定と体積一定とで系（の物質）が得たり失ったりする熱 $Q$ が異なる点は，圧力一定の場合は外界と仕事に伴うエネルギーのやり取りがあることによる．つまり，同じ熱量を与えても，定圧変化では与えた熱エネルギーの一部が外部への仕事に消費されてしまうので，定積変化より大きな熱 $Q$ を加える必要がある．これにより，定圧モル熱容量 $C_\mathrm{p}$ は定積モル熱容量 $C_\mathrm{v}$ より大きくなる．

$C_\mathrm{p}$ と $C_\mathrm{v}$ の比較を理想気体に対して行ったものが**マイヤーの関係式** Mayer's relation である．

**参考**
章末の難問にチャレンジ 2.A でこの式を導出する．

> **マイヤーの関係式**
>
> $$C_\mathrm{p} - C_\mathrm{v} = R \qquad (2.1.19)$$

1 mol の単原子分子理想気体では，気体分子運動論☞1.2 節の式 (1.2.17) より気体分子の全エネルギーは $E_\mathrm{m} = (3/2)\,RT$ である．したがって，

$$C_\mathrm{v} = \frac{\partial}{\partial T}\left(\frac{3}{2}RT\right) = \frac{3}{2}R = 12.5\ \mathrm{J\,K^{-1}\,mol^{-1}} \qquad (2.1.20)$$

となる．マイヤーの関係式を使うと，$C_\mathrm{p} = (3/2)\,R + R = (5/2)\,R = 20.8\ \mathrm{J\,K^{-1}\,mol^{-1}}$ となる．なお，液体や固体では，定圧変化においてもほとんど体積変化はない．したがって $C_\mathrm{p} = C_\mathrm{v}$ となり，マイヤーの関係式は成り立たないことに注意が必要である．

このように，$C_\mathrm{p}$ のデータ（巻末の付録の**表 A.5.1**）があると，種々の熱力学関数を求めることができる．

**参考**
定圧モル熱容量の温度変化は $C_\mathrm{pm} = a + bT + cT^{-2}$ の形で整理されることが多い．

### 例題 2.3

298 K，1.00 atm（$= 1.013 \times 10^5$ Pa）で 10.0 dm$^3$ の体積を占めるアルゴン Ar の気体がある．この気体を 373 K まで加熱したとき，外界から吸収す

る熱 $Q$ と内部エネルギー変化 $\Delta U$ を求めよ．アルゴンは単原子分子理想気体であるとみなすことができ，$C_p = 20.8\,\mathrm{J\,K^{-1}\,mol^{-1}}$ である．

**解答** 理想気体の状態方程式より，アルゴンの物質量 $n$ は

$$n = \frac{1.013 \times 10^5\,[\mathrm{Pa}] \times 10 \times 10^{-3}\,[\mathrm{m^3}]}{8.31\,[\mathrm{J\,K^{-1}\,mol^{-1}}] \times 298\,[\mathrm{K}]} = 0.409\,\mathrm{mol}$$

である．式 (2.1.18) で $C_p$ の温度変化はないので

$$Q = 0.409\,[\mathrm{mol}] \times 20.8\,[\mathrm{J\,K^{-1}\,mol^{-1}}] \times (373 - 298)\,[\mathrm{K}] = 638\,\mathrm{J}$$

外界が系に対してした仕事は，式 (2.1.4) より，

$$\begin{aligned}W &= -P\Delta V = -nR\Delta T \\&= -0.409\,[\mathrm{mol}] \times 8.31\,[\mathrm{J\,K^{-1}\,mol^{-1}}] \times (373 - 298)\,[\mathrm{K}] = -255\,\mathrm{J}\end{aligned}$$

なので，式 (2.1.1) に代入して，次のようになる．

$$\Delta U = 638 + (-255) = 383\,\mathrm{J}$$

## 2.1.3 相変化

水を 1 atm において（定圧下）加熱すると 100℃ で沸騰する．沸騰している間は温度が一定である．温度は変化していないが，その間に液体から気体への相変化が起こり，その現象を沸騰とよぶ．沸騰は圧力一定で起こる現象なので，相変化に伴う熱の出入りはエンタルピー変化 $\Delta H$ と等しくなる．

相変化に伴う熱の出入りを**潜熱**（latent heat）とよぶ．一方，熱を吸収・放出することで温度が変化する場合，その熱を**顕熱**（sensible heat）とよぶ（**図 2.1.5**）．

相変化に伴うエンタルピー変化もデータ集にまとめられており，その代表的なものを巻末の付録 **表 A.5.2** に示している．この表を用いると，たとえば，液体から気体への相変化に必要な熱量を計算することができる．

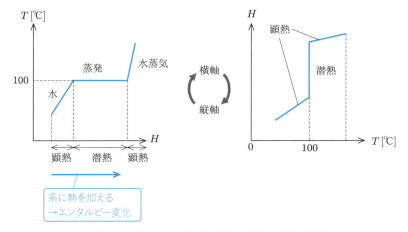

**図 2.1.5** ● 系のエンタルピー変化と顕熱・潜熱の関係

**NOTE**
1 mol の物質について考えると，式 (2.1.17) より，右図の顕熱の傾きが $C_p$ に相当する．

### 例題 2.4

1.00 atm（$=1.013\times10^5$ Pa），100℃における水 $H_2O$ の蒸発エンタルピーは 40.7 kJ mol$^{-1}$ である．水の体積が水蒸気と比較して無視できるとし，水蒸気が理想気体であるとして，1.00 atm，100℃において 1.00 mol の水が蒸発するときの外界へする仕事 $W_{ex}$ と内部エネルギー変化 $\Delta U$ を求めよ．

**解答**　1 mol の水が蒸発するときに必要な熱量は蒸発エンタルピーに等しい．
$$Q = 40.7 \text{ kJ} = 40.7\times10^3 \text{ J}$$
生じた水蒸気の体積は，$V=nRT/P$ に数値を代入して，
$$V = \frac{1\,[\text{mol}]\times 8.31\,[\text{J K}^{-1}\text{mol}^{-1}]\times(273+100)\,[\text{K}]}{1.013\times10^5\,[\text{Pa}]} = 3.06\times10^{-2} \text{ m}^3$$
である．仕事は $W_{ex}=P\times\Delta V$ で計算でき，水の体積を無視すると，$\Delta V$ は水蒸気の体積と等しいので，
$$W_{ex} = -W = P\Delta V = 1.013\times10^5\,[\text{Pa}]\times 3.06\times10^{-2}\,[\text{m}^3]$$
$$= 3.10\times10^3 \text{ J}$$
となる．式 (2.1.1) より，内部エネルギーの変化は次のようになる．
$$\Delta U = Q + W = 40.7\times10^3\,[\text{J}] - 3.10\times10^3\,[\text{J}] = 37.6\times10^3 \text{ J} = 37.6 \text{ kJ}$$

### 2.1.4 断熱変化

2.1.2 項，2.1.3 項に続き，ここでは外界と熱のやり取りをしないケース，すなわち断熱変化を考えてみよう．このとき $Q=0$ であるので，熱力学第 1 法則より，
$$\Delta U = W = -P\Delta V \tag{2.1.21}$$
となる．式 (2.1.10) から，$n$ [mol] の物質の内部エネルギー変化は $\Delta U = nC_v\Delta T$ であるので，上式に代入すると
$$nC_v\Delta T = -P\Delta V \tag{2.1.22}$$
となる．さらに，理想気体の状態方程式を代入して変形すると，
$$\frac{C_v}{T}\Delta T = -\frac{R}{V}\Delta V \tag{2.1.23}$$
となり，この式にマイヤーの関係式☞式(2.1.19) を代入する．
$$\frac{C_v}{T}\Delta T = -\frac{C_p - C_v}{V}\Delta V \tag{2.1.24}$$

式 (2.1.24) の両辺を状態 1 から 2 まで積分する．
$$C_v\int_{T_1}^{T_2}\frac{dT}{T} = -(C_p - C_v)\int_{V_1}^{V_2}\frac{dV}{V} \tag{2.1.25}$$

式 (2.1.25) を**比熱比** $\gamma = C_p/C_v$ (heat capacity ratio) を用いて表すと
$$\int_{T_1}^{T_2}\frac{dT}{T} = -(\gamma - 1)\int_{V_1}^{V_2}\frac{dV}{V} \tag{2.1.26}$$
となり，次の**ポアソンの法則** (Poisson's law) の式を得る．

## ポアソンの法則

比熱比 $\gamma = C_p/C_v$

$$TV^{\gamma-1} = 一定 \tag{2.1.27}$$

または

$$PV^{\gamma} = 一定 \tag{2.1.28}$$

圧力 $P_1$, 体積 $V_1$ から体積 $V_2$ まで膨張させるときに, 温度一定での変化 (等温変化という) による膨張①と断熱変化による膨張②の様子を図 2.1.6 に示す. 気体では定圧モル比熱 $C_p$ が定積モル比熱 $C_v$ より大きく, ポアソン比 $\gamma$ について $\gamma > 1$ が成り立つので, 式 (2.1.27) を用いて圧力 $P$ と体積 $V$ の変化を図示すると, 等温変化よりも断熱変化のほうが急激に圧力変化することがわかる.

また, 仕事 $W$ が式 (2.1.8), つまり図 2.1.4 で示した領域の面積と等しいことを用いると, 体積 $V_1$ から $V_2$ の変化において, 断熱変化による仕事は等温変化による仕事より小さくなることもわかる.

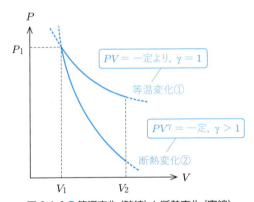

**図 2.1.6** ● 等温変化 (破線) と断熱変化 (実線)

### 例題 2.5

断熱変化に関する次の問いに答えよ. ただし, ヘリウムの比熱比 $\gamma = 5/3$ を用いよ.

40.0 atm で 200 dm³ の体積のヘリウム He を断熱膨張させて, 1.0 atm にしたときの体積 $V$ [dm³] を求めよ. また, 等温変化で, 40.0 atm から 1.0 atm にしたときの体積 $V$ [dm³] の値と比較せよ.

**解答**

断熱変化では, ポアソンの式 $P_1 V_1^{\gamma} = P_2 V_2^{\gamma}$ より, $40 \times 200^{\gamma} = 1 \times V^{\gamma}$ となる. 式を変形して, $(40.0/1.0) = (V/200)^{\gamma}$ とし, $\gamma = 5/3$ を代入して $V$ を解くと, $V = 1.8$

$\times 10^3\,\mathrm{dm}^3$ となる.

一方，等温変化のときは，ボイルの法則より $P_1V_1=P_2V_2$ が成り立つ．数値を代入すると，$40.0\times 200=1.0\times V$ より，$V=8.0\times 10^3\,\mathrm{dm}^3$.

## 2.2 熱化学と反応エンタルピー

### KEYWORD
標準反応エンタルピー，ヘスの法則，標準生成エンタルピー，キルヒホッフの法則

### 2.2.1 エンタルピーのいろいろな変化（燃焼熱，反応熱，生成熱など）

化学反応に伴う熱の出入り（発熱反応や吸熱反応）を考える学問を熱化学という．定圧変化において系と外界の間で出入りした熱は，系のエンタルピー $\Delta H$ に等しいことを前節で学んだ．われわれが日ごろ扱う化学反応は，大気圧下など圧力一定の条件で行うことがほとんどであるので，化学反応に伴う熱の出入り（発熱反応や吸熱反応）は系のエンタルピーの変化（$Q=\Delta_\mathrm{r} H$）と等しくなる．

ここで，定圧下における化学反応　$A+B\rightarrow C+D$　を考えると，化学反応によるエンタルピーの変化 $\Delta_\mathrm{r} H$ は，

$$\Delta_\mathrm{r} H = (\text{生成物 C，D のもつエンタルピーの総和})$$
$$-(\text{反応物 A，B のもつエンタルピーの総和}) \quad (2.2.1)$$

である．ここで $\Delta_\mathrm{r} H$ が負ならば，反応によって熱量 $\Delta_\mathrm{r} H$ が系外に放出される，すなわち発熱反応となる．正ならば，系外から熱を取り込む，すなわち吸熱反応が起こる（図2.2.1）．

> **POINT**
> 化学反応前後のエンタルピーの変化・差であるが，「変化」や「差」を省いて反応エンタルピーとよぶ．
> ここで，添え字の r は「reaction（反応）」を示す．
> 密閉容器の体積一定の変化の場合は，$Q=\Delta U$ を使う．どのような反応条件かをしっかり確認しよう．

> **NOTE**
> 古い教科書に記載のある熱化学方程式とは逆なので注意．
> $A+B=C+D+Q$
> $Q>0$：発熱反応
> $Q<0$：吸熱反応

――――― 反応に伴うエンタルピー ―――――
$\Delta_\mathrm{r} H < 0$　発熱反応，　　$\Delta_\mathrm{r} H > 0$　吸熱反応

熱化学では，標準状態（圧力 1 bar），25℃（298.15 K）において，化合物が単体から生成したと仮定して式 (2.2.1) の方法で計算したエンタルピー

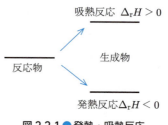

図 2.2.1 ● 発熱・吸熱反応

変化を**標準生成エンタルピー**とよぶ．
standard formation enthalpy

また，標準状態においてある反応が起こったときに出入りする反応熱を，
**標準反応エンタルピー**とよぶ．記号では $\Delta_r H°_{温度}$ と記し，298 K であれば
standard enthalpy of reaction
$\Delta_r H°_{298}$ となる．着目する物質 1 mol あたりの反応熱を考えると，標準反応
モルエンタルピー $\Delta_r H°_{温度}$ の単位は $J\ mol^{-1}$ で考える．

> [復習]
> 標準状態については第1章を参照．$1\ bar = 10^5\ Pa$．

### ● さまざまな反応エンタルピー（燃焼熱，中和熱）

1 bar，25℃におけるエタノール 1 mol の燃焼反応により，1367.6 kJ の熱が発生する（燃焼熱）．エンタルピーを使った表記では，

$$C_2H_5OH\ (l) + 3O_2\ (g) \rightarrow 2CO_2\ (g) + 3H_2O\ (l)$$
$$\Delta_r H°_{298} = -1367.6\ kJ\ mol^{-1}$$

とする．このような燃焼反応に伴うエンタルピー変化を燃焼エンタルピーとよぶ．

$\Delta_r H°_{298}$ が負なので，反応系のエンタルピーの総和が生成系の総和よりも大きく，その差が熱として放出される（つまり，発熱反応）．

ほかにも次のような反応エンタルピーがある．

> [NOTE]
> 標準「モル」エンタルピーの「モル」は省略されることが多い．単位に $mol^{-1}$ が付いていれば，着目する物質 1 mol あたり，つまりモルエンタルピーである．

> [NOTE]
> 標準モルエンタルピーは物質が固体か液体か気体かで異なるので，状態を明記する．気体 (g)，液体 (l)，固体 (s) を使うのが一般的．

---
**さまざまな反応エンタルピー**

燃焼エンタルピー：物質の燃焼に伴う反応熱
中和エンタルピー：酸と塩基の中和反応による熱
溶解エンタルピー：塩が水に溶解するときの反応熱
原子化エンタルピー：分子が原子になるときの反応熱

---

> [POINT]
> 通常，これらのエンタルピーは 1 mol あたりのエンタルピー，すなわちモルエンタルピー J/mol や kJ/mol で議論することが多い．

### ● ヘスの法則

反応熱の測定には，フレーム熱量計（定圧反応）や，ボンベ熱量計（定積反応）が用いられる．しかし，実験が困難な反応，たとえば

C（グラファイト）→ C（ダイヤモンド）

の反応のエンタルピーを，計算だけで予測できないだろうか？

ここで思い出してほしいのが，エンタルピー $H$ や内部エネルギー $U$ は反応前の系の状態と反応後の系の状態によってのみ決まり，反応の途中の経路によらない状態量であることである．言い換えると，ある反応が 1 段階で起こっても，反応中間体を経由しても，反応エンタルピーの値は同じになる．このことを**ヘスの法則**という．
Hess's law

> **ヘスの法則**
>
> 物質の反応熱は変化の前後の物質の状態だけで決まり，変化の経路に依存しない．

ヘスの法則によると，C(グラファイト) → C(ダイヤモンド) の標準反応エンタルピー $\Delta_r H^\circ_{298}$ は，燃焼エンタルピーのデータが既知である以下の2つの反応

$$\text{C(グラファイト)} + \text{O}_2\,(g) \rightarrow \text{CO}_2\,(g)$$
$$\Delta_r H^\circ_{298} = -393.51 \text{ kJ mol}^{-1} \quad ①$$
$$\text{C(ダイヤモンド)} + \text{O}_2\,(g) \rightarrow \text{CO}_2\,(g)$$
$$\Delta_r H^\circ_{298} = -395.40 \text{ kJ mol}^{-1} \quad ②$$

を引き算①−②することで求まる．

$$\text{C(グラファイト)} \rightarrow \text{C(ダイヤモンド)}$$
$$\Delta_r H^\circ_{298} = 1.89 \text{ kJ mol}^{-1}$$

図 2.2.2 にその計算過程を図示する．図の燃焼エンタルピーと反応エンタルピーの関係を見ると，ヘスの法則の意味がわかりやすい．

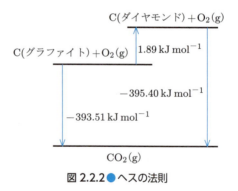

**図 2.2.2 ● ヘスの法則**

---

**例題 2.6**

$H_2$ の燃焼 $H_2\,(g) + (1/2)O_2\,(g) \rightarrow H_2O\,(g)$ において，標準反応エンタルピーは $\Delta_r H^\circ_{298} = -241.8 \text{ kJ mol}^{-1}$ である．また，水の蒸発エンタルピーは $\Delta_{vap} H^\circ_{298} = 44.0 \text{ kJ mol}^{-1}$ である．反応 $H_2\,(g) + (1/2)O_2\,(g) \rightarrow H_2O\,(l)$ の標準反応エンタルピーを求めよ．

**解答** $H_2\,(g) + (1/2)O_2\,(g) \rightarrow H_2O\,(g)$, $\Delta_r H^\circ_{298} = -241.8 \text{ kJ mol}^{-1}$ ①
$H_2O\,(l) \rightarrow H_2O\,(g)$, $\Delta_{vap} H^\circ_{298} = 44.0 \text{ kJ mol}^{-1}$ ②
①−②から，次のようになる．
$H_2\,(g) + (1/2)O_2\,(g) \rightarrow H_2O\,(l)$, $\Delta_r H^\circ_{298} = -285.8 \text{ kJ mol}^{-1}$

---

**NOTE**

エンタルピー $\Delta H$ の値は温度によって変化する（2.2.3項参照）．

添え字の vap は蒸発過程を示す．図 2.1.5 の潜熱のエンタルピーが $\Delta_{vap} H$ に相当する．

### 2.2.2 標準生成エンタルピー

前項で扱った燃焼熱や中和熱などの熱化学データとヘスの法則を使って，さまざまな反応の標準反応エンタルピーを計算できる．

ここで，ある物質 1 mol が 1 bar，ある温度 $T$ [K] でもっとも安定な単体から生成するときの反応の標準反応エンタルピーを**標準生成エンタルピー** (standard enthalpy of formation) $\Delta_f H_T^\circ$ とよぶ．温度は 25℃（298 K）のデータが多くまとめられており，化学便覧などに記載されている．これらの数値はいわば 25℃，1 bar でもっとも安定な単体のエンタルピーを基準（0）として，その基準からのエンタルピーの値をまとめたものである（図 2.2.3）．後述する絶対標準エントロピー，標準生成ギブズエネルギーとあわせて，代表的な標準生成エンタルピーの値を巻末の付録の**表 A.5.3** にまとめている．

たとえば，$CO_2$ (g) では $CO_2$ を構成する元素の 25℃，1 bar でもっとも安定な単体は固体のグラファイト，気体の酸素なので，

$$C(グラファイト) + O_2(g) \rightarrow CO_2(g), \quad \Delta_f H_{298}^\circ = -393.51 \text{ kJ mol}^{-1}$$

また，ベンゼンでは同様に

$$6C(グラファイト) + 3H_2(g) \rightarrow C_6H_6(l), \quad \Delta_f H_{298}^\circ = 49.0 \text{ kJ mol}^{-1}$$

となる．

また，図の矢印にも注意する必要がある．逆反応ならばエンタルピーの符号も逆になる．たとえば，上記の反応の逆反応は

$$C_6H_6(l) \rightarrow 6C(グラファイト) + 3H_2(g), \quad \Delta_r H_{298}^\circ = -49.0 \text{ kJ mol}^{-1}$$

となり，標準生成エンタルピー $\Delta_f H_{298}^\circ$ は逆符号となる．

さらに，一般の反応において，その標準反応エンタルピーは標準生成エンタルピーの差となる．

**参考**
標準生成エンタルピー $\Delta_f H_T^\circ$ の添え字の f は formation（生成）の意味である．

**参考**
化学便覧では標準状態が 1 atm = 1.013×10⁵ Pa のデータが掲載されているが，1 bar のデータと大きな違いはない．

**NOTE**
グラファイトや $H_2$ は 25℃，1 bar でもっとも安定であることから，$CO_2$ (g)，$H_2O$ (g) の燃焼反応式は標準生成エンタルピーを求めるための反応式と同じになる．つまり，燃焼エンタルピーは $CO_2$ (g)，$H_2O$ (g) の標準生成エンタルピーと等しくなる．

**NOTE**
物質 1 mol あたりのエンタルピーである．化学反応式の係数が 1 の物質 1 mol あたりという意味である．実際の計算については例題 2.7 などを参照．

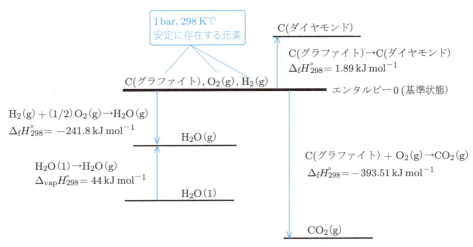

図 2.2.3 ● 標準生成エンタルピーの関係

> **標準反応エンタルピーの計算**
>
> 標準反応エンタルピー $\Delta_r H°$
> = (生成物の標準生成エンタルピーの総和)
>   − (反応物の標準生成エンタルピーの総和)     (2.2.2)

**例題 2.7**

液体ベンゼンの燃焼反応

$$C_6H_6(l) + \frac{15}{2} O_2(g) \rightarrow 6CO_2(g) + 3H_2O(l)$$

について，標準反応エンタルピーを求めよ．ただし，$CO_2$ (g)，$H_2O$ (l)，$C_6H_6$ (l) の 25℃（298 K）における標準生成エンタルピーは $-393.5$ kJ mol$^{-1}$，$-285.8$ kJ mol$^{-1}$，$49.0$ kJ mol$^{-1}$ とする．

**解答**　反応式より，

$$\Delta_r H°_{298} = 6\Delta_f H°_{298}(CO_2(g)) + 3\Delta_f H°_{298}(H_2O(l)) - \Delta_f H°_{298}(C_6H_6(l))$$
$$= 6 \times (-393.5) + 3 \times (-285.8) - 49.0$$
$$= -3.27 \times 10^3 \text{ kJ mol}^{-1}$$

となる．

**HINT**
標準状態で単体として存在できる単体の標準生成エンタルピー（例題 2.7 では $O_2$ (g)）は，その定義から $0$ kJ mol$^{-1}$ となる．

### 2.2.3 エンタルピーの温度依存性―キルヒホッフの法則

前項で述べたように，25℃における標準生成エンタルピー $\Delta_f H°_{298}$ がデータベースとして整理されているが，通常はさまざまな温度で化学反応が起こる．任意の温度 $T$ における標準反応エンタルピー $\Delta_r H°_T$ はどのように求められるだろうか？

温度が $T_1 = 298$ K から $T$ に変化したときの物質 1 mol あたりのエンタルピー $\Delta H$ は，式 (2.1.18) を用いて求められる．

$$\Delta H = \int_{T_1}^{T} C_p(T) \, dT \tag{2.2.3}$$

**POINT**
この温度変化はあらゆるエンタルピーについて成り立つので，f や r の添え字は省略している．

ここで，298 K における物質の標準生成エンタルピーはデータ集にまとめられていることから，298 K から $T$ [K] までの定積分を考えると，反応物および生成物の区別なく，

$$\Delta H = \Delta H°_{298} + \int_{298}^{T} C_p(T) \, dT \tag{2.2.4}$$

が成り立つ（左図参照）．反応 A + B → C を考えると，反応に伴うエンタルピー $\Delta_r H°_T$ は，式 (2.2.1) より

(C のエンタルピー) − {(A のエンタルピー) + (B のエンタルピー)}

である．まとめると次のようになり，反応前後の物質のモル熱容量の差を使っ

**POINT**
式 (2.2.4) は唐突に思えるかもしれないが，図 2.2.3 で紹介したように，標準状態かつ 25℃ = 298 K でもっとも安定な元素のもつエネルギーを 0 として，その基準からのエンタルピー差を議論しているため，このような式になる．

**参考**
式 (2.2.4) をグラフ化すると下図のようになる．

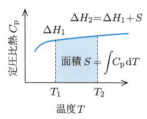

て任意の温度の標準反応エンタルピーを計算できる．これを**キルヒホッフの法則**(Kirchhoff's law)とよぶ．

---

**任意の温度（$T$ [K]）の標準反応エンタルピーの計算式**

298 K における標準反応エンタルピー

$$\Delta_r H_T^\circ = \Delta_r H_{298}^\circ + \int_{298}^{T} \Delta_r C_p^\circ \, dT \tag{2.2.5}$$

$$\Delta_r C_p^\circ = (\text{生成物の定圧モル熱容量の和}) - (\text{反応物の定圧モル熱容量の和}) \tag{2.2.6}$$

---

なお，反応 A + B → C の場合の $\Delta_r C_p^\circ$ は，

（C の定圧モル熱容量）
− {（A の定圧モル熱容量）+（B の定圧モル熱容量）}

である．

$\Delta_r H_{298}^\circ$ は各物質の標準生成エンタルピーより求められるから，定圧モル熱容量に化学反応式の係数（**化学量論係数** stoichiometry coefficient）をかけたものの差を求めて積分することで，任意の温度における反応熱を計算することができる．

### 例題 2.8

$H_2$ の燃焼

$$H_2(g) + \frac{1}{2} O_2(g) \rightarrow H_2O(g)$$

において，353 K における反応エンタルピー $\Delta_r H_{353}^\circ$ を求めよ．なお，$C_p$ は $H_2(g)$：28.8，$O_2(g)$：29.4，$H_2O(g)$：33.6 J K$^{-1}$ mol$^{-1}$ であり，温度依存性はないとする．また，$\Delta_r H_{298}^\circ = -241.8$ kJ mol$^{-1}$ である．

**解答** $C_p$ の単位が J K$^{-1}$ mol$^{-1}$ = $10^{-3}$ kJ K$^{-1}$ mol$^{-1}$ であることに注意すると，式 (2.2.5) より，次のようになる．

$$\Delta_r H_{353}^\circ = \Delta_r H_{298}^\circ + \int_{298}^{353} \left(33.6 - 28.8 - \frac{29.4}{2}\right) \times 10^{-3} \, dT$$

$$= -241.8 + (-9.9) \times 10^{-3} \times (353 - 298) = -242 \text{ kJ mol}^{-1}$$

**NOTE**
反応式の化学量論係数が 1 となっている（物質 1 mol あたり）ので，単位は kJ mol$^{-1}$ となっている．

### 例題 2.9

ダイヤモンドの燃焼

$$C(ダイヤモンド) + O_2(g) \rightarrow CO_2(g)$$

において，1000 K における反応エンタルピーを求めよ．なお，熱化学データは次のとおりである．

$$\text{C（ダイヤモンド）}: \Delta_f H^\circ_{298} = 1.895 \text{ kJ mol}^{-1}$$
$$C_p = 9.12 + 13.2 \times 10^{-3} T - 6.19 \times 10^5 T^{-2}$$
$$[\text{J K}^{-1} \text{ mol}^{-1}]$$
$$\text{O}_2(\text{g}): \quad \Delta_f H^\circ_{298} = 0 \text{ mol}^{-1}$$
$$C_p = 30 + 4.18 \times 10^{-3} T - 1.7 \times 10^5 T^{-2}$$
$$[\text{J K}^{-1} \text{ mol}^{-1}]$$
$$\text{CO}_2(\text{g}): \quad \Delta_f H^\circ_{298} = -393.5 \text{ kJ mol}^{-1}$$
$$C_p = 44.14 + 9.04 \times 10^{-3} T - 8.58 \times 10^5 T^{-2}$$
$$[\text{J K}^{-1} \text{ mol}^{-1}]$$

**解答** この反応の 298 K における標準反応エンタルピーは
$$\Delta_r H^\circ_{298} = -393.5 - 1.895 - 0$$
$$\fallingdotseq -395.4 \text{ kJ mol}^{-1} = -395.4 \times 10^3 \text{ J mol}^{-1}$$
である．これより，式 (2.2.5) に代入して
$$\Delta_r H^\circ_{1000} = \Delta_r H^\circ_{298} + \int_{298}^{1000} \{(44.14 + 9.04 \times 10^{-3} T - 8.58 \times 10^5 T^{-2})$$
$$- (9.12 + 13.2 \times 10^{-3} T - 6.19 \times 10^5 T^{-2})$$
$$- (30 + 4.18 \times 10^{-3} T - 1.7 \times 10^5 T^{-2})\} dT$$
$$= -395.4 \times 10^3 + \int_{298}^{1000} (5.02 - 8.34 \times 10^{-3} T - 0.69 \times 10^5 T^{-2}) dT$$
$$\fallingdotseq -396 \times 10^3 \text{ J mol}^{-1}$$
となり，エンタルピーの温度変化は小さいことがわかる．

## 2.3 熱力学第2, 第3法則

**KEYWORD**

カルノーサイクル，熱力学第2法則，エントロピー，混合エントロピー，熱力学第3法則，絶対エントロピー，標準反応エントロピー変化

### 2.3.1 エントロピーと自発的変化―熱力学第2法則

#### 熱力学第2法則

熱力学第1法則より，系の内部エネルギー変化 $\Delta U$ が熱エネルギー $Q$ と仕事 $W$ の和であることが示された．

はじめに，温かいお湯と冷たい水を接触させることを考えてみよう．われわれの経験によると，お湯は冷め，水は温まり，最終的には同じ温度に到達する．一方で，熱力学第1法則によると，水からエネルギーを奪って，お湯がさらに温まり，水はさらに冷たくなるということもありえる．しかし，そ

のようなことは自然界ではありえない．このような変化の向きを決定するのが，**熱力学第 2 法則**である（図 2.3.1）．
second law of thermodynamics

その表現例はいくつかあるが，代表例として次の 2 つがある．

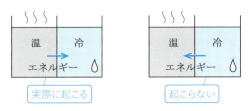

図 2.3.1 ● 熱力学第 2 法則

---

**熱力学第 2 法則**

- ケルビン（トムソン）の原理
  1 つの熱源から熱を受け取り，それをすべて仕事に変え，ほかに何の痕跡も残さないようにすることは不可能である
- クラウジウスの原理
  低温の熱源から高温の熱源に熱を移す以外に，ほかに何の痕跡も残さないようにすることは不可能である

---

ケルビンの原理は 100 ％の効率のエンジンをつくることは不可能であることを主張しており，クラウジウスの原理は冷蔵庫などで物を冷やすためには，エネルギー（冷蔵庫の場合は電気）が必要であることを主張している．以上の表現を数学的に記述することに成功したのは，フランスの技術者カルノーであった．

### 熱機関とカルノーサイクル

2.1 節で扱ったように，気体の入ったピストンに熱を与えて膨張させることで外部に仕事を取り出すことができる．このように，熱から仕事を取り出す仕組みを**熱機関**という．図 2.3.2 に熱機関の例を示す．
heat engine

図に示す熱機関では，①等温膨張，②断熱膨張，③等温圧縮，④断熱圧縮を繰り返し，外部に仕事を取り出す．このような理想的な熱機関を**カルノーサイクル**とよぶ．このような膨張・圧縮をするサイクルにおいては，高温部から熱 $Q_H$ をもらい，外部に $W_{ex}$ の仕事をして，その後に熱 $Q_L$ を低温部に排出するというサイクルが繰り返される（図 2.3.3）．
Carnot cycle

ここで，高温部から得た熱 $Q_H$ に対する仕事 $W_{ex}$ の割合として，熱機関の効率 $\eta$ を次のように定義する．

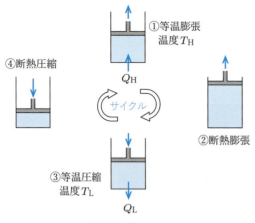
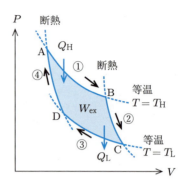

図 2.3.2 ● 熱機関（カルノーサイクル）　　　図 2.3.3 ● カルノーサイクルと熱収支

$$\eta = \frac{W_{ex}}{Q_H} \tag{2.3.1}$$

1サイクルが回ると元の位置に戻り，そのときの内部エネルギー変化は $\Delta U = 0$ であるので，熱力学第1法則☞式(2.1.1)より，

$$\Delta U = (Q_H - Q_L) - W_{ex} = 0 \quad \therefore W_{ex} = Q_H - Q_L \tag{2.3.2}$$

となる．これを式 (2.3.1) に代入すると次式が得られる．

$$\eta = 1 - \frac{Q_L}{Q_H} \tag{2.3.3}$$

> **復習**
> 内部エネルギー変化 $\Delta U$ は状態量である．

この式はどのような熱機関に対しても成り立つ．またカルノーサイクルにおいて，等温膨張時の温度 $T_H$ と等温圧縮時の温度 $T_L$ を用いると，式 (2.3.3) は次式のように表すこともできる．

$$\eta = 1 - \frac{T_L}{T_H} \tag{2.3.4}$$

以上をまとめると，図 2.3.2，図 2.3.3 で表されるカルノーサイクルは次の4過程を繰り返す熱機関である．

① 等温膨張過程（温度 $T_H$）
　高温の熱浴から $Q_H$ の熱を吸収しながら，温度一定のままで体積 $V_A$ から $V_B$ まで膨張して外部に仕事をする．

② 断熱膨張過程（温度 $T_H \to T_L$）
　外部との熱のやり取りを断って（断熱過程），系を体積 $V_B$ から $V_C$ まで膨張させて外部に仕事をすると同時に，温度が $T_L$ に低下する．

③ 等温圧縮過程（温度 $T_L$）
　低温の熱浴に $Q_L$ の熱を放出しながら，温度一定のままで体積 $V_C$ から $V_D$ まで圧縮して外部から仕事を受ける．

④ 断熱圧縮過程（温度 $T_L \to T_H$）

断熱過程によって系を体積 $V_D$ から $V_A$ まで圧縮させて外部から仕事を受けると同時に，温度が $T_H$ まで上昇する．

さらにカルノーは，このカルノーサイクルよりも効率のよい熱機関は存在しないことを明らかにし（カルノーの定理），実際につくることができる（不可逆）熱機関の熱効率☞式(2.3.3)は，カルノーサイクルの熱効率☞式(2.3.4)よりもつねに小さいことを示した．

$$1 - \frac{Q_L}{Q_H} \leq 1 - \frac{T_L}{T_H} \tag{2.3.5}$$

上式を変形すると，

$$\frac{Q_H}{T_H} + \frac{Q_L}{T_L} \leq 0 \quad (\text{等号が成り立つのは可逆機関のとき}) \tag{2.3.6}$$

が得られ，これをクラウジウスの不等式とよぶ．クラウジウスの不等式は，次項のエントロピー $S$ の導入につながる重要な式である．

> **NOTE**
> 可逆機関は可逆過程によりサイクルを回す機関である．可逆過程，不可逆過程についてはp.31 の NOTE を参照のこと．

### 例題 2.10

蒸気エンジンが 130℃ のボイラーと 30℃ の凝縮器ではたらいている．このエンジンの最大効率 $\eta$ を求めよ．ただし，この蒸気エンジンはカルノーサイクルとみなすことができるとする．

**解答** 式 (2.3.4) に数値を代入する．

$$\eta = 1 - \frac{30 + 273}{130 + 273} = 0.25$$

## 2.3.2 系のいろいろな変化におけるエントロピー変化

クラウジウスの不等式の議論から，クラウジウスはある微小変化に対して**エントロピー** (entropy) を導入した．

> **参考**
> エントロピーという単語はギリシャ語の「変化」に由来する．

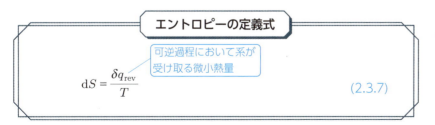

**エントロピーの定義式**

可逆過程において系が受け取る微小熱量

$$dS = \frac{\delta q_{rev}}{T} \tag{2.3.7}$$

> **NOTE**
> 熱量は状態量でないため $\delta$ が使われる．それに対し，エントロピーは状態量のため d（あるいは $\Delta$）が使われる．また $\delta$，d は微小変化に対して使い，$\Delta$ は明らかに異なる 2 つの状態間における変化の差として使う．

エントロピーを用いると，熱力学第 2 法則は

$$dS \geq \frac{\delta q}{T} \quad (\text{等号は可逆過程において成り立つ}) \tag{2.3.8}$$

と表すことができる．式 (2.3.8) も**クラウジウスの不等式** (Clausius inequality) とよばれる重要な式である．

> **参考**
> 式 (2.3.8) は，可逆過程で最大の仕事ができるということに基づいて導出されている．詳しくは「アトキンス物理化学」などを参考にすること．

温度が一定の条件で，状態1から2へのエントロピー変化$\Delta S$は，式(2.3.7)を積分して

$$\Delta S = \int \frac{\delta q_{\text{rev}}}{T} \tag{2.3.9}$$

で求められる．この式と前節までの内容を組み合わせて，さまざまなエントロピー変化を計算してみよう．

### ● 温度変化によるエントロピー変化（圧力一定）

圧力一定の条件では，式(2.1.16)からわかるように$\delta q = dH$である一方，式(2.1.17)より$dH = C_p dT$と変形できるから，$\delta q = C_p dT$となる．これを式(2.3.9)に代入し，温度$T = T_1$から$T_2$までの変化を考えると，

$$\Delta S = \int_{T_1}^{T_2} \frac{C_p}{T} dT \tag{2.3.10}$$

という関係が得られる．

#### 例題 2.11

水の定圧モル熱容量は$C_p = 75.3 \text{ J K}^{-1} \text{ mol}^{-1}$である．20℃から60℃に加熱したときの1 molあたりのエントロピー変化を求めよ．

**解答** 式(2.3.10)を用いる

$$\Delta S = \int_{293}^{333} \frac{75.3}{T} dT = 75.3 \ln\left(\frac{333}{293}\right) = 9.6 \text{ J K}^{-1} \text{mol}^{-1}$$

### ● 等温過程（体積・圧力変化）におけるエントロピー変化（理想気体）

理想気体においては分子間力を考えないので，内部エネルギー変化は体積に依存せず，温度のみに依存するというジュールの法則が成り立つことから，等温過程において内部エネルギー変化は0である．つまり，等温過程では$\Delta U = Q - W_{\text{ex}} = 0$より$Q = W_{\text{ex}}$である．等温過程について系が外界に対してした仕事$W_{\text{ex}}$は例題2.2において求めたように，

$$W = -W_{\text{ex}} = nRT \ln\left(\frac{V_1}{V_2}\right) \tag{2.3.11}$$

であるから，

$$Q = W_{\text{ex}} = nRT \ln\left(\frac{V_2}{V_1}\right) \tag{2.3.12}$$

の熱を受け取っている．ここで，$Q$は$n$ [mol]あたりの熱量であることに注意すると，1 molあたりのエントロピー変化は

> **NOTE**
> ジュールの法則については例題2.18で取り扱う．

$$\Delta S = \frac{1}{n}\left(\frac{Q}{T}\right) = R \ln\left(\frac{V_2}{V_1}\right) = R \ln\left(\frac{P_1}{P_2}\right) \tag{2.3.13}$$

となる.

> **HINT** 最後の等式では，理想気体のボイルの式（$PV=$一定）を用いた.

### 例題 2.12

温度一定の条件で，理想気体の体積が2倍になったときの1 molあたりのエントロピー変化 $\Delta S$ を求めよ.

**解答** 式 (2.3.13) を用いる.

$$\Delta S = 8.31 \ln\left(\frac{2V_1}{V_1}\right) = 5.76\ \mathrm{J\ K^{-1} mol^{-1}}$$

## ◆ 相変化によるエントロピー変化

たとえば水が水蒸気に相変化するとき，蒸発エンタルピー $\Delta_{\mathrm{vap}}H$ の熱を得る．一般に，相変化にともなうエントロピー変化を $\Delta_{\mathrm{trans}}H$，相変化温度を $T_{\mathrm{trans}}$ とすると，相変化に伴うエントロピー変化 $\Delta_{\mathrm{trans}}S$ は

$$\Delta S = \frac{\Delta_{\mathrm{trans}}H}{T_{\mathrm{trans}}} \tag{2.3.14}$$

で表される.

### 例題 2.13

水が 1 atm，100°C において蒸発する際の 1 mol あたりのエントロピー変化を求めよ．ただし，1 atm，100°C における蒸発エンタルピーは $\Delta_{\mathrm{vap}}H = 40.7\ \mathrm{kJ\ mol^{-1}}$ である.

**解答** 式 (2.3.14) を用いて計算する.

$$\Delta S = \frac{40.7 \times 10^3}{373} = 109\ \mathrm{J\ K^{-1} mol^{-1}}$$

となる.

## ◆ 混合によるエントロピー変化（理想気体）

物質を混合することでもエントロピーが増加し，これを**混合エントロピー** (entropy of mixing) とよぶ．いま $n_1, n_2, \ldots, n_i, \ldots, n_n$ [mol] の理想気体が温度 $T$，圧力 $P$ で別々に存在する場合を考える．このとき，それぞれについて状態方程式 $PV_i = n_i RT$ を満たす.

それらをすべて混合して，全体で $n$ [mol]，体積 $V$ となったとすると，気体 $i$ について，体積が $V_i$ から $V$ に変化したことになるので，式 (2.3.12) を

用いると，成分 $i$ のエントロピー変化は，そのモル分率を $x_i$ として

$$\Delta S_i = n_i R \ln\left(\frac{V}{V_i}\right) = - n_i R \ln x_i \tag{2.3.15}$$

**HINT**
最後の等式は，成分 $i$ のモル分率 $x_i$ が $V_i/V$ に等しいことを使っている．

となる．ほかの成分についても同様であるので，混合エントロピーは，

$$\Delta S(\text{全体}) = - \sum_i n_i R \ln x_i = - nR \sum_i x_i \ln x_i \tag{2.3.16}$$

となり，混合物 1 mol あたりの混合エントロピー $\Delta S$ は，

$$\Delta S = - R \sum_i x_i \ln x_i \tag{2.3.17}$$

で表される．

### 例題 2.14

$N_2$ 79%，$O_2$ 21% を混合して人工空気をつくった．混合物 1 mol あたりのエントロピー変化を求めよ．

**解答** 式 (2.3.17) を用いて計算する．$N_2$，$O_2$ のモル分率はそれぞれ 0.79，0.21 より，$\Delta S = -8.31 \times (0.79 \times \ln 0.79 + 0.21 \times \ln 0.21) = 4.3\ \text{J K}^{-1}\ \text{mol}^{-1}$.

## 2.3.3 熱力学第 3 法則と絶対エントロピー，標準反応エントロピー

### 熱力学第 3 法則

前項でさまざまな温度変化に伴うエントロピー変化を求めた．1 mol の物質（固体）を 0 K の状態から温度 $T$ [K] まで昇温させたときのエントロピー変化 $\Delta S$ を考えると，エントロピーは状態量なので，

$$\Delta S = S(T) - S(0) = \int_0^T \frac{C_\text{p}}{T} dT \tag{2.3.18}$$

となる．

昇温の間に相変化がある場合は，相変化によるエントロピー増加を反映させるため，エントロピー $\Delta S = \Delta H/T$ の項が加わる．たとえば，温度 $T$ の気体のエントロピー $S$ は，0 K の状態での値を $S(0)$ とすると，0 K から $T$ までのエントロピー増加分を計算すればよいので，融点を $T_\text{m}$，沸点を $T_\text{v}$ とすると，

$$S(T) = S(0) + \int_0^{T_\text{m}} \frac{C_\text{p}}{T} dT + \frac{\Delta_\text{m} H}{T_\text{m}} + \int_{T_\text{m}}^{T_\text{v}} \frac{C_\text{p}}{T} dT + \frac{\Delta_\text{vap} H}{T_\text{v}} + \int_{T_\text{v}}^{T} \frac{C_\text{p}}{T} dT \tag{2.3.19}$$

となる（図 2.3.4）．ただし，$\Delta_\text{m} H$ は融解エンタルピー，$\Delta_\text{vap} H$ は，蒸発エンタルピーである．

さて，0 K におけるエントロピーの値 $S(0)$ がわかれば，式 (2.3.19) で

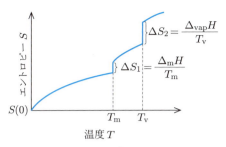

図 2.3.4 ● エントロピー $S$ の温度依存性

温度 $T$ におけるエントロピーが計算できる．ネルンストは純物質の完全結晶（不純物や構造の乱れがない）について，次の**熱力学第 3 法則** third law of thermodynamics を見出した．

---
**熱力学第 3 法則**

$0\,\mathrm{K}$ におけるエントロピー $S=0$

$$\lim_{T \to 0} S(T) = 0 \tag{2.3.20}$$
---

この法則に従う物質のエントロピー $S(T)$ を**絶対エントロピー** absolute entropy とよぶ．とくに $1\,\mathrm{bar}$，$298\,\mathrm{K}$ における値は，種々のデータ集にまとめられている．代表的な**絶対標準エントロピー** absolute standard entropy の値を巻末の付録の**表 A.5.3** にまとめている．

また，$0\,\mathrm{K}$ においてはすべての原子の運動が停止し，結晶内における原子（あるいは分子）が規則正しく配列，つまり乱雑さが完全に消滅した状態である．$S(0)=0$ というのは，エントロピーが乱雑さの指標であることを意味している．

### ◆ 絶対エントロピーを用いた化学反応のエントロピー変化の計算

絶対標準エントロピーの値を使うことで，反応に伴うエントロピー変化（**標準反応エントロピー** standard reaction entropy）$\Delta_\mathrm{r} S^\circ_{298}$ を計算することができる．すなわち，

$$\Delta_\mathrm{r} S^\circ_{298} = (\text{生成物のエントロピー}) - (\text{反応物のエントロピー}) \tag{2.3.21}$$

となる．例として，定圧下における化学反応 $\mathrm{A} + \mathrm{B} \to \mathrm{C} + \mathrm{D}$ を考えると，化学反応によるエントロピー変化は，

$$\begin{aligned}\Delta_\mathrm{r} S^\circ =\ & (\text{生成物 C, D のもつエントロピーの総和}) \\ & - (\text{反応物 A, B のもつエントロピーの総和})\end{aligned} \tag{2.3.22}$$

である．また，ほかの温度についてのエントロピー変化も，エンタルピーについてのキルヒホッフの法則 ☞式(2.2.5) と同様に

$$\Delta_\mathrm{r} S^\circ_T = \Delta_\mathrm{r} S^\circ_{298} + \int_{298}^{T} \frac{\Delta_\mathrm{r} C^\circ_\mathrm{p}}{T} \mathrm{d}T \tag{2.3.23}$$

で計算することができる．

参考：混合物では混合エントロピーがある．構造の乱れなどがあると，残余エントロピーなども考慮する必要がある．

NOTE：化学便覧では $1\,\mathrm{atm}$ でまとめられている．標準状態に注意！

NOTE：現実の固体結晶の原子は，量子効果により $0\,\mathrm{K}$ でも静止させることはできない（零点振動）．

NOTE：エンタルピーと同様に，化学反応前後のエントロピーの変化であっても，「変化」を省くことが多い．

### 例題 2.15

$H_2\,(g) + (1/2)\,O_2\,(g) \rightarrow H_2O\,(g)$ の 298 K における標準反応エントロピーを求めよ．ただし，$H_2\,(g)$，$O_2\,(g)$，$H_2O\,(g)$ それぞれの絶対標準エントロピー $S^\circ_{298}$ は 130.7，205.1，188.8 J K$^{-1}$ mol$^{-1}$ である．

**解答** 式 (2.3.21) において，生成物のエントロピーの和から反応物のエントロピーの和を引くと，

$$\Delta_r S^\circ_{298} = 188.8 - 130.7 - \frac{1}{2} \times 205.1 = -44.5 \text{ J K}^{-1}\text{ mol}^{-1}$$

となる．

### 例題 2.16

反応 $H_2\,(g) + (1/2)\,O_2\,(g) \rightarrow H_2O\,(g)$ の 353 K における標準反応エントロピーを求めよ．なお，$H_2\,(g)$，$O_2\,(g)$，$H_2O\,(g)$ それぞれの $C_p$ は例題 2.8 の値，また，298 K における標準反応エントロピーは例題 2.15 の数値を用いよ．

**解答** 式 (2.3.23) を用いる．各分子の定圧モル熱容量を代入すると，

$$\Delta_r S^\circ_{353} = -44.5 + \int_{298}^{353} \left(33.6 - 28.8 - \frac{29.4}{2}\right) \times \frac{1}{T} dT$$

$$= -44.5 + (-9.9) \ln\left(\frac{353}{298}\right) = -46.2 \text{ J K}^{-1}\text{mol}^{-1}$$

となる．

## 2.4　自由エネルギー

**KEYWORD**

ギブズエネルギー，ヘルムホルツエネルギー，マクスウェルの関係式，ギブズ–ヘルムホルツの式，化学ポテンシャル

### 2.4.1　自由エネルギーの定義とマクスウェルの関係式

熱力学第 1，第 2 法則を組み合わせることで，閉じた系や開いた系の自発変化について知ることができる．第 2 法則の式 (2.3.8) より，

$$\delta q - TdS \leq 0 \quad (\text{等号は可逆過程において成り立つ}) \tag{2.4.1}$$

となる．系の得る熱 $\delta q$ は，圧力一定のときと体積一定のときで異なるため，以下でそれぞれの場合について考えよう．

### ◆ 圧力・温度一定のとき

系が得る熱はエンタルピー $\Delta H$ に等しい（$\delta q = dH$）．したがって，

$$\Delta H - TdS \leq 0 \quad \text{（等号は可逆過程において成り立つ）} \tag{2.4.2}$$

となる．

ここで，$G = H - TS$ という量を定義しよう．一定温度における変化を考えると，$H$ も $S$ も状態量であることから，$G$ の変化量 $\Delta G$ は

$$\Delta G = \Delta H - T\Delta S \tag{2.4.3}$$

となり，式 (2.4.2) は

$$\Delta G = \Delta H - T\Delta S \leq 0 \tag{2.4.4}$$

に等しくなる．

ここで第 2 法則の議論から，不等号が成り立つのは自発的変化が生じる場合であり，等号が成り立つときは可逆変化，すなわち平衡に達しているとみなすことができる．この $G$ を，提唱したギブズにちなみ，**ギブズエネルギー**  
Gibbs energy  
とよぶ．

なお式 (2.4.4) は，系の変化が発熱（$\Delta H < 0$）であり，かつエントロピー変化が正（$\Delta S > 0$）であれば，自発的にその変化が起こることを示している．

### ◆ 体積・温度一定のとき

系の得る熱は内部エネルギー変化 $dU$ に等しい（$\delta q = dU$）．したがって，

$$dU - TdS \leq 0 \quad \text{（等号は可逆過程において成り立つ）} \tag{2.4.5}$$

となる．

ここで，$A = U - TS$ という量を定義しよう．温度一定のとき，$\Delta G$ と同様にして，$A$ の変化量は

$$\Delta A = \Delta U - T\Delta S \tag{2.4.6}$$

となり，式 (2.4.6) は

$$\Delta A = \Delta U - T\Delta S \leq 0 \tag{2.4.7}$$

と表される．

$G$ の議論と同様に，不等号が成り立つのは自発的な変化が生じる場合であり，等号が成り立つときは可逆変化，すなわち平衡に達しているとみなすことができる．この $A$ を**ヘルムホルツエネルギー**という．  
Helmholz energy

上記をまとめておこう．

---

**NOTE**  
使われている物理量がすべて状態量であることから，$\Delta$ を使っている．

**POINT**  
ある状態から平衡状態に到達するにはギブズエネルギーが減少し，最小値に到達すると理解することができる．

> **自由エネルギーと，自発的変化および平衡の条件**
>
> ギブズエネルギー　$G = H - TS$
>
> ヘルムホルツエネルギー　$A = U - TS$
>
> 自発的変化が起こる条件
>
> $\Delta G = \Delta H - T\Delta S < 0$ （圧力，温度一定）
>
> $\Delta A = \Delta U - T\Delta S < 0$ （体積，温度一定）
>
> 平衡のとき
>
> $\Delta G = 0$ （圧力，温度一定），$\Delta A = 0$ （体積，温度一定）

これらの関係式はきわめて有用であり，実際の計算では $\Delta H$ と $\Delta S$ を個別に計算し，$\Delta G = \Delta H - T\Delta S$ に代入することで $\Delta G$ を計算することができる．とくに標準状態における反応のギブズエネルギー（標準反応ギブズエネルギー）は反応の平衡状態を求めるために重要な量であり，計算できるようになることが望ましい．このために，標準状態（圧力 1 bar），25℃（298.15 K）の温度において化合物が単体から生成したと仮定して式 (2.4.3) の方法で計算したギブズエネルギー変化が，標準生成ギブズエネルギーとして化学便覧などにまとめられている．巻末の付録の表 A.5.3 に標準生成ギブズエネルギーの代表的な値を標準生成エンタルピー，絶対標準エントロピーとともに示した．

> **NOTE**
> エンタルピー，エントロピーの議論同様，反応前後の変化であるが，「変化」を記さないことが多い．

### 例題 2.17

例題 2.6，2.15 の結果を用いて，

$$H_2\,(g) + \frac{1}{2} O_2\,(g) \rightarrow H_2O\,(g)$$

の 298 K における 1 mol あたりの標準反応ギブズエネルギーを求めよ．

**解答**　例題 2.6，2.15 より，

$$\Delta_r H^\circ_{298} = -241.8 \text{ kJ mol}^{-1}$$

$$\Delta_r S^\circ_{298} = -44.5 \times 10^{-3} \text{ J K}^{-1}\text{mol}^{-1}$$

を式 (2.4.3) に代入する．

$$\Delta_r G^\circ_{298} = \Delta_r H^\circ_{298} - T\Delta_r S^\circ_{298}$$

$$= -241.8 - 298 \times (-44.5) \times 10^{-3} \fallingdotseq -229 \text{ kJ mol}^{-1}$$

### ◆ マクスウェルの関係式

可逆過程（平衡のとき）では $\delta q = TdS$ となるから，式 (2.1.7) より，

$$dU = TdS - PdV \tag{2.4.8}$$

> **NOTE**
> 微分の議論のために微小量の d を使っている．

となる．偏微分の公式から，

$$dU = \left(\frac{\partial U}{\partial S}\right)_V dS + \left(\frac{\partial U}{\partial V}\right)_S dV \tag{2.4.9}$$

であるから，式 (2.4.8) と式 (2.4.9) を比較すると，

$$\left(\frac{\partial U}{\partial S}\right)_V = T, \quad \left(\frac{\partial U}{\partial V}\right)_S = -P \tag{2.4.10}$$

となる．さらに，

$$\left[\frac{\partial}{\partial V}\left(\frac{\partial U}{\partial S}\right)_V\right]_S = \left[\frac{\partial}{\partial S}\left(\frac{\partial U}{\partial V}\right)_S\right]_V \tag{2.4.11}$$

なので，これに式 (2.4.10) を代入すると，

$$\left(\frac{\partial T}{\partial V}\right)_S = -\left(\frac{\partial P}{\partial S}\right)_V \tag{2.4.12}$$

が成り立つ．

同様に，$H$, $A$, $G$ の式　$H = U + PV$, $A = U - TS$, $G = H - TS$　より，

$$dH = dU + PdV + VdP = TdS + VdP \tag{2.4.13}$$

$$dA = -SdT - PdV \tag{2.4.14}$$

$$dG = -SdT + VdP \tag{2.4.15}$$

である．式 (2.4.8)，式 (2.4.13) ～ (2.4.15) を熱力学の基本式とよぶ．また，式 (2.4.14)，式 (2.4.15) より，$dU$ の場合と同様に計算すると次のようになる．

$$\left(\frac{\partial T}{\partial P}\right)_S = \left(\frac{\partial V}{\partial S}\right)_P \tag{2.4.16}$$

$$\left(\frac{\partial S}{\partial V}\right)_T = \left(\frac{\partial P}{\partial T}\right)_V \tag{2.4.17}$$

$$\left(\frac{\partial S}{\partial P}\right)_T = -\left(\frac{\partial V}{\partial T}\right)_P \tag{2.4.18}$$

式 (2.4.12)，式 (2.4.16) ～ (2.4.18) を**マクスウェルの関係式**（Maxwell relations）という．

マクスウェルの関係式のメリットは，式 (2.4.16) を見てわかるように，体積のエントロピー依存性といった実測の難しい量を温度の圧力依存性といった実測可能な物理量で記述できる点にある．なお，$dU$～$dG$ の式まで含めた覚え方として，Thermodynamic square というものもある．

> **POINT**
> 等号を挟んだ分母分子が $S \cdot T$, $P \cdot V$ の組み合わせになっており，$T$ と $V$ が同じ辺にあるときはマイナスがつくと覚えよう．

> **POINT**
> 記号の配置を覚えよう
> <u>G</u>ood <u>P</u>hysicist <u>H</u>ave <u>S</u>tudied <u>U</u>nder <u>V</u>ery <u>A</u>mazing <u>T</u>eacher（よい物理学者はとても素晴らしい先生のもとで学ぶ）．

### Thermodynamic square

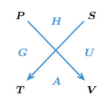

マクスウェルの関係式
頂点 $P, S, T, V$ の偏微分を考える

$$\frac{P}{T} = \frac{S}{V} \implies \left(\frac{\partial P}{\partial T}\right)_V = \left(\frac{\partial S}{\partial V}\right)_T$$

$$\begin{array}{c|c} P & S \\ \hline T & V \end{array} \implies \left(\frac{\partial P}{\partial S}\right)_V = -\left(\frac{\partial T}{\partial V}\right)_S$$

※矢印のある $T, V$ が同じ辺にあるときはマイナスをつける

$dG$ について

$$dG = V\,dP - S\,dT \qquad \text{※}dU \text{も同様}$$

（$P, T$ の対角／$G$ の両隣）
※矢尻が $G$ を向くときはマイナスをつける

---

**例題 2.18**

式 (2.4.8) とマクスウェルの関係式と理想気体の状態方程式から，理想気体では温度が一定のとき，$U$ が体積に依存しない，すなわち $\left(\dfrac{\partial U}{\partial V}\right)_T = 0$ であることを示せ．

**解答** $T$ が一定の条件のもとで式 (2.4.8) を $V$ で偏微分すると，

$$\left(\frac{\partial U}{\partial V}\right)_T = T\left(\frac{\partial S}{\partial V}\right)_T - P$$

式 (2.4.17) を使うと，

$$\left(\frac{\partial U}{\partial V}\right)_T = T\left(\frac{\partial P}{\partial T}\right)_V - P \qquad ①$$

となる．理想気体の状態方程式 $P = nRT/V$ より，

$$\left(\frac{\partial P}{\partial T}\right)_V = \frac{nR}{V}$$

であるから，これらより $\left(\dfrac{\partial U}{\partial V}\right)_T = 0$ となる．

これが 2.3.2 項で紹介したジュールの法則である．式①を**熱力学的状態方程式**（thermodynamic equation of state）とよぶ．

---

## 2.4.2 ギブズエネルギーの温度・圧力依存性とギブズ–ヘルムホルツの式

### ◆ ギブズエネルギーの温度・圧力依存性

化学反応や状態変化は通常は大気圧下という圧力一定の条件で行うことが多いことから，ギブズエネルギー $G$ がどのようにふるまうかを調べること

はきわめて重要である．そこで，ギブズエネルギー $G$ の温度依存性と圧力依存性を調べてみよう．

式 (2.4.15) を用いると，マクスウェルの関係式から

$$\left(\frac{\partial G}{\partial T}\right)_P = -S \tag{2.4.19}$$

$$\left(\frac{\partial G}{\partial P}\right)_T = V \tag{2.4.20}$$

> **参考**
> 式 (2.3.19) から $S$ を誘導することができるから，式 (2.4.19) を使ってギブズエネルギーの温度依存性を調べることができるなど，有用な関係式である．

が成り立つ．式を見ると，ギブズエネルギー $G$ の温度依存性，圧力依存性がそれぞれエントロピー $S$ と体積 $V$ と関係していることがわかる．圧力依存性について注目すると，

体積 $V$ が大きい　→　$G$ の圧力依存性が大きくなる
体積 $V$ が小さい　→　$G$ の圧力依存性が小さくなる

ことがわかる．

#### 例題 2.19

水と氷は 0℃，1 atm で平衡に達している．すなわち，$G_水 = G_氷$ である．この状態から圧力を上げたとき，水と氷のどちらが安定か，ギブズエネルギー $G$ の大小で考えよ．

**解答**　0℃，1 atm での体積は $V_氷 > V_水 > 0$ である．式 (2.4.20) より，$P$–$G$ グラフの傾きは体積 $V$ となる．

図 2.4.1 に示すように，$P = 1$ atm においても，$G_氷$ の傾きは $G_水$ より大きい．したがって，1 atm より大きい圧力では $G_氷 > G_水$ であり，水のほうが安定になる．

圧力を上げて起こる変化を考えると，$\Delta G = G_水 - G_氷 < 0$ であるから，氷は圧力を上げると水に相変化し，氷が溶けて水になることを示している．

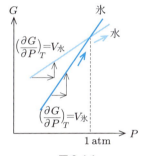

図 2.4.1

### ギブズ–ヘルムホルツの式

ギブズエネルギー $G$ は定圧下での変化が進行するかどうかを決定する重要な因子である．エンタルピー $H$ とギブズエネルギー $G$ の関係式を，**ギブズ–ヘルムホルツの式** (Gibbs-Helmholtz equation) とよぶ．ギブズ–ヘルムホルツの式は，$G/T$ を圧力一定の条件にて $T$ で偏微分し，

$$\left(\frac{\partial \left(\frac{G}{T}\right)}{\partial T}\right)_P = -\frac{G}{T^2} + \frac{1}{T}\left(\frac{\partial G}{\partial T}\right)_P \tag{2.4.21}$$

さらに，上式の $\left(\frac{\partial G}{\partial T}\right)_P$ に式 (2.4.19) の $\left(\frac{\partial G}{\partial T}\right)_P = -S$ を代入する．

$$\left(\frac{\partial \left(\frac{G}{T}\right)}{\partial T}\right)_P = -\frac{G}{T^2} + \frac{-S}{T} = -\frac{G-TS}{T^2} = -\frac{H}{T^2} \tag{2.4.22}$$

ここで，ある化学反応のギブズエネルギー変化を $\Delta_r G$，反応のエンタルピーを $\Delta_r H$ とすると，

$$\left(\frac{\partial \left(\frac{\Delta_r G}{T}\right)}{\partial T}\right)_P = -\frac{\Delta_r H}{T^2} \tag{2.4.23}$$

のように式 (2.4.22) と同様の関係式が成り立つ．この式より，反応のエンタルピー $\Delta_r H$ がわかれば，式 (2.4.23) の両辺を $T$ で積分することで，最終的に $\Delta_r G$ を求めることができる．

### 例題 2.20

$N_2(g) + 3H_2(g) \rightarrow 2NH_3(g)$ の反応において，エンタルピーは $\Delta_r H_T = -78605 - 45.62T$ [J mol$^{-1}$]，298 K における標準反応ギブズエネルギーは $\Delta_r G^\circ_{298} = -33000$ J mol$^{-1}$ であることが知られている．温度 $T$ [K] における標準反応ギブズエネルギー $\Delta_r G^\circ_T$ を求めよ．

**解答** 式 (2.4.23) を温度 $T$ で積分する．

$$\int_{298}^T \left(\frac{\partial \left(\frac{\Delta_r G}{T}\right)}{\partial T}\right)_P dT = \int_{298}^T d\left(\frac{\Delta_r G}{T}\right) = \int_{298}^T \left(-\frac{\Delta_r H}{T^2}\right) dT$$

これより，以下のように求められる．

$$\frac{\Delta_r G^\circ_T}{T} - \frac{\Delta_r G^\circ_{298}}{298} = -\int_{298}^T \frac{-78605 - 45.62T}{T^2} dT$$

$$\therefore \Delta_r G^\circ_T = -78605 + 45.62 T \ln T - 107 T \; [\text{J mol}^{-1}]$$

### 2.4.3 化学ポテンシャル，混合のギブズエネルギー変化

化学では複数の物質からなる多成分系の取り扱いが不可欠である．そこで，物質を混合したときのギブズエネルギー変化を調べてみよう．そのときに有用な概念が**化学ポテンシャル** (chemical potential) である．

**POINT**
化学ポテンシャルとは，ある物質に着目したときの 1 mol あたりのギブズエネルギーといえる．

**NOTE**
添字の $n_j$ は成分 $i$ 以外の成分の物質量は変化しないという条件を意味する．

**化学ポテンシャルの定義式**

$$\mu_i = \left(\frac{\partial G}{\partial n_i}\right)_{T, P, n_j} \quad n_i \text{ は成分 } i \text{ のモル数} \tag{2.4.24}$$

式からわかるように，化学ポテンシャルはギブズエネルギーを物質量で偏微分にしたものにほかならない．化学ポテンシャルを導入することで，系に物質を加えたり減らしたりしたときのギブズエネルギー変化を記述できることから，化学反応や化学平衡などを議論できるようになる．

### ◆ 相平衡と化学ポテンシャル

系の物質の量の変化も考慮すると，式 (2.4.15) は，

$$dG = VdP - SdT + \mu_A dn_A + \mu_B dn_B \cdots \tag{2.4.25}$$

となる．

たとえば，エタノール水溶液のような成分が 2 つの混合物の液体を考え，定温定圧に保って液相と気相の平衡状態に到達することを考えよう．このときの全系のギブズエネルギー $G$ は

$$G = G_{液相} + G_{気相} \tag{2.4.26}$$

となる．

ここで，液相から気相に成分 1 の微小量 $\delta n_1$ を移動する仮想的な変化を考えると，それに伴う $G$ の変化 $\delta G$ は次のようになる．

$$\begin{aligned}\delta G &= \delta G_{液相} + \delta G_{気相} = \mu_{1\,液相}(-\delta n_1) + \mu_{1\,気相}\delta n_1 \\ &= (-\mu_{1\,液相} + \mu_{1\,気相})\delta n_1\end{aligned} \tag{2.4.27}$$

一方で，平衡に到達しているときは 2.4.1 項で扱ったように $G$ が極小値をとるので $\delta G = 0$，つまり上式右辺の括弧内がゼロとなる．

$$\mu_{1\,液相} = \mu_{1\,気相} \tag{2.4.28}$$

同様のことが成分に 2 についてもいえる．

結果として，2 つの相が定温定圧で平衡状態のとき，各成分の化学ポテンシャルは相間で等しい．これは 3 相あるいはそれ以上の相が共存するときも同様である．

> **復習**
> 最大値，最小値はその値の（偏）微分が 0 となる値である．

### ◆ ギブズ−デュエムの式

式 (2.4.25) の定義式から，$T$, $P$ が一定のときは次式が成立する．

$$G = \sum_i n_i \mu_i \tag{2.4.29}$$

この式の全微分をとると，

$$dG = \sum_i n_i d\mu_i + \sum_i \mu_i dn_i \tag{2.4.30}$$

となる．一方，式 (2.4.25) から $T$, $P$ 一定のとき

$$dG = \mu_A dn_A + \mu_B dn_B \cdots = \sum_i \mu_i dn_i \tag{2.4.31}$$

であるので，式 (2.4.30) および式 (2.4.31) より

$$\sum_i n_i \mathrm{d}\mu_i = 0 \tag{2.4.32}$$

が成り立つ．これを**ギブズ–デュエムの式**（Gibbs-Duhem equation）とよぶ．この式は，混合物において，ある成分の化学ポテンシャルは他の成分の化学ポテンシャルと無関係に変化させることはできないことを意味する．

#### 例題 2.21

A，B の 2 成分からなる混合物について，それぞれの成分の物質量が $n_A = 3n_B$ であるとき，A の化学ポテンシャル変化は $\mathrm{d}\mu_A = 1 \text{ kJ mol}^{-1}$ であった．このとき，B の化学ポテンシャル変化 $\mathrm{d}\mu_B$ を求めよ．

**解答** 2 成分系のギブズ–デュエムの式は，$n_A \mathrm{d}\mu_A + n_B \mathrm{d}\mu_B = 0$ であるから，

$$\mathrm{d}\mu_B = -\frac{n_A}{n_B} \mathrm{d}\mu_A = -3 \text{ kJ mol}^{-1}$$

となる．

### 理想気体の化学ポテンシャルと混合のギブズエネルギー変化

等温過程において，理想気体の圧力を $P_0$ から $P_1$ に変化させたとき，式 (2.4.20) を圧力 $P$ で積分することにより，ギブズエネルギー変化は，

$$\Delta G = G_1 - G_0 = \int_{P_0}^{P_1} V \mathrm{d}P = \int_{P_0}^{P_1} \frac{nRT}{P} \mathrm{d}P = nRT \ln\left(\frac{P_1}{P_0}\right) \tag{2.4.33}$$

となる．

化学ポテンシャルの定義より，1 mol あたりのギブズエネルギーは化学ポテンシャルにほかならない．したがって，

$$\mu_1 = \mu_0 + RT \ln\left(\frac{P_1}{P_0}\right) \tag{2.4.34}$$

である．

ここで $P_0 = 1$ bar（標準状態）の気体を考え，その気体が圧力 $P_1$ に変化したとすると，化学ポテンシャルは

$$\mu_1 = \mu_0 + RT \ln P_1 \tag{2.4.35}$$

と与えられる．標準状態からの変化を考えているので，式 (2.4.35) を**標準化学ポテンシャル**（standard chemical potential）という．

簡単な例として，理想気体を混合したときのギブズエネルギー変化 $\Delta_{mix}G$ を考えよう．$\Delta_{mix}G = \Delta_{mix}H - T\Delta_{mix}S$ であるが，理想気体どうしを混合しても熱の出入りは生じない．すなわち，$\Delta_{mix}H = 0$ である．また，混合によるエントロピー変化 $\Delta S$ に関する式 (2.3.15) を使うと，以下のようになる．

$$\Delta_{\mathrm{mix}}G = -T\Delta_{\mathrm{mix}}S = nRT\sum_i x_i \ln x_i \qquad (2.4.36)$$

2種類の理想気体 A,B を混合した場合には,
$$\Delta_{\mathrm{mix}}G = nRT(x_{\mathrm{A}}\ln x_{\mathrm{A}} + x_{\mathrm{B}}\ln x_{\mathrm{B}}) \qquad (2.4.37)$$
となる.また,1 mol あたりの混合のギブズエネルギー変化は上式を $n$ で割ったものになる.

### 例題 2.22

300 K において $N_2$ 79%,$O_2$ 21% を混合して人工空気をつくった.1 mol あたりの混合のギブズエネルギー変化 $\Delta_{\mathrm{mix}}G_{\mathrm{m}}$ を求めよ.

**解答** 式 (2.4.37) より,
$$\Delta_{\mathrm{mix}}G = 8.31 \times 300(0.79 \ln 0.79 + 0.21 \ln 0.21)$$
$$= -1.3 \times 10^3 \mathrm{\ J\ K^{-1}\ mol^{-1}}$$
となる.負の値をとることから,混合の変化は自発的に起こる.

---

### 宇宙のエントロピーは増加する

クラウジウスの不等式 ☞式(2.3.8) について,孤立系(外界と熱や物質のやり取りがない)で考えてみると,$\delta q = 0$ だから,$\mathrm{d}S_{\mathrm{孤立系}} \geq 0$ となる.あるいは,$\delta q$ は着目する系が得る熱であることから,$-\delta q$ は外界が得る熱になる.したがって,式 (2.3.8) から得られる

$$\mathrm{d}S - \frac{\delta q}{T} \geq 0 \quad \text{(等号は可逆過程において成り立つ)}$$

の左辺第2項は外界のエントロピー変化 $\mathrm{d}S_{\mathrm{外界}}$($= -\delta q/T$)である.$\mathrm{d}S + \mathrm{d}S_{\mathrm{外界}}$ は系と外界を合わせた宇宙全体という孤立系のエントロピー変化,すなわち $\mathrm{d}S_{\mathrm{孤立系}} = \mathrm{d}S + \mathrm{d}S_{\mathrm{外界}} \geq 0$ となる.

さて,不可逆過程は自然に起こる自発的な変化である.たとえば,孤立系内で高温流体と低温流体を接触させると熱の移動が起こる.これは可逆的ではなく不可逆的な過程であり,自発的に起こる過程である.つまり $\mathrm{d}S > 0$ であるから,

**孤立系では自発変化が起こると系のエントロピーは増加する**

という結論が導かれる.つまり,われわれの世界はエントロピーが増加するように進んでいることになる.

## この章のまとめ

| | |
|---|---|
| 熱力学第1法則 | $\Delta U = Q + W = Q - W_{\mathrm{ex}}$ |
| 外界が系に与えた仕事 | $W = -\int_{V_1}^{V_2} P\,dV$ |
| エンタルピー | $H = U + PV$ |
| モル熱容量 | $C_{\mathrm{v}}(T) = \left(\dfrac{\partial U}{\partial T}\right)_V$,  $C_{\mathrm{p}}(T) = \left(\dfrac{\partial H}{\partial T}\right)_P$ |
| 断熱変化におけるポアソンの法則 | $TV^{\gamma-1} = $ 一定, $PV^\gamma = $ 一定, $\gamma = C_{\mathrm{p}}/C_{\mathrm{v}}$ |
| 熱力学第2法則 | $dS \geq \dfrac{\delta q}{T}$ （等号は可逆過程において成り立つ） |
| ギブズエネルギーとヘルムホルツエネルギー | $G = H - TS$, $A = U - TS$ |
| 自発的変化の起こる条件 | $\Delta G = \Delta H - T\Delta S < 0$ （圧力，温度一定）<br>$\Delta A = \Delta U - T\Delta S < 0$ （体積，温度一定） |
| 平衡の条件 | $\Delta G = 0$ （圧力，温度一定）<br>$\Delta A = 0$ （体積，温度一定） |
| 熱力学の基本式 | $dU = TdS - PdV$, $dH = TdS + VdP$,<br>$dA = -SdT - PdV$, $dG = -SdT + VdP$ |
| マクスウェルの関係式 | $\left(\dfrac{\partial T}{\partial V}\right)_S = -\left(\dfrac{\partial P}{\partial S}\right)_V$, $\left(\dfrac{\partial T}{\partial P}\right)_S = \left(\dfrac{\partial V}{\partial S}\right)_P$<br>$\left(\dfrac{\partial S}{\partial V}\right)_T = \left(\dfrac{\partial P}{\partial T}\right)_V$, $\left(\dfrac{\partial S}{\partial P}\right)_T = -\left(\dfrac{\partial V}{\partial T}\right)_P$ |
| ギブズ-ヘルムホルツの式 | $\left(\dfrac{\partial \left(\dfrac{G}{T}\right)}{\partial T}\right)_P = -\dfrac{H}{T^2}$ |
| 化学ポテンシャル | $\mu_i = \left(\dfrac{\partial G}{\partial n_i}\right)_{T,P,n_j}$ |

## 復習総まとめ問題

**2.1** ある気体について,外圧を $1.013 \times 10^5$ Pa で一定に保ちながら体積を $200 \times 10^{-6}$ m$^3$ 膨張させた.この過程で外界から気体へ加えた熱 $Q$ [J] を求めよ.ただし,内部エネルギー変化はないものとする.

**2.2** ある気体を 1 atm のもとで 1 kW のヒーターで 2 分 30 秒加熱したところ,膨張し体積が 500 cm$^3$ 増加した.圧力一定で変化させたときの気体のエンタルピー $\Delta H$ [kJ] を求めよ.

**2.3** 次の反応の標準反応エントロピー $\Delta_r S^\circ_{298}$ [J K$^{-1}$ mol$^{-1}$] を以下の絶対標準モルエントロピー $S^\circ_{298}$ J K$^{-1}$ mol$^{-1}$ の値を用いて求めよ.

$$\frac{1}{2} N_2(g) + \frac{3}{2} H_2(g) \to NH_3(g)$$

$N_2$(g):191.5 J K$^{-1}$ mol$^{-1}$, $H_2$(g):130.6 J K$^{-1}$ mol$^{-1}$
$NH_3$(g):192.3 J K$^{-1}$ mol$^{-1}$

**2.4** 燃料電池に利用される次の反応について,以下の問いに答えよ.

$$2H_2(g) + O_2(g) \to 2H_2O(l)$$

(1) 298 K における標準反応エントロピー $\Delta_r S^\circ_{298}$ を,以下の絶対標準モルエントロピー $S^\circ_{298}$ [J K$^{-1}$ mol$^{-1}$] の値を用いて求めよ.
$H_2$(g):131 J K$^{-1}$ mol$^{-1}$, $O_2$(g):205 J K$^{-1}$ mol$^{-1}$
$H_2O$(g):189 J K$^{-1}$ mol$^{-1}$, $H_2O$(l):70.0 J K$^{-1}$ mol$^{-1}$

(2) 標準反応ギブズエネルギーを求めよ.なお,$H_2O$(l) の 298 K における標準生成エンタルピーは $-286$ kJ mol$^{-1}$ とする

(3) この反応は自発的に起こるか答えよ.

**2.5** 0.40 mol の酸素ガスを 298 K から 373 K に加熱した.酸素ガスが熱膨張により外界にした仕事が $W_{ex} = 255$ J であったとき,内部エネルギー変化を求めよ.ただし,定圧モル熱容量は $C_p = 30 + 4.18 \times 10^{-3} T - 1.7 \times 10^5 T^{-2}$ [J K$^{-1}$ mol$^{-1}$] とする.

**2.6** プロパンの脱水素反応によるプロピレンの製造反応

$$C_3H_8(g) \to C_3H_6(g) + H_2(g)$$

において,298 K と 1000 K における標準反応ギブズエネルギー $\Delta_r G^\circ$ を求めよ.なお,熱化学データは以下のものを用いよ.

$C_3H_8$(g):$\Delta_f H^\circ_{298} = -103.85$ kJ mol$^{-1}$, $S^\circ_{298} = 270$ J K$^{-1}$ mol$^{-1}$
$C_p = 131$ J K$^{-1}$ mol$^{-1}$

$C_3H_6(g)$ : $\Delta_f H°_{298} = 20.42$ kJ mol$^{-1}$, $S°_{298} = 267$ J K$^{-1}$ mol$^{-1}$
$C_p = 109$ J K$^{-1}$ mol$^{-1}$

$H_2(g)$ : $\Delta_f H°_{298} = 0$ kJ mol$^{-1}$, $S°_{298} = 131$ J K$^{-1}$ mol$^{-1}$
$C_p = 30.0$ J K$^{-1}$ mol$^{-1}$

**2.7** 次の関係式を導出せよ．

$$\left(\frac{\partial H}{\partial P}\right)_T = -T\left(\frac{\partial V}{\partial T}\right)_P + V$$

**2.8** エタノールの沸点は78.6℃で，1 mol あたりの体積（液体）は58 cm$^3$ mol$^{-1}$，蒸発エンタルピーは$3.86 \times 10^4$ J mol$^{-1}$である．蒸発におけるエタノール1 mol あたりのエントロピー変化$\Delta S$，内部エネルギー変化$\Delta U$の値を求めよ．ただし，エタノール蒸気は理想気体と仮定し，圧力は$1.013 \times 10^5$ Pa で一定とする．また，$R = 8.31$ J K$^{-1}$ mol$^{-1}$とする．

## 難問にチャレンジ

**2.A** 以下の問いに答えよ．

(1) 内部エネルギー$U$が温度$T$と体積$V$の関数であることと熱力学第1法則を用いて，定圧モル比熱$C_p$と定積モル比熱$C_v$について以下の関係式を導出せよ．

$$C_p = C_v + \left\{P + \left(\frac{\partial U}{\partial V}\right)_T\right\}\left(\frac{\partial V}{\partial T}\right)_P$$

(2) 熱力学的状態方程式（例題2.18の式①）と問(1)の結果を用いて，理想気体についてのマイヤーの式

$$C_p = C_v + R$$

を導出せよ．

(3) 圧力$P$を体積$V$と温度$T$の関数とみなして，以下の関係式を導出せよ．

$$\left(\frac{\partial P}{\partial T}\right)_V = -\left(\frac{\partial P}{\partial V}\right)_T\left(\frac{\partial V}{\partial T}\right)_P$$

(4) 以下の関係式を導出せよ．

$$C_p = C_v + \frac{TV\alpha^2}{\kappa}$$

なお，$\alpha$は体膨張率，$\kappa$は等温圧縮率で以下のように定義される．

$$\alpha = \frac{1}{V}\left(\frac{\partial V}{\partial T}\right)_P, \quad \kappa = -\frac{1}{V}\left(\frac{\partial V}{\partial P}\right)_T$$

2.B グルコース（$C_6H_{12}O_6$）の燃焼について，以下の問いに答えよ．なお，物質はすべて標準状態にあるとする．

(1) 熱伝導のよい容器に入れ，298 K において完全燃焼させた際の外界のエントロピー変化を計算せよ．なお，グルコースの標準燃焼エンタルピーは $-2802$ kJ mol$^{-1}$ である．

(2) グルコースの燃焼における標準反応エントロピーを計算せよ．ただし，絶対標準エントロピーはグルコースが 209 J K$^{-1}$ mol$^{-1}$，酸素が 205 J K$^{-1}$ mol$^{-1}$，二酸化炭素が 214 J K$^{-1}$ mol$^{-1}$，水が 69.9 J K$^{-1}$ mol$^{-1}$ とする．

(3) グルコースの燃焼の 298 K における標準反応ギブズエネルギーを計算せよ．

# chapter 3
# 化学平衡と液体・固体の性質

## 理解度チェック

- ☐ 平衡定数を計算できる
- ☐ ギブズエネルギーから平衡定数を導出できる
- ☐ ル・シャトリエの原理を説明できる
- ☐ 相図(状態図)と相律の関係を説明することができる
- ☐ ラウールの法則とヘンリーの法則の違いについて説明できる
- ☐ 溶液の束一的性質に関係する計算ができる
- ☐ 結晶の格子エネルギーやブラッグの条件について説明できる

## 3.1 化学平衡と熱力学

> **KEYWORD**
> 圧平衡定数，濃度平衡定数，ファント・ホッフの式，ル・シャトリエの原理

### 3.1.1 化学平衡と平衡定数

前章で学んだ化学ポテンシャル $\mu$ は，物質の移動する傾向を表す指標（より安定な方向へ変化する力）である．溶液中の成分 $i$ の化学ポテンシャル $\mu_i$ は，その成分の実効的な濃度である<u>活量</u>(activity)と深く関係している．成分 $i$ の活量は，標準状態の化学ポテンシャル $\mu_i^\circ$ を用いて，$a_i = \exp\{(\mu_i - \mu_i^\circ)/RT\}$ と定義される．理想溶液（3.3 節で詳しく扱う）では，モル濃度がそのまま活量となる．しかし，実際の溶液（実在溶液）では，イオン間の相互作用などにより活量とモル濃度がずれてくる．たとえば，濃い食塩水では，$Na^+$ と $Cl^-$ がたがいに引き合うため，それぞれのイオンの活量はモル濃度よりも小さくなる．これは，イオンどうしが凝集し，自由なイオンとしてふるまう数が減るためである．

ここで，次式で表される可逆反応

$$\nu_A A + \nu_B B \rightleftarrows \nu_C C + \nu_D D \tag{3.1.1}$$

について考えてみよう．$\nu_i$ は成分（化学種）$i$ の<u>化学量論係数</u>(stoichiometric number)である．化学平衡に到達したとき，各成分の実効的な濃度である活量を用いると，<u>化学平衡の法則</u>(law of chemical equilibrium)とよばれる重要な法則が成り立つ．

> **参考**
> 化学平衡の法則を，質量作用の法則という場合もある．

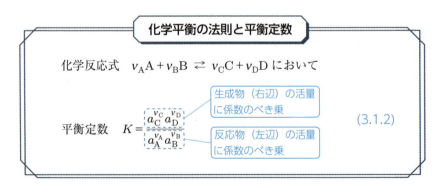

**化学平衡の法則と平衡定数**

化学反応式 $\nu_A A + \nu_B B \rightleftarrows \nu_C C + \nu_D D$ において

平衡定数 $K = \dfrac{a_C^{\nu_C} a_D^{\nu_D}}{a_A^{\nu_A} a_B^{\nu_B}}$ （生成物（右辺）の活量に係数のべき乗／反応物（左辺）の活量に係数のべき乗） (3.1.2)

ここで，$K$ は<u>平衡定数</u>(equilibrium constant)，成分 $i$ の活量を $a_i$ と表記している．

平衡定数を求める際には，実際の反応をもとに適切な方法で活量を見積もる必要がある．ただし，成分がすべて理想気体とみなせる場合は，活量は分圧あるいは濃度と一致するため，次に述べる考え方で平衡定数を求めることができる．

### ● 圧平衡定数 $K_p$

化学反応式 (3.1.1) の反応物と生成物がすべて理想気体とみなせる場合を考える．成分 $i$ の分圧 $P_i$ および標準圧力 $P°$ を用い，活量を $a_i = P_i/P°$ とする．そして，式 (3.1.2) の平衡定数を**標準圧平衡定数** $K_p°$ として，
standard pressure basis equilibrium constant

$$K_p° = \frac{(P_C/P°)^{\nu_C}(P_D/P°)^{\nu_D}}{(P_A/P°)^{\nu_A}(P_B/P°)^{\nu_B}} \quad (3.1.3)$$

と表す．このとき，$K_p°$ は無次元となる．しかし，便宜上は**圧平衡定数** $K_p$
pressure basis equilibrium constant
として以下のように表すことが一般的である．

> **圧平衡定数**
>
> 化学反応式 $\nu_A A + \nu_B B \rightleftarrows \nu_C C + \nu_D D$ において，
>
> 圧平衡定数 $\quad K_p = \dfrac{P_C^{\nu_C} P_D^{\nu_D}}{P_A^{\nu_A} P_B^{\nu_B}} \quad (3.1.4)$

**参考**

標準圧力は多くの場合，$P° = 1\,\text{bar} = 1.000 \times 10^5\,\text{Pa}$ あるいは $P° = 1\,\text{atm} = 1.013 \times 10^5\,\text{Pa}$ とする．IUPAC では $10^5\,\text{Pa}$ を推奨している．

この場合，反応物と生成物それぞれの化学量論係数の和が，$\nu_A + \nu_B = \nu_C + \nu_D$ のように一致すれば $K_p$ は単位をもたない無次元となる．一方，$\nu_A + \nu_B \neq \nu_C + \nu_D$ のときは単位をつけて表す場合もある．

### ● 濃度平衡定数 $K_c$

物質量 $n_i$ の理想気体において，成分 $i$ のモル濃度 $c_i$ と分圧 $P_i$ とには，

$$P_i = \frac{n_i}{V}RT = c_i RT \quad (3.1.5)$$

の関係が成り立つ．したがって，標準圧力 $P°$，標準モル濃度 $c°$ を用いて，

$$a_i = \frac{P_i}{P°} = \frac{c_i RT}{c° RT} = \frac{c_i}{c°} \quad (3.1.6)$$

と書けるので，式 (3.1.2) の平衡定数を**標準濃度平衡定数** $K_c°$ として，
standard concentration basis equilibrium constant

$$K_c° = \frac{(c_C/c°)^{\nu_C}(c_D/c°)^{\nu_D}}{(c_A/c°)^{\nu_A}(c_B/c°)^{\nu_B}} \quad (3.1.7)$$

と表す．この場合，$K_c°$ も無次元となる．

圧平衡定数と同様に，便宜上は標準モル濃度 $c°$ を含めず，**濃度平衡定数**
concentration basis equilibrium constant
$K_c$ として以下のように表すことが一般的である．

$$\boxed{\text{濃度平衡定数}\\ 化学反応式 \quad \nu_A A + \nu_B B \rightleftarrows \nu_C C + \nu_D D \text{ において,}\\ K_c = \frac{c_C^{\nu_C} c_D^{\nu_D}}{c_A^{\nu_A} c_B^{\nu_B}} = \frac{[C]^{\nu_C}[D]^{\nu_D}}{[A]^{\nu_A}[B]^{\nu_B}}} \quad (3.1.8)$$

ここで，[A] は成分 A のモル濃度である．この場合も，化学量論係数の組み合わせにより $K_c$ に単位をつけて表す．

式 (3.1.8) は，活量とモル分率が一致する理想溶液の場合にも用いることができる．ただし，濃度が理想溶液からずれる実在溶液の場合は，モル濃度でなく，活量を使う式 (3.1.2) を用いる必要がある．

### 圧平衡定数 $K_p$ と濃度平衡定数 $K_c$ の関係

すべて理想気体の場合，式 (3.1.4) に式 (3.1.5) および式 (3.1.8) を適用して書き直すと，

$$\begin{aligned} K_p &= \frac{P_C^{\nu_C} P_D^{\nu_D}}{P_A^{\nu_A} P_B^{\nu_B}} = \frac{(c_C RT)^{\nu_C}(c_D RT)^{\nu_D}}{(c_A RT)^{\nu_A}(c_B RT)^{\nu_B}}\\ &= \frac{c_C^{\nu_C} c_D^{\nu_D}}{c_A^{\nu_A} c_B^{\nu_B}}(RT)^{\nu_C+\nu_D-(\nu_A+\nu_B)}\\ &= K_c (RT)^{\nu_C+\nu_D-(\nu_A+\nu_B)} = K_c (RT)^{\Delta\nu} \end{aligned} \quad (3.1.9)$$

**POINT**
圧平衡定数と濃度平衡定数の関係 $K_p = K_c \times (RT)^{\Delta\nu}$ はよく使うので覚えておこう．

の関係を得ることができる．したがって，$K_c$ から $K_p$，あるいはその逆を求めることができる．また，反応物と生成物それぞれの化学量論係数の和が等しい場合，つまり $\Delta\nu = \nu_C + \nu_D - (\nu_A + \nu_B) = 0$ の場合，$K_p = K_c$ となる．

## 3.1.2 平衡定数 $K$ と反応によるギブズエネルギー変化 $\Delta G$ の関係

成分 $i$ が 1 mol 変化するときのギブズエネルギーが化学ポテンシャルであり，式 (3.1.1) の反応のギブズエネルギー変化は，

$$\begin{aligned} \Delta G &= (\text{生成物の } G \text{ の総和}) - (\text{反応物の } G \text{ の総和})\\ &= (\nu_C \mu_C + \nu_D \mu_D) - (\nu_A \mu_A + \nu_B \mu_B) \end{aligned} \quad (3.1.10)$$

と表せる．$\Delta G < 0$ となる方向，つまりギブズエネルギーが減少する方向へ反応は進む☞ 2.4 節．そして，ギブズエネルギーが最小となるとき，言い換えると $\Delta G = 0$ となるとき，**化学平衡** (chemical equilibrium) になる．

**復習**
相平衡においてもギブズエネルギーは最小値をとるため，平衡時は $\Delta G = 0$ になる．

### 例題 3.1

容積一定の容器に，$H_2$ を 1.0 mol，$I_2$ を 1.0 mol 入れて加熱し，一定温度に保ったところ，HI が 1.6 mol 生成して反応が平衡に達した．反応に関わる物質はすべて理想気体と考える．

(1) この温度における濃度平衡定数を求めよ.

(2) 同じ温度における圧平衡定数を求めよ.

**解答**

(1) それぞれの物質の物質量は次のように表される.

|  | $H_2$ | + | $I_2$ | $\rightleftarrows$ | $2HI$ |
|---|---|---|---|---|---|
| （反応前） | 1.0 |  | 1.0 |  | 0.0 mol |
| （変化量） | $-0.80$ |  | $-0.80$ |  | $+1.6$ mol |
| （平衡時） | $+0.20$ |  | $+0.20$ |  | $+1.6$ mol |

容器の容積を $V[\mathrm{dm}^3]$ とすると，濃度平衡定数は以下となる.

$$K_\mathrm{c} = \frac{[\mathrm{HI}]^2}{[\mathrm{H}_2][\mathrm{I}_2]} = \frac{\left(\dfrac{1.6\,[\mathrm{mol}]}{V}\right)^2}{\left(\dfrac{0.20\,[\mathrm{mol}]}{V}\right)^2} = 64$$

(2) 理想気体の場合，濃度平衡定数 $K_\mathrm{c}$ と圧平衡定数 $K_\mathrm{p}$ の関係は，式 (3.1.9) より $K_\mathrm{p} = K_\mathrm{c}(RT)^{\Delta\nu}$ の関係となる．ここで，化学反応式より $\Delta\nu = 2-(1+1) = 0$ となるため，$K_\mathrm{p} = K_\mathrm{c} = 64$ となる.

### 3.1.3 化学平衡とギブズエネルギー

これまで化学反応における成分の比が平衡定数 $K$ を決めることを学んだ．ここでは，第 2 章で学んだギブズエネルギー $G$ と平衡定数の間の重要な関係を導こう．

化学反応式

$$\nu_\mathrm{A}\mathrm{A} + \nu_\mathrm{B}\mathrm{B} \rightleftarrows \nu_\mathrm{C}\mathrm{C} + \nu_\mathrm{D}\mathrm{D} \tag{3.1.11}$$

におけるギブズエネルギー変化 $\Delta G$ は，式 (3.1.10) より

$$\begin{aligned}\Delta G &= (\nu_\mathrm{C}\mu_\mathrm{C} + \nu_\mathrm{D}\mu_\mathrm{D}) - (\nu_\mathrm{A}\mu_\mathrm{A} + \nu_\mathrm{B}\mu_\mathrm{B}) \\ &= \{(\nu_\mathrm{C}\mu_\mathrm{C}^\circ + \nu_\mathrm{C}RT\ln a_\mathrm{C}) + (\nu_\mathrm{D}\mu_\mathrm{D}^\circ + \nu_\mathrm{D}RT\ln a_\mathrm{D})\} \\ &\quad - \{(\nu_\mathrm{A}\mu_\mathrm{A}^\circ + \nu_\mathrm{A}RT\ln a_\mathrm{A}) + (\nu_\mathrm{B}\mu_\mathrm{B}^\circ + \nu_\mathrm{B}RT\ln a_\mathrm{B})\}\end{aligned} \tag{3.1.12}$$

と書ける．ただし，標準状態の化学ポテンシャル $\mu^\circ$ を用いた活量の定義式 $a_i = \exp\{(\mu_i - \mu_i^\circ)/RT\}$ より，$\mu_i = \mu_i^\circ + RT\ln a_i$ を用いた．ここで，

$$\Delta G^\circ = (\nu_\mathrm{C}\mu_\mathrm{C}^\circ + \nu_\mathrm{D}\mu_\mathrm{D}^\circ) - (\nu_\mathrm{A}\mu_\mathrm{A}^\circ + \nu_\mathrm{B}\mu_\mathrm{B}^\circ) \tag{3.1.13}$$

を用いると，次式となる.

$$\Delta G = \Delta G^\circ + RT \ln \frac{a_\mathrm{C}^{\nu_\mathrm{C}} a_\mathrm{D}^{\nu_\mathrm{D}}}{a_\mathrm{A}^{\nu_\mathrm{A}} a_\mathrm{B}^{\nu_\mathrm{B}}} \tag{3.1.14}$$

さらに，平衡状態においては $\Delta G = 0$ となることから，

$$\Delta G^\circ = -RT \ln \frac{a_\mathrm{C}^{\nu_\mathrm{C}} a_\mathrm{D}^{\nu_\mathrm{D}}}{a_\mathrm{A}^{\nu_\mathrm{A}} a_\mathrm{B}^{\nu_\mathrm{B}}} \tag{3.1.15}$$

が得られる．したがって，平衡定数の式 (3.1.2) を用いることで，標準ギブズエネルギー変化と平衡定数の関係式が得られる．

**復習**
2.4.3 項で解説した化学ポテンシャルを思い出そう．

**標準ギブズエネルギー変化と平衡定数の関係**

$$\Delta G° = -RT \ln K \tag{3.1.16}$$

反応の標準ギブズエネルギー変化 ／ 平衡定数

上式は，次のようにも表せる．

$$K = \exp\left(\frac{-\Delta G°}{RT}\right) \tag{3.1.17}$$

この関係を用いることで，ある温度 $T$ における平衡定数 $K$ を標準ギブズエネルギー変化 $\Delta G°$ の値から求めることができる．つまり，実際に実験により化学反応の平衡定数の測定をしなくても，反応に関わる物質の熱化学データ（$\Delta G°$，$\Delta H°$，$\Delta S°$ など）から平衡定数を見積もり，反応の進む方向を予測できる．

### 例題 3.2

反応 $CO(g) + 2H_2(g) \rightleftarrows CH_3OH(g)$ の 25.0℃ における圧平衡定数 $K_p$ を求めよ．ただし，この反応の標準ギブズエネルギー変化は $\Delta G° = -29.6 \text{ kJ mol}^{-1}$ であるとする．また，すべて理想気体として考える．

**解答** 式 (3.1.17) より

$$K_p = \exp\left(\frac{29.6 \times 10^3 [\text{J mol}^{-1}]}{8.31 [\text{J K}^{-1}\text{mol}^{-1}] \times (273+25)[\text{K}]}\right)$$
$$= 1.55 \times 10^5$$

となる．

### 3.1.4 平衡定数 $K$ の温度依存性

平衡定数 $K$ が温度によってどのように変化するかを考えよう．標準ギブズエネルギー変化 $\Delta G°$ は，標準エンタルピー変化 $\Delta H°$ と標準エントロピー変化 $\Delta S°$ を用い，温度 $T$ では次式の関係にある．

$$\Delta G° = \Delta H° - T\Delta S° \tag{3.1.18}$$

したがって，式 (3.1.16) を用いて，

$$\ln K = -\frac{\Delta G°}{RT} = -\frac{\Delta H° - T\Delta S°}{RT} = -\frac{\Delta H°}{RT} + \frac{\Delta S°}{R} \tag{3.1.19}$$

と書ける．

図 3.1.1 は，吸熱反応の場合（$\Delta H° > 0$）と発熱反応の場合（$\Delta H° < 0$）に対して式 (3.1.19) をグラフにしたものである．縦軸を平衡定数の自然対

**参考**
平衡定数 $K$ は温度には依存するが，圧力（全圧）には依存しない．ただし，実在気体については圧力に依存することもあるので注意．

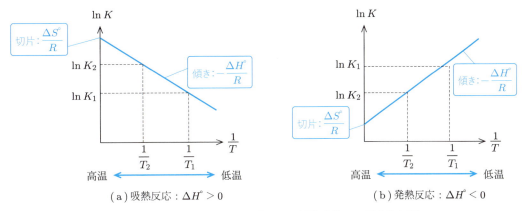

**図 3.1.1 ● ファント・ホッフ・プロット（平衡定数 $K$ の温度依存性）**

数 $\ln K$，横軸を温度の逆数 $1/T$ にとると，切片 $+\Delta S°/R$，傾き $-\Delta H°/R$ の直線になる．これを**ファント・ホッフ・プロット** (van 't Hoff plot) とよぶ．

ファント・ホッフ・プロットを理解するために，まずは化学反応 A + B → C + D が吸熱反応（$\Delta H° > 0$）の場合を考えよう．吸熱反応においては $-\Delta H°/R < 0$ であるので，ファント・ホッフ・プロットにおける直線の傾きは負となり，温度が上昇する（横軸 $1/T$ が小さくなる）と，平衡定数の対数 $\ln K$ は大きくなる（図 (a)）．つまり，A + B → C + D が吸熱反応の場合は，温度が上昇すると平衡が右（生成物 C, D が増える方向）に偏る．

逆に，発熱反応の場合（$\Delta H° < 0$）は $-\Delta H°/R > 0$ であるので，温度が上昇する（横軸 $1/T$ が小さくなる）と，平衡定数の対数 $\ln K$ は小さくなる（図 (b)）．言い換えると，発熱反応の場合は，温度が上昇すると平衡が左に偏る．

ところで，この式 (3.1.19) においては，反応の標準エンタルピー変化 $\Delta H°$ と標準エントロピー変化 $\Delta S°$ の両方が必要である．そこで，温度 $T_1$, $T_2$ における平衡定数を $K_1$, $K_2$ とし，式 (3.1.19) に代入する．

$$\ln K_1 = -\frac{\Delta H°}{RT_1} + \frac{\Delta S°}{R}, \quad \ln K_2 = -\frac{\Delta H°}{RT_2} + \frac{\Delta S°}{R} \tag{3.1.20}$$

ここで，この温度変化における反応の標準エンタルピー変化 $\Delta H°$ と標準エントロピー変化 $\Delta S°$ が一定とみなせるとき，式 (3.1.20) の 2 つの式の差をとって書き直すと，次の**ファント・ホッフの式** (van 't Hoff equation) が得られる．

> **ファント・ホッフの式**
>
> $$\ln K_2 - \ln K_1 = \ln\frac{K_2}{K_1} = -\frac{\Delta H°}{R}\left(\frac{1}{T_2} - \frac{1}{T_1}\right) \tag{3.1.21}$$

**NOTE**

ファント・ホッフ・プロットの横軸が温度の逆数であることに注意．

この式を用いることで，標準エントロピー変化 $\Delta S°$ が未知でも，反応の標準エンタルピー変化 $\Delta H°$ の値とある温度 $T_1$ での平衡定数 $K_1$ から別の温度 $T_2$ における平衡定数 $K_2$ の値を，あるいは，2つの温度 $T_1$, $T_2$ における平衡定数 $K_1$, $K_2$ から反応の標準エンタルピー変化 $\Delta H°$ の値を求めることができる．

#### 例題 3.3

次の化学式はハーバー・ボッシュ法で用いられるアンモニアの合成反応である．

$$N_2(g) + 3H_2(g) \rightarrow 2NH_3(g)$$

この反応に関して，298 K における圧平衡定数は $K_p = 6.00 \times 10^5$ である．500 K における圧平衡定数 $K_p$ を求めよ．なお，この反応の標準エンタルピー変化を $\Delta H° = -92.2$ kJ mol$^{-1}$ とし，温度による変化はないものとする．

**解答** この反応の標準エンタルピー変化は $\Delta H° = -92.2$ kJ mol$^{-1}$ である．式 (3.1.21) を以下のように変形し，数値を代入する．

$$\ln K_2 - \ln K_1 = -\frac{\Delta H°}{R}\left(\frac{1}{T_2} - \frac{1}{T_1}\right)$$

$$\ln K_2 = -\frac{\Delta H°}{R}\left(\frac{1}{T_2} - \frac{1}{T_1}\right) + \ln K_1$$

$$= -\frac{-92.2 \times 10^3 [\text{J mol}^{-1}]}{8.31 [\text{J K}^{-1} \text{mol}^{-1}]}\left(\frac{1}{500 [\text{K}]} - \frac{1}{298 [\text{K}]}\right) + \ln(6.00 \times 10^5)$$

$$= -1.736$$

つまり，500 K では $K_2 = e^{-1.736} = 0.176$ となる．

### 3.1.5 平衡定数 $K$ とル・シャトリエの原理

ここまで，平衡定数 $K$ の圧力依存性と温度依存性について学んだ．ここでは，平衡定数 $K$ と平衡の移動との関係について学ぼう．

化学反応において，反応系と生成系のどちらの方向に化学平衡が移動するかを知りたいとき，**平衡移動の法則**（equilibrium law）として知られている**ル・シャトリエの原理**（Le Chatelier's principle）が役に立つ．

---

**ル・シャトリエの原理**

ある反応が平衡状態にあるとき，反応に関与する物質の濃度，温度，圧力などの条件を変えると，その条件の変化を打ち消す方向に変化が起こり，新しい平衡状態になる．

---

平衡の移動は，**表3.1.1** に示すように，温度や圧力などの示強変数を変化させたときにのみに起こり，触媒を加えた場合は反応を促進させるが平衡の移動は起こらないことに注意しよう．

**復習**

示強変数とは，系を分割しても変化しない変数で，具体的には，温度，圧力，濃度（モル分率）などがある．平衡を議論するときに示強変数は重要である．⇔示量変数（例：体積，質量など）で，分割すると変化する変数．

**表3.1.1 ● 化学平衡における条件の変化と平衡の移動**

| | 条件の変化 | | 反応の進む方向 | 平衡定数 |
|---|---|---|---|---|
| 示強変数 | 濃度（分圧） | ある成分の濃度（分圧）を高くする | 濃度（分圧）を高くした成分が減る方向へ | 変化しない |
| | | ある成分の濃度（分圧）を低くする | 濃度（分圧）を低くした成分が増える方向へ | |
| | 圧力（全圧） | 高くする | 気体分子の総数が減る方向へ | 変化しない |
| | | 低くする | 気体分子の総数が増える方向へ | |
| | 温度 | 高くする | 吸熱反応が起こる方向へ | 変化する |
| | | 低くする | 発熱反応が起こる方向へ | |
| 触媒を加える | | | 移動しない | 変化しない |

ここで，ル・シャトリエの原理と平衡定数 $K$ との関係について，次の化学反応を例にとり説明しよう．

$$N_2(g) + 3H_2(g) \rightleftarrows 2NH_3(g) \tag{3.1.22}$$

この反応の圧平衡定数は次のように表せる☞式(3.1.4)．

$$K_p = \frac{P_{NH_3}^2}{P_{N_2} P_{H_2}^3} \tag{3.1.23}$$

この平衡定数の式をもとに，表3.1.1の示強変数（濃度，圧力，温度）を変化させた場合の平衡移動の予想がル・シャトリエの原理と一致することを確かめよう．

① $N_2$ の分圧のみを高くする場合

式(3.1.23)の分母の $P_{N_2}$ を増加させた場合，圧平衡定数 $K_p$ が変化しないためには，分子の $P_{NH_3}$ も増加する必要がある．つまり，$NH_3$ が生成する正反応が進むことになる．したがって，ル・シャトリエの原理からの平衡移動の予想と一致する．

② 全圧を高くする場合

全圧を高くすると，各成分気体の分圧は分子数（化学量論係数 $\nu_i$）に応じて高くなる．化学反応式(3.1.22)では，反応系の係数の和 $= \nu_{N_2} + \nu_{H_2} = 4$ であり，生成系の係数は $\nu_{NH_3} = 2$ であるから，分母（反応系）は分圧の変化の4乗，分子（生成系）は分圧の変化の2乗に比例して変化する．結果として，全圧を高くすると分子より分母の変化が大きくなり，圧平衡定数 $K_p$ は小さくなってしまう．しかし，理想

**NOTE**

①において，$P_{N_2}$ を高くする一方で $P_{H_2}$ を低くするような場合には，ル・シャトリエの原理からは予想できなくなるので注意しよう．

気体では全圧を高くしても圧平衡定数 $K_p$ は変化しないので，式 (3.1.23) の分母（反応系）が小さくなり，分子（生成系）が大きくなる方向，したがって，正反応で $NH_3$ が生成する方向，つまり気体分子の総数が減る方向へ平衡が移動する．

③ 温度を上げる場合

$NH_3$ の標準生成エンタルピーは $\Delta H_f^\circ = -46.1 \text{ kJ mol}^{-1}$ であることから，発熱反応である．図 3.1.1 で示したファント・ホッフ・プロットを用いると，発熱反応（$\Delta H^\circ < 0$）では，$T_1 > T_2$ に対して $K_1 < K_2$ である．つまり，温度が高くなると $K_p$ が小さくなり，$NH_3$ が反応し，$N_2$ と $H_2$ が生成する逆反応が起こる．発熱反応の逆反応は吸熱反応となるので，温度が低くなる方向へ平衡が移動する．このことも，ル・シャトリエの原理からの平衡移動の予想と一致する．したがって，ファント・ホッフの式 (3.1.21) は，ル・シャトリエの原理の温度変化に関する部分を定量的に説明する式となっていることがわかる．

$N_2(g) + 3H_2(g) \rightleftarrows 2NH_3(g)$ の①〜③に示した反応の平衡移動とル・シャトリエの原理の関係を，**図 3.1.2** に整理した．

$$N_2 + 3H_2 \underset{\text{増加}}{\overset{\text{分子減少}}{\rightleftarrows}} 2NH_3 \quad (\Delta H_f^\circ < 0 \text{ 発熱反応})$$
1分子　3分子　　　2分子

① $N_2$ の分圧のみ高くする　→　$N_2$ を減らす
② 全圧を高くする　　　　　→　総分子数を減らし，全圧を下げる
③ 温度を上げる　　　　　　←　吸熱方向，温度上昇を抑える
　　　　　　　　　　　　　平衡

**図 3.1.2** ● $N_2 + 3H_2 \rightleftarrows 2NH_3$ の平衡移動とル・シャトリエの原理

---

**例題 3.4**

次式の可逆反応が平衡状態のとき，(1) 〜 (3) の条件で平衡はどちらの向きに進むか．

$$2SO_3(g) \rightleftarrows 2SO_2(g) + O_2(g), \quad \Delta H^\circ = +188 \text{ kJ mol}^{-1}$$

(1) 圧力を上げる
(2) 温度を上げる
(3) $O_2$ を除去する

**解答**
(1) 総分子数を減らして圧力を下げる方向に平衡が移動するので，左に移動．
(2) 温度上昇を抑える方向（吸熱方向）に平衡が移動するので，右に移動．
(3) 除去による $O_2$ の減少を抑制する方向に平衡が移動するので，平衡は右に移動する．

## 3.2 相平衡と相図

### KEYWORD
相図（状態図），ギブズの相律，クラウジウス–クラペイロンの式，てこの関係

### 3.2.1 相平衡

物質の化学的組成と物理的性質が同一な状態を<u>相</u>（phase）という．一方，注目する物質の集合を<u>系</u>（system）とよび，独立した1つの状態として扱う．1つの系に相が1つの場合もあれば，複数の相が存在する場合もある．また，系を構成する物質を<u>成分</u>（component）といい，系が単一の成分であれば単成分系あるいは一成分系，2つの成分で構成されていれば二成分系という．

物質の三態における固体，液体，気体の状態は，それぞれ固相，液相，気相ともよばれる．また，温度や圧力による相の間の変化を<u>相変態</u>（phase transformation）あるいは<u>相転移</u>（phase transition）とよぶ．たとえば，氷（固相）が相転移（融解）すると水（液相）になる．

図 3.2.1 に示すように，水（液相）と水蒸気（気相）の2つの相が共存してその比率が一定のとき，2つの相の間には<u>相平衡</u>（phase equilibrium）が成り立っている．

相平衡が成り立つとき，ギブズエネルギー変化は $\Delta G = 0$ である．

**POINT**
第2章で，液相と気相が平衡（気液平衡）になるとき，2相の化学ポテンシャルが等しくなると学んだことを思い出そう．

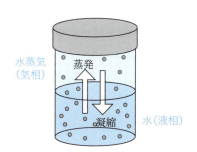

図 3.2.1 ● $H_2O$ の相平衡（気液平衡）の模式図

### 3.2.2 単（一）成分系の相図

ある物質について圧力や温度などを指定したときの状態を図示したものが<u>相図</u>（phase diagram）であり，（平衡）状態図ともよばれる．

単一の物質からなる単成分系の例として，水 $H_2O$ の相図の模式図を図 3.2.2 に示す．この図では縦軸を圧力，横軸を温度としている．

大気圧 $1.013 \times 10^5$ Pa のときの状態変化を見てみよう．図の矢印が示すように，温度が0℃になると固相の領域から液相の領域に移動し，水は固体から液体へ変化する．つまり，この曲線を境に固体が液体に相変化することを示す線であることがわかる．この曲線を<u>融解曲線</u>（fusion curve）という．融解曲線が示すよ

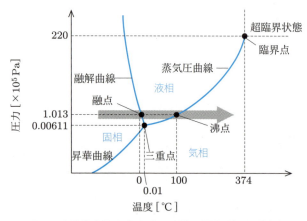

図 3.2.2 ● 単成分系（$H_2O$）の相図（状態図）の模式図

> **参考**
> 水に圧力をかけると融点が下がる理由は，氷で形成されている水素結合ネットワークが圧力で破壊され，より密な構造の水になりやすくなるからである．

> **参考**
> 超臨界状態においては気体と液体の区別がないため，密度などの物性値も連続的に変化する．

うに，融点は圧力が変わると変化し，水の場合は圧力が上がると融点が下がる（圧力をかけると融解しやすくなる）．

　液相の領域にある矢印をさらに温度を上げて 100℃ に到達すると，気相の領域に移動する．つまり，水 $H_2O$ は液体から気体へと変化する．この曲線は液相と気相の境界線であるので，**蒸気圧曲線** (vaporization curve) とよばれる．水の場合，蒸気圧曲線は 374℃ で**臨界点** (critical point) に到達し，臨界点よりも高温・高圧の状態は液体とも気体とも分類できない**超臨界状態** (supercritical state) となる（蒸気圧曲線は 374℃ 以上になると存在できない）．このような臨界点，超臨界状態は水以外でも存在することが知られている．

　一方，低温・低圧側における固相と気相の境界線を**昇華曲線** (sublimation curve) という．また，融解曲線，蒸気圧曲線，昇華曲線のすべてが交わる点を**三重点** (triple point) とよび，これは固相，液相，気相が共存する唯一の点となる．

　相図において，相の状態や相の数を変化させることなく，変化させることのできる示強変数（ここでは温度や圧力）の数を**自由度** (degree of freedom) という．自由度を $F$，成分の数を $C$，相の数を $P$ とすると，

$$F = C - P + 2 \tag{3.2.1}$$

の関係が成り立ち，この式を**ギブズの相律** (Gibbs' phase rule) とよぶ．

　図 3.2.1 の液相の領域にギブズの相律を当てはめると，単成分なので $C=1$，液相のみなので $P=1$ となるので，$F=2$ となる．したがって，液相のみの領域では温度と圧力の 2 つの示強変数を変化させることができる．同様に，ギブズの相律を固相のみ，気相のみの領域において適用すると，液相のみの領域と同じく，温度と圧力の 2 つの示強変数を変化させることができる．つまり，自由度 $F=2$ であることがわかる．

**例題 3.5**

　図 3.2.2 の水 $H_2O$ の相図において，融解曲線，蒸気圧曲線，昇華曲線，三重点における自由度 $F$ をそれぞれ求めよ．

**解答** 単成分であるから $C = 1$ である．融解曲線，蒸気圧曲線，昇華曲線においては，2相が共存しているので，$P = 2$ となる．したがって，ギブズの相律 ☞式(3.2.1) より，自由度 $F = 1 - 2 + 2 = 1$ となり，温度か圧力のどちらかのみ変化させることができる．つまり，温度を決めると圧力も決まってしまう．

三重点においては，3つの相が共存しているので，自由度 $F = 1 - 3 + 2 = 0$ となる．したがって，3つの相が共存する状態では温度も圧力も変化させることができず，相図上では点となる．

### 3.2.3 蒸気圧曲線とクラウジウス–クラペイロンの式

図 3.2.2 で示した相図の蒸気圧曲線は，液相と気相が平衡状態で共存する**相境界** (phase boundary) を示している．ここでは，相境界を決定する重要な関係を用いて蒸気圧が計算できることを学ぼう．

液相（l）と気相（g）が共存して相平衡のとき，各相の化学ポテンシャルは等しくなり，温度と圧力をわずかに変化させたときの微小変化量 $d\mu$ についても

$$d\mu^{(l)} = d\mu^{(g)} \tag{3.2.2}$$

を満たす．いま，単成分について考えているので，ギブズエネルギーについての関係式 $dG = VdP - SdT$ ☞式(2.4.15) を用いて 1 mol あたりで表すと，次式のようになる．

$$d\mu^{(l)} = v^{(l)}dP - s^{(l)}dT \tag{3.2.3}$$
$$d\mu^{(g)} = v^{(g)}dP - s^{(g)}dT \tag{3.2.4}$$

ここで，$s$ と $v$ は 1 mol あたりのエントロピーと体積である．これらを式 (3.2.2) に代入し，定圧条件における 1 mol あたりのエンタルピー $h$ を用いて $\Delta s = \Delta h / T$ とすると，以下の関係が得られる．

$$\frac{dP}{dT} = \frac{s^{(g)} - s^{(l)}}{v^{(g)} - v^{(l)}} = \frac{\Delta s}{\Delta v} = \frac{\Delta h}{T \Delta v} \tag{3.2.5}$$

この式は**クラペイロンの式** (Clapeyron's equation) とよばれ，蒸発（液相–気相）だけでなく，融解（固相–液相）や昇華（固相–気相）における相境界にも適用できる．

この式を使って蒸気圧の計算ができることを示そう．液体の体積は気体の体積に比べて無視できるほど小さいとして，理想気体について考える．蒸発時の体積変化は，

$$\Delta v_{vap} = v^{(g)} - v^{(l)} \simeq v^{(g)} = \frac{RT}{P} \tag{3.2.6}$$

と近似でき，クラペイロンの式 (3.2.5) を用いると

$$\frac{dP}{dT} = \frac{\Delta h_{vap}}{T \Delta v_{vap}} = \frac{P \Delta h_{vap}}{RT^2} \tag{3.2.7}$$

となる．上式を変数分離して積分して解くと，

**参考**

クラペイロンの式を使うと，水の相図で融解曲線が圧力上昇とともに低温側に傾いている理由がわかる（氷から水への融解における体積変化 $\Delta v$ が負）．

$$\ln \frac{P_2}{P_1} = -\frac{\Delta h_{\text{vap}}}{R}\left(\frac{1}{T_2} - \frac{1}{T_1}\right) \tag{3.2.8}$$

と表せる．この式を**クラウジウス−クラペイロンの式**(Clausius−Clapeyron equation)とよぶ．

式 (3.2.8) を利用することで，標準圧力 $P_1$ における沸点の値 $T_1$ と蒸発のエンタルピー変化 $\Delta h_{\text{vap}}$ の値を用い，任意の温度における蒸気圧，あるいは任意の圧力における沸点を知ることができる．

> **NOTE**
> 式 (3.2.8) の導出においては，蒸発によるエンタルピー変化 $\Delta h_{\text{vap}}$ が一定と仮定していることに注意しよう．

### 例題 3.6

圧力が 101.3 kPa における水 $H_2O$ について，403.15 K の蒸気圧の計算をせよ．なお，101.3 kPa における水 $H_2O$ の沸点を 373.15 K，1 mol あたりの蒸発熱を $\Delta h_{\text{vap}} = 40.66$ kJ mol$^{-1}$ とする．

**解答** クラウジウス−クラペイロンの式☞式 (3.2.8) を用いると，

$$\frac{P_2}{P_1} = \exp\left\{-\frac{\Delta h_{\text{vap}}}{R}\left(\frac{1}{T_2} - \frac{1}{T_1}\right)\right\} \quad \text{より} \quad P_2 = P_1 \exp\left\{-\frac{\Delta h_{\text{vap}}}{R}\left(\frac{1}{T_2} - \frac{1}{T_1}\right)\right\}$$

$P_1 = 101.3$ kPa，$T_1 = 373.15$ K，$T_2 = 403.15$ K とし，この式に代入すると，

$$P_2 = 101.3 \times \exp\left\{-\frac{40.66 \times 10^3}{8.314}\left(\frac{1}{403.15} - \frac{1}{373.15}\right)\right\} = 268.6 \text{ kPa}$$

となる．

## 3.2.4 二成分系の相図

### ● 二成分系の相図の読み方

われわれの身の周りにある物質は，単成分からなる純物質よりも複数の成分が混合した混合物が圧倒的に多い．たとえば，成分 A と B からなる二成分系の場合，相図は**図 3.2.3** のように表される．

一般に，縦軸を温度，横軸を組成（モル分率あるいは質量分率）として，組成と温度を変化させた場合の相との関係を表す．とくに A と B がそれぞれ金属元素の場合は**合金状態図**(alloy phase diagram)ともよばれ，材料設計において非常に重要であり，データベース化されて広く利用されている．この図は固相と液相について示しているが，液相と気相でも同様の相図が描ける．

図中に矢印で示したように，たとえば成分 B の組成が 40% のとき，$T_1$ よりも高温の液相 X から温度を変化させた場合の相変化がわかる．その変化について具体的に見ていこう．

① 液相 X から温度を下げて温度 $T_1$ に到達した．温度 $T_1$ は固相が析出し始める温度であり，点 $l_1$ はこの組成における**液相線**(liquidus line)との交点である．
② さらに温度を下げて温度 $T_2$ となった．点 r は固相と液相が共存する固液共存の状態である．

> **NOTE**
> 相図をみると，組成 $l_1$ である液相の温度 $T_1$ から温度 $T_2$ まで下げたとき，液相の組成 $l_2$ は固相の組成 $s_2$ と大きく異なることがわかる．

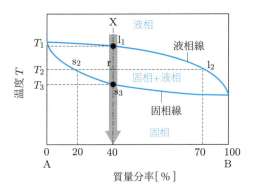

図 3.2.3 ● 二成分系の相図（状態図）の模式図

③ さらに温度を下げて温度 $T_3$ に到達した．温度 $T_3$ は完全に固相となる温度であり，点 $s_3$ はこの組成における<u>固相線</u>（solidus line）との交点である．

ちなみに，B の組成が 0 ％あるいは 100 ％の単成分では，液相線と固相線は一致し，この温度がそれぞれの成分の融点となる．

### 相図からの組成の決定法

二成分系の相図からわかるもう 1 つ重要なことは，固液共存状態のときの固相と液相の質量の割合である．たとえば，図 3.2.3 において B の質量分率を 40 ％として温度を $T_2$ としたとき，線分 $rl_2$ と線分 $rs_2$ の比をとると，$rl_2 : rs_2 =$ 固相の質量：液相の質量となる．図 3.2.4 に示すように，線分の長さと各相の割合が逆比例の関係となっていることから，これは<u>てこの関係</u>（level rule）とよばれる．

また，このときの固相の組成は点 $s_2$（B の組成 20 ％）であり，液相の組成は点 $l_2$（B の組成 70 ％）となる．

**POINT**

てこの関係は，固液共存以外にも 2 成分固体の相図など多くの相図に応用できる．

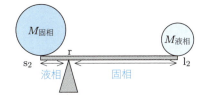

$M_{固相} : M_{液相} = rl_2 : rs_2$

図 3.2.4 ● 固相と液相の割合とてこの関係

---

**例題 3.7**

二成分系の相図が図 3.2.3 で表されているとする．成分 A を 60 ％，成分 B を 40 ％の比で混合した合金 9.0 kg を，液相の状態からゆっくり冷却した．温度 $T = T_2$ のときの液相と固相の質量を求めよ．

3.2 相平衡と相図　81

**解答** てこの関係より，液相の質量 $M_L$ と固相の質量 $M_S$ との比は，

$$\frac{M_L}{M_S} = \frac{rs_2}{rl_2} = \frac{40-20}{70-40} = \frac{2}{3}$$

したがって，$M_L = 9.0 \times 2/5 = 3.6$ kg，$M_S = 9.0 - 3.6 = 5.4$ kg となる．

### 3.2.5 三成分系の相図

さらに成分が増えて A-B-C の三成分系となった場合は，図 3.2.5 に示すように，それぞれの成分を頂点にとり，その対辺に平行な線がその成分の組成を表すような相図を用いる．

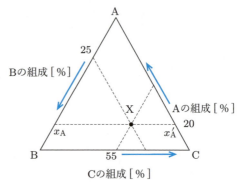

図 3.2.5 ● 三成分系の相図（状態図）の模式図

図中の点 X を例に，各成分の組成を読み取ってみよう．

点 X において，頂点 A の対辺 BC に平行な線を引いたとき，辺 AC との交点 $x_A'$ が A の組成を表す．このとき，A の組成は頂点 A へ向かって 100% に近づくことに注意しよう．つまり，頂点 B および頂点 C では A の組成は 0% であり，線分 $x_A x_A'$ 上における A の組成は 20% である．成分 B と成分 C についても同様に組成を読み取ると，B は 25% で C は 55% となっている．以上から，点 X における組成は，A：B：C = 20：25：55 となる．

三成分系の相図は，主に安定相（液相や固相の構造）の組成領域を表すのに用いられる．また，温度軸を加えて，3 次元的に表す場合もある．

## 3.3 液体の性質

**KEYWORD**

ラウールの法則, 理想溶液, 理想希薄溶液, ヘンリーの法則, 束一的性質, 蒸気圧降下, 沸点上昇, 凝固点降下, 浸透圧, ファント・ホッフの式

### 3.3.1 理想溶液と理想希薄溶液

自然界に存在する物質はほとんどが混合物であり，液体は<u>溶液</u>(solution)として存在している．溶液は<u>溶媒</u>(solvent)と<u>溶質</u>(solute)とに便宜的に分けられ，溶媒は液体であるが，溶質は気体，液体，固体のいずれの場合もある．液体どうしの溶液の場合は，量の多いほうの液体を溶媒とし，溶質は希薄な状態を考える．この項では，二成分系の理想的な溶液について成り立つ法則を説明する．

図 3.3.1 に示すように，蓋付きの容器に入った溶液において，液相（溶液）と気相が共存して気液平衡となった場合の気体の蒸気圧を考える．また，溶媒 B には溶質分子 A が溶けているとする．

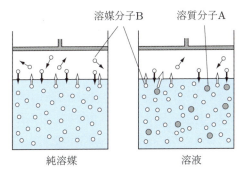

**図 3.3.1** ● 純溶媒と溶液の模式図

溶媒 B の蒸気圧（分圧）$P_B$ がモル分率 $x_B$ と純溶媒 B の蒸気圧 $P_B^*$ に比例するとき，次の<u>ラウールの法則</u>(Raoult's law)が成り立つ．

---

**ラウールの法則**

成分 A と成分 B からなる溶液が気液平衡のとき，

成分 B の蒸気圧　$P_B = x_B P_B^*$　　　　(3.3.1)

（$x_B$: 成分 B のモル分率）　（$P_B^*$: 成分 B のみの純溶媒のときの蒸気圧）

---

**POINT**

ラウールの法則が成り立つ溶液では，たとえば，溶媒 B のモル分率が 0.9 のときに，B の蒸気圧が $P = 0.9 \times P_B^*$ となる（$P_B^*$ は B のみのときの蒸気圧）．

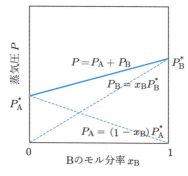

図 3.3.2 ● 理想溶液の蒸気圧 $P$ とモル分率の関係（ラウールの法則）

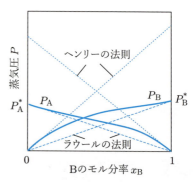

図 3.3.3 ● 実在溶液の蒸気圧とモル分率の関係

この関係を図示すると，図 3.3.2 の直線のようになる．

一方，溶質分子として考えた成分 A についても，成分 B に比べてその濃度が高いときは溶媒として扱える．成分 A についても成分 B と同様にラウールの法則が成り立つとき，以下のように書ける．

$$P_A = x_A P_A^* \tag{3.3.2}$$

図 3.3.2 に示したように，すべての濃度域でラウールの法則に従うとき，この溶液の蒸気圧は次式のように表される．

$$P = P_A + P_B = x_A P_A^* + x_B P_B^* = (1-x_B) P_A^* + x_B P_B^* \tag{3.3.3}$$

このように，すべての濃度域でラウールの法則が成り立つ溶液を**理想溶液** ideal solution または**完全溶液** perfect solution という．

理想溶液として扱える系には，ベンゼンとメチルベンゼン（トルエン）の混合溶液などがあり，成分どうしの分子間力が同じとみなせる場合に成り立つ．自然界に存在する多くの実在溶液（非理想溶液）は，図 3.3.3 に示すように，各成分の蒸気圧 $P_A$ および $P_B$ はラウールの法則からずれる．しかし，たとえば成分 B のモル分率が高い（溶質 A の希薄な）領域では，ラウールの法則に従うようになり，よい近似となる．

一方，溶質 A について考えた場合，図 3.3.3 に示すように，成分 A の蒸気圧 $P_A$ がそのモル分率に比例する領域がある．この比例関係は**ヘンリーの法則** Henry's law とよばれる．

> **HINT**
> たとえば，50％のベンゼンと 50％のトルエンの混合溶液が理想溶液として扱える場合，この溶液の全蒸気圧はベンゼンの蒸気圧とトルエンの蒸気圧を足して 2 で割った値になる．

> **NOTE**
> ヘンリーの法則は，溶媒への気体の溶解度の式としても用いられるが，溶解度の大きい気体（アンモニア，塩酸）においては成り立たないので注意が必要である．

---

**ヘンリーの法則**

成分 A と成分 B からなる理想希薄溶液が気液平衡のとき，

溶質 A の蒸気圧　$P_A = x_A K_H$ (3.3.4)

（溶質 A のモル分率）（ヘンリー定数）

ヘンリー定数 $K_H$ は圧力の次元をもち，成分 A と成分 B の組み合わせにより決まる．溶質がヘンリーの法則に従う溶液を，**理想希薄溶液** ideal dilute solution という．

溶質が気体のとき，モル分率が十分に小さい範囲ではモル分率は濃度に比例するので，ヘンリーの法則は「気体の溶解度（濃度）は分圧（蒸気圧）と比例関係にある」と言い換えることができる．

表 3.3.1 に，ラウールの法則とヘンリーの法則の違いをまとめる．

**表 3.3.1 ● ラウールの法則とヘンリーの法則**

| 法則 | ラウールの法則 | ヘンリーの法則 |
|---|---|---|
| 対象とする現象 | 理想溶液（多成分系）における溶媒の蒸気圧とモル分率との関係 | 理想希薄溶液の溶質の濃度（モル分率）と溶質の分圧（蒸気圧）との関係 |
| 適用条件 | 各成分の間の相互作用が同程度の系 | 揮発性の溶質を含む希薄溶液と気相が平衡 |
| 適用例 | 理想溶液（多成分系）の蒸気圧は各成分の分圧の総和に等しい | 気体の溶解度は気体の分圧に比例する |

**POINT**

ラウールの法則が溶媒の蒸気圧，ヘンリーの法則が（気体の溶媒への溶解も含む）溶質の蒸気圧に関する法則と覚えればわかりやすい．

### 例題 3.8

ベンゼンとトルエンの混合溶液において，トルエンのモル分率が 0.750 であるとき，20℃における溶液の（平衡）蒸気圧を求めよ．ただし，溶液は理想溶液として扱えるとし，20℃において，ベンゼンおよびトルエンの蒸気圧はそれぞれ 10.0 kPa，3.00 kPa とする．

**解答** ラウールの法則より，溶液の全圧 $P$ を式 (3.3.3) を用いて求める．

$$P = P_A + P_B = x_A P_A^* + x_B P_B^* = (1 - x_B) P_A^* + x_B P_B^*$$
$$= 0.250 \times 10.0 + 0.750 \times 3.00 = 4.75 \text{ kPa}$$

### 例題 3.9

0℃，$1.0 \times 10^5$ Pa において，水 1.0 dm$^3$ への溶解度は，窒素が 0.024 dm$^3$，酸素が 0.049 dm$^3$ である．0℃，$2.0 \times 10^5$ Pa において空気を水 1.0 dm$^3$ に接触させたとき，溶解した窒素と酸素の標準状態において体積がそれぞれ何 dm$^3$ か求めよ．ただし，気体はヘンリーの法則に従うとして，空気中の窒素と酸素の体積比は 4 : 1 とする．

**解答** 窒素と酸素の分圧は，体積比とモル比が同じであるので，

窒素の分圧：$2.0 \times 10^5 \text{ [Pa]} \times \dfrac{4}{4+1} = 1.6 \times 10^5 \text{ Pa}$

酸素の分圧：$2.0 \times 10^5 \text{ [Pa]} \times \dfrac{1}{4+1} = 4.0 \times 10^4 \text{ Pa}$

である．ヘンリーの法則より，窒素，酸素それぞれの溶解量は

**HINT**

空気中の各気体（窒素，酸素）の分圧は全圧に各気体のモル分率をかけた値である（ドルトンの法則）．

$$\text{窒素：} 0.024\,[\text{dm}^3] \times \frac{1.6 \times 10^5\,[\text{Pa}]}{1.0 \times 10^5\,[\text{Pa}]} = 0.038\,\text{dm}^3$$

$$\text{酸素：} 0.049\,[\text{dm}^3] \times \frac{4.0 \times 10^4\,[\text{Pa}]}{1.0 \times 10^5\,[\text{Pa}]} = 0.020\,\text{dm}^3$$

となる．

### 3.3.2 溶液の束一的性質

溶液において，溶質の量（物質量）には依存するが，溶質の種類には依存しない性質を**束一的性質**（colligative properties）という．代表的な束一的性質は，①蒸気圧降下，②沸点上昇，③凝固点降下，④浸透圧である．この項では①～③について説明し，④については次項で扱う．

① 蒸気圧降下

溶媒 B に不揮発性の溶質 A を溶解したとき，ラウールの法則に従う溶媒 B の蒸気圧は，式 (3.3.1) より，

$$P_\text{B} = x_\text{B} P_\text{B}^* = (1 - x_\text{A}) P_\text{B}^* \tag{3.3.5}$$

と表せる．したがって，溶媒 B の蒸気圧は，B の純溶媒の蒸気圧 $P_\text{B}^*$ との差をとって

$$\Delta P = P_\text{B}^* - P_\text{B} = P_\text{B}^* - (1 - x_\text{A}) P_\text{B}^* = x_\text{A} P_\text{B}^* \tag{3.3.6}$$

だけ低下するといえる．このことを**蒸気圧降下**（vapor pressure depression）という．

② 沸点上昇

蒸気圧降下と関連する現象として，**沸点上昇**（boiling-point elevation）がある．この現象は，直観的には 3.2.2 項で学んだ相図を用いるとわかりやすい．

図 3.3.4 の相図に純溶媒と溶液の蒸気圧曲線を示す．純溶媒の沸点 $T_\text{b}^*$ における蒸気圧 $P_\text{B}^*$ に対して，温度 $T_\text{b}^*$ における溶液の蒸気圧は蒸気圧降下により $\Delta P$ だけ下がる．圧力 $P_\text{B}^*$ のもとでは，溶液の沸点は溶液の蒸気圧が $P_\text{B}^*$ と等しくなる温度である．したがって，図に示したように，$T_\text{b}^*$ よりも $\Delta T_\text{b}$ だけ高くなることがわかる．

ここで，沸点上昇度 $\Delta T_\text{b}$ と溶質 A の質量モル濃度 $m_\text{A}$ との関係を求めよう．希薄溶液の蒸気圧曲線の傾きについて，沸点近くの狭い温度範囲では純溶媒の蒸気圧曲線の傾きと同じとすると，$\Delta T_\text{b}$ は $\Delta P$ に比例すると考えることができる．この関係を比例定数 $k$ として式 (3.3.6) を用いると，

$$\Delta T_\text{b} = k \Delta P = k x_\text{A} P_\text{B}^* \tag{3.3.7}$$

と表せる．
いま，希薄溶液における溶質 A のモル分率 $x_\text{A}$ について，

$$x_\text{A} = \frac{n_\text{A}}{n_\text{A} + n_\text{B}} \tag{3.3.8}$$

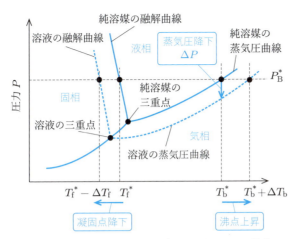

**図 3.3.4** 溶液の沸点上昇および凝固点降下を示す模式図

が成り立つ．希薄溶液であることから $n_B \gg n_A$ として近似すると，

$$x_A = \frac{n_A}{n_B} \tag{3.3.9}$$

となり，さらに，溶媒 B の物質量 $n_B = w_B/M_B$（$M_B$, $w_B$ は溶媒 B のモル質量および質量）を代入すると，

$$x_A = \frac{M_B \times n_A}{w_B} = M_B \times m_A \tag{3.3.10}$$

となる．ただし，$m_A$（$= n_A/w_B$）は溶質 A の質量モル濃度である．

最後に，式 (3.3.7) と式 (3.3.10) を用いて，$k$, $P_B^*$, $M_B$ をまとめて比例定数 $K_b$ で置き換えると，沸点上昇度は以下のように書けることがわかる．この比例定数 $K_b$ は溶媒に固有の定数であり，**沸点上昇定数** (ebullioscopic constant) とよばれる．

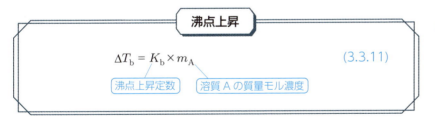

沸点上昇

$$\Delta T_b = K_b \times m_A \tag{3.3.11}$$

沸点上昇定数　溶質 A の質量モル濃度

**参考**

溶媒と溶質の化学ポテンシャルの関係から，沸点上昇定数 $K_b$ は溶媒の蒸発のエンタルピー変化 $\Delta H_{vap}$ を用いて $K_b = RT_b^2 M_B/\Delta H_{vap}$ と表すことができ，溶媒 B によってのみ決まる定数になる．

③ 凝固点降下

図 3.3.4 には，**凝固点降下** (freezing-point depression) についても示している．蒸気圧降下の結果，溶液の三重点は純溶媒の三重点よりも低温側に存在することになる．融解曲線は三重点から圧力をかけていったときの固相と液相の相境界を表すので，溶液の三重点から伸びる．定圧条件で凝固点を比較すると，溶液の凝固点は純溶媒よりも $\Delta T_f$ だけ低温に存在することがわかる．

沸点上昇のときと同様に考えると，凝固点降下は，**凝固点降下定数** (cryoscopic constant) $K_f$ を用いて以下のように表される．

**参考**

溶媒が純粋な固体として凝固し，溶質は固相に溶け込めないことを条件として，沸点上昇と同様に考えると，凝固点降下定数は融解のエンタルピー変化 $\Delta H_{\text{fus}}$ を用いて

$$K_{\text{f}} = \frac{RT_{\text{f}}^2 M_{\text{B}}}{\Delta H_{\text{fus}}}$$

と表せる．

**凝固点降下**

$$\Delta T_{\text{f}} = K_{\text{f}} \times m_{\text{A}} \quad (3.3.12)$$

凝固点降下定数　　溶質 A の質量モル濃度

**例題 3.10**

組成式が $CH_3O$ で表される物質 3.25 g が 100 g の水に溶けている．この水溶液の凝固点降下が $\Delta T_{\text{f}} = -0.968$ K であるとき，溶けている物質の分子式を求めよ．なお，水の凝固点降下定数は $K_{\text{f}} = 1.86$ K mol$^{-1}$ kg とする．

**解答**　凝固点降下の式 式(3.3.12) より，この物質の質量モル濃度は，

$$m = \frac{\Delta T_{\text{f}}}{K_{\text{f}}} = \frac{0.968}{1.86} = 0.520 \text{ mol kg}^{-1}$$

となる．題意より，水 1 kg 中にこの物質は 32.5 g 溶けているので，この物質の分子量を $M$ とすると，質量モル濃度 $m$ と分子量 $M$ には，次の関係式が成り立つ．

$$m = \frac{32.5}{M}$$

これより，

$$M = \frac{32.5}{0.520} = 62.5$$

となる．したがって，分子量は $M = 62.5$ となるため，求める分子式を $(CH_3O)_x$ とすると，$(12+3+16) \times x$ より整数 $x = 2$ として $C_2H_6O_2$ が得られる．

### 3.3.3 浸透圧

ここでは，前項で述べた溶液の束一的性質の一つである**浸透圧** (osmotic pressure) について説明する．図 3.3.5 に示すように，濃度の異なる溶液を**半透膜** (semipermeable membrane) で仕切ったとき，浸透圧が生じる．ここで半透膜とは，溶質は通ることができず，溶媒のみが通過できる膜のことをいう．

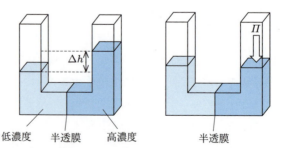

低濃度　半透膜　高濃度　　　　半透膜

**図 3.3.5** ● 半透膜で仕切った濃度の異なる 2 つの溶液と浸透圧 $\Pi$

半透膜で溶媒分子が通過する現象を**浸透**(osmosis)とよぶ．浸透においては移動できるものは溶媒のみであり，溶質が半透膜を通過できないことから，濃度が均一になるには純溶媒の溶媒分子が半透膜を通過して濃度の高い溶液に移動するしかない．このような溶媒分子の移動により生じる圧力を浸透圧とよぶ．

半透膜を溶媒分子が移動した結果，図 3.3.5 に示すように液面差 $\Delta h$ が生じる．液面差 $\Delta h$ が生じると溶液の重さ $mg$ に比例した浸透圧 $\Pi$ が生じるが，この浸透圧 $\Pi$ については，次の**ファント・ホッフの式**(van 't Hoff equation)が成り立つことが知られている．

$$\Pi = i \times c_A RT \tag{3.3.13}$$

ここで，$i$ は**ファント・ホッフ係数**(van 't Hoff factor)とよばれる溶質の解離や会合の増減を考慮するための係数，$c_A$ は溶液中の溶質 A のモル濃度，$T$ は絶対温度，$R$ は気体定数である．

式 (3.3.13) を用いることで，濃度 $c_A$ と温度 $T$ がわかれば，浸透圧 $\Pi$ が計算できる．ファント・ホッフ係数 $i$ については，電離度を $\alpha$，電離して生じる粒子数を $n$ として，$i = 1 + \alpha(n-1)$ と書ける．たとえば分子 AB が溶液中で $A^+$ イオンと $B^-$ イオンに完全に解離する場合は $\alpha = 1$，$n = 2$ なので $i = 2$ となる．完全に電離しない場合は，$i = 1 + \alpha(2-1) = 1 + \alpha$ となるなど，溶液中の分子，イオンの数の増減を考えると推定できる．

> **NOTE**
> 3.1.4 項の圧平衡定数に対するファント・ホッフの式とは異なるので注意．

> **参考**
> 浸透圧 $\Pi$ に関するファント・ホッフの式は，左側の純溶媒と溶液の化学ポテンシャルが等しいという関係
> $\mu_{溶媒}(P) = \mu_{溶液}(P+\Pi)$
> および各種熱力学関数の関係式を用いると近似的に導出することは可能である（$P$ は大気圧）．

### 例題 3.11

人間の赤血球は生理食塩水（質量濃度 0.9 %）よりも濃い食塩水中では縮み，薄い食塩水中では膨らむ．37 ℃ の赤血球の細胞液の浸透圧 $\Pi$ [Pa] を求めよ．なお，塩化ナトリウムは溶液中で完全に電離（$NaCl \rightarrow Na^+ + Cl^-$）しており，ファント・ホッフ係数は $i = 2$ である．また，NaCl の式量を 58.5，生理食塩水の密度を $1000 \text{ g dm}^{-3}$ とする．

**解答** 生理食塩水 $1 \text{ dm}^3$ 中の NaCl の物質量を計算すると，題意より $1 \text{ dm}^3$ は 1000 g なので，質量濃度 0.9 % を考慮すると

$$\text{NaCl の物質量} = \frac{1000 \times 0.009}{58.5} = 0.154 \text{ mol dm}^{-3}$$
$$= 1.54 \times 10^2 \text{ mol m}^{-3} \quad (\text{dm}^{-3} = 10^3 \text{ m}^{-3})$$

となる．ファント・ホッフ係数 $i = 2$ に注意して，ファント・ホッフの式 (3.3.13) に代入すると

$$\Pi = 2 \times 1.54 \times 10^2 \text{ [mol m}^{-3}\text{]} \times 8.3 \text{ [J K}^{-1} \text{ mol}^{-1}\text{]} \times (273 + 37) \text{ [K]}$$
$$= 7.9 \times 10^5 \text{ Pa}$$

と求められる．

> **HINT**
> 式 (3.3.13) に代入して求めるときの濃度 $c$ の単位は $\text{mol m}^{-3}$ となることに注意．

## 3.4 固体の性質

> **KEYWORD**
> 結晶構造，単位格子，格子エネルギー，格子エンタルピー，マーデルング定数，X線回折，ブラッグの条件

### 3.4.1 結晶構造

物質の三態の1つである固体は，その構成粒子（原子，分子，イオン）の配列状態によって，**結晶**（crystal）と**非晶質**（non-crystalline solid）に分類される．非晶質にはガラスや**アモルファス**（amorphous）とよばれる固体が含まれる．図 3.4.1 に示すように，結晶は理想的には構成粒子が無限に規則正しく並ぶのに対し，非晶質にはこのような広範囲における規則性は見られない．

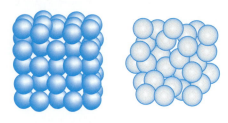

（a）結晶構造　　（b）非晶質構造

**図 3.4.1 ● 結晶構造と非晶質構造**

実際には，結晶には空隙や転位とよばれる**格子欠陥**（lattice defect）が存在するため，規則性が一部くずれる．また，どの位置でも規則性の変わらない単結晶と，微小な単結晶の集合である多結晶がある．

一方，非晶質では，中心原子から数原子程度の狭い範囲においてある程度の規則性を示すと考えられており，これは短距離秩序とよばれる．さらに，短距離秩序よりも広い範囲において規則性を示す場合は中距離秩序とよばれる．

**結晶構造**（crystal structure）を考える際には，結晶を構成する粒子を点とみなし，その規則性を規則格子として表す．規則格子を構成する最小の繰り返し格子を**単位胞**（unit cell）（あるいは**単位格子**）という．

> **参考**
> 結晶構造で代表的な例として，体心立方格子（bcc）や面心立方格子（fcc）がある．

### 3.4.2 格子エネルギーとマーデルング定数

結晶は結合の仕方の違いにより，表 3.4.1 のように大きく 4 種類に分けることができる．

イオン結晶以外の結晶を構成する粒子は，基本的に粒子単位で電気的中性を保っている．それに対し，イオン結晶の構成粒子は陽イオンと陰イオンで

表 3.4.1 ● 結晶の結合の種類による分類

| 結晶 | 構成元素 | 構成粒子 | 結合の種類 |
|---|---|---|---|
| 金属結晶 | 金属元素 | 金属原子 | 金属結合 |
| イオン結晶 | 金属元素と非金属元素 | 陽イオンと陰イオン | イオン結合 |
| 共有結合結晶 | 非金属元素 | 原子 | 共有結合 |
| 分子結晶 | 非金属元素 | 分子 | 分子内は共有結合,分子間は分子間力 |

あるため，イオン結合は静電引力（クーロン引力）による結合であり，結晶全体として電気的中性を保つ．

結晶の格子を構成する粒子（原子，分子，イオン）が気体状態から固体結晶になるときの凝集エネルギーのことを，**格子エネルギー**(lattice energy)という．とくにイオン結晶については，気体状態の陽イオンと陰イオンから 1 mol のイオン結晶を生成する際のエンタルピー変化が**格子エンタルピー**(lattice enthalpy)であり，格子エネルギーは 0 K における格子エンタルピーに負符号をつけたものとして定義される．格子エンタルピーは常に正の値をとることから，格子エネルギーは負の値となる．

格子エネルギー（格子エンタルピー）は，イオン化エネルギー（イオン化エンタルピー），電子親和力（電子獲得エンタルピー），昇華熱（昇華エンタルピー），結合エネルギー（結合解離エンタルピー），および生成熱（標準生成エンタルピー）を用いて，**ボルン–ハーバーサイクル**(Born–Haber cycle)により求めることができる．

塩化ナトリウムを例にとると，**ヘスの法則**(Hess's law)により，図 3.4.2 に示すような関係となる．図中のエンタルピー変化に対応する反応式は以下となる．

① $Na(s) + \frac{1}{2} Cl_2(g) \rightarrow NaCl(s)$

② $Na(s) \rightarrow Na(g)$

③ $\frac{1}{2} Cl_2(g) \rightarrow Cl(g)$

④ $Na(g) \rightarrow Na^+(g) + e^-$

⑤ $Cl(g) + e^- \rightarrow Cl^-(g)$

⑥ $Na^+(g) + Cl^-(g) \rightarrow NaCl(s)$

図中の矢印の向きは反応の向きを表しており，上向きの場合は吸熱反応のためエンタルピー変化は正となり，下向きの場合は負となることに注意する．したがって，たとえば格子エンタルピー $\Delta H_{\text{lattice}}$ を求める際には，図中に示したように，各エンタルピーの大きさのみを考えて計算するとよい．また，③の結合解離エンタルピーは 1 mol の $Cl_2$ が解離するときの値であるため，

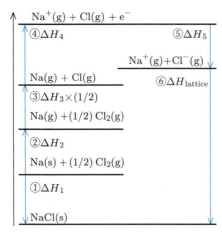

① NaCl(s)の標準生成エンタルピー
② Na(s)の昇華エンタルピー
③ $Cl_2$の結合解離エンタルピー
④ Na(g)のイオン化エンタルピー
⑤ Cl(g)の電子獲得エンタルピー
⑥ NaCl(s)の格子エンタルピー

$$|\Delta H_{lattice}| = |\Delta H_1| + |\Delta H_2| + |\Delta H_3| \times \frac{1}{2} + |\Delta H_4| - |\Delta H_5|$$

図 3.4.2 ● NaCl のボルン–ハーバーサイクル

計算の際は反応式の係数も考慮して 1/2 をかける．

　イオン結晶における格子エネルギーは，静電エネルギー（クーロン相互作用）を考慮することにより推定することができる．まず，電荷が $z_1$ と $z_2$ のイオン対が $r_{12}$ の距離（平衡距離）で結合しているときのポテンシャルエネルギーは，次式で書ける．

$$u = -\frac{z_1 z_2 e^2}{4\pi\varepsilon_0 r_{12}} \tag{3.4.1}$$

ここで，$e$ は電気素量，$\varepsilon_0$ は真空の誘電率である．

　このイオン対 1 mol（アボガドロ定数 $N_A$ 個）からなる結晶を気化させて，たがいに無限遠の距離に引き離すときに必要なエネルギーを**マーデルングエネルギー**（Madelung energy）といい，以下の式で表される．

$$U = -N_A M \left(\frac{z_1 z_2 e^2}{4\pi\varepsilon_0 r_{12}}\right) \tag{3.4.2}$$

ここで，$M$ は結晶中のあるイオンに対する周囲のイオンとの静電気力の総和を表した係数で，**マーデルング定数**（Madelung constant）とよばれる．

表 3.4.2 にさまざまな化合物の結晶構造とマーデルング定数 $M$ を示す．

**参考**

マーデルング定数を正しく求めるには，イオン間の静電相互作用を求める手法であるエヴァルトの方法を用いる必要がある．

表 3.4.2 ● マーデルング定数 $M$ の例

| 化合物 | 結晶構造 | $M$ |
|---|---|---|
| NaCl | fcc | 1.74756 |
| CsCl | bcc | 1.76267 |
| $CaF_2$ | 立方晶系 | 2.51939 |
| $CdCl_2$ | 六方晶系 | 2.244 |
| $MgF_2$ | 正方晶系 | 2.381 |

### 3.4.3 回折法の基礎

結晶構造を調べる方法はいくつかあるが，ここではもっとも汎用的な手法であろうX線回折法について述べる．
X-ray diffraction

X線回折現象はブラッグの法則から説明することができる．ブラッグの法則では，図3.4.3に示すように，結晶中の原子がつくる（仮想の）面が入射X線を反射すると解釈する．2つの平行な面に反射された散乱X線が干渉によって強め合うと，回折強度が増す．電磁波であるX線の波長を $\lambda$，2つの面の間隔を $d$，X線と結晶面のなす角（視射角）をブラッグ角 $\theta$ とすると，以下の条件を満たすときに入射と散乱のX線が強め合い，これをブラッグの条件という．
Bragg condition

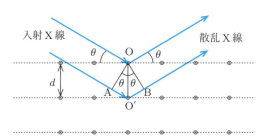

**図 3.4.3 ● 原子がつくる結晶面とX線の入射と散乱の関係**

$$2d \sin \theta = n\lambda \quad (3.4.3)$$

ブラッグの条件は，図で示した点 O および点 O′ に入射して反射（散乱）される X 線の経路差を考えることで説明できる．2つの X 線の経路差は AO′ + O′B であるので，直角三角形 OAO′ と OBO′ を考えると，幾何学的な計算により AO′ = O′B = $d \sin \theta$ となることから AO′ + O′B = $2d \sin \theta$ となる．この経路差が X 線の波長 $\lambda$ の整数倍となるときに干渉により強め合い，回折光として観測されることになる．

3.4.1 項で説明したように，結晶は無数の単位胞から構成されている．実際の結晶において，単位胞が周期的に並び，結晶軸の方向がどの位置でも変わらない結晶を単結晶という．
single crystal

一方，特別な製法を用いない結晶は，微小な単結晶の集合体である多結晶となる．したがって，X線回折測定において，ブラッグの条件を満たす方向がX線と多結晶の配置によって変わるため，回折強度にムラが生じてしま
polycrystalline

> **参考**
>
> 自然界の単結晶には，ダイヤモンド（C）や水晶（SiO₂）などの鉱物がある．単結晶は工業的に有用なため，高度な結晶成長技術を使って人工的に作製されることもある．例として，シリコン（Si），人工サファイア（Al₂O₃）などが有名である．

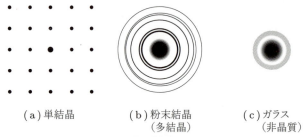

(a) 単結晶　　（b）粉末結晶　　（c）ガラス
　　　　　　　　（多結晶）　　　（非晶質）

**図 3.4.4** ● 2次元検出器で取得したX線回折パターンの比較

う．そこで，測定する結晶をなるべく均一な粉末状とし，配向性をできるかぎりなくして測定する **粉末X線回折法**（powder X-ray diffraction）が用いられる．

さまざまな角度を向いた微結晶にX線を照射すると，ブラッグの条件を満たす散乱X線を検出することが可能となる．図 3.4.4 の模式図に示すように，単結晶と粉末結晶（多結晶）では，2次元検出器で取得したX線回折パターンが異なる．単結晶の場合は結晶を構成する単位胞の向きがそろっているため，ブラッグの条件を満たした散乱X線は特定の方向の斑点（スポット）として検出される（図（a））．

一方，あらゆる向きに配向している粉末結晶の場合には，単結晶のパターンを入射X線の方向を軸に回転させたようなリング状の回折パターンとして検出される（図（b））．さらに，数十原子以上の範囲では配向を示さないガラスの場合には，リングがさらに広がったハローパターンが検出される（図（c））．

散乱X線の検出器としては，イメージングプレートやCCDカメラを用いた2次元型検出器のほか，シンチレーションカウンターや半導体検出器などの1次元型検出器がある．いずれの方法においても，横軸を散乱角 $2\theta$ として図 3.4.5 に示すようなX線回折パターンが得られる．

> **参考**
> いくつかの検出器の検出角度を固定し，あらゆる波長を含むX線（白色X線）を入射してさまざまな散乱角で検出する方法もある．

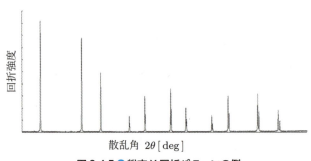

**図 3.4.5** ● 粉末X回折パターンの例

ピークの位置は結晶面と対応しているため，散乱角と複数の結晶面からの散乱強度の強度比を解析することにより，既知の結晶構造を同定することができる．

### 例題 3.12

ある立方晶の結晶面からの反射が波長 154 pm（1 pm = $10^{-12}$ m）の X 線を使って，11.2°に観測された．この結晶の 1 辺の長さはいくらか．ブラッグの条件（$n=1$ とする）を用いて求めよ．ただし，立方晶の 1 辺の長さ $a$ は面間隔の $\sqrt{3}$ 倍であることを用いること．

**解答** ブラッグの条件☞式(3.4.3)より，11.2°に観測された回折線を生じる結晶面の面間隔は

$$d = \frac{\lambda}{2\sin\theta} = \frac{154\,[\mathrm{pm}]}{2\sin 11.2°}$$

となる．立方晶の 1 辺の長さは $a = \sqrt{3} \times d$ で計算できるので，

$$a = 687\,\mathrm{pm}$$

である．

## Coffee Break

国際宇宙ステーションなどの無重力空間において，水などの液滴が表面張力により球形になる映像を見たことがあるかもしれない．

この性質を利用して，液滴を宙に浮かせると，温度が高すぎて試料容器に入れられないほどの高温液体の物性を測ることができるようになる．たとえば，融点が 2000℃ を超すような液体の密度や表面張力，粘性などが計測できる．高温の液体は強力な光を放つので，物性計測を行うときには，図のように液体にバックライトを照射し，その影の振動や形状を記録して解析する．

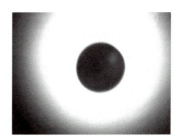

写真：静電浮遊装置により浮かせた液体
（JAXA 石川毅彦教授より提供）

## この章のまとめ

| | |
|---|---|
| 化学反応式 $\nu_A A + \nu_B B \rightleftarrows \nu_C C + \nu_D D$ において 平衡定数 | $K = \dfrac{a_C^{\nu_C} a_D^{\nu_D}}{a_A^{\nu_A} a_B^{\nu_B}}$ |
| 圧平衡定数 | $K_P = \dfrac{P_C^{\nu_C} P_D^{\nu_D}}{P_A^{\nu_A} P_B^{\nu_B}}$ |
| 濃度平衡定数 | $K_C = \dfrac{[C]^{\nu_C} [D]^{\nu_D}}{[A]^{\nu_A} [B]^{\nu_B}}$ |
| 標準ギブズエネルギー変化と平衡定数 | $\Delta G° = -RT \ln K$ |
| 圧平衡定数に関するファント・ホッフの式 | $\ln K_2 - \ln K_1 = \ln \dfrac{K_2}{K_1} = -\dfrac{\Delta H°}{R}\left(\dfrac{1}{T_2} - \dfrac{1}{T_1}\right)$ |
| ギブズの相律 | $F = C - P + 2$ |
| クラウジウス–クラペイロンの式 | $\ln \dfrac{P_2}{P_1} = -\dfrac{\Delta h_{vap}}{R}\left(\dfrac{1}{T_2} - \dfrac{1}{T_1}\right)$ |
| ラウールの法則に従う理想溶液の蒸気圧 | $P = (1 - x_B)P_A^* + x_B P_B^*$ |
| ヘンリーの法則 | $P_A = x_A K_H$ |
| 沸点上昇 | $\Delta T_b = K_b \times m_A$ |
| 凝固点降下 | $\Delta T_f = K_f \times m_A$ |
| 浸透圧に関するファント・ホッフの式 | $\Pi = i \times c_A RT$ |
| イオン結晶のマーデルングエネルギー | $U = -N_A M \left(\dfrac{z_1 z_2 e^2}{4\pi \varepsilon_0 r_{12}}\right)$ |
| ブラッグの条件 | $2d \sin \theta = n\lambda$ |

## 復習総まとめ問題

**3.1** 以下の反応の平衡定数は 400 K で $6.8 \times 10^{-4}$，800 K で $2.5 \times 10^{-1}$ である．

$$CO_2(g) + H_2(g) \rightarrow CO(g) + H_2O(g)$$

この化学反応で右（正反応）へ進む反応は発熱反応か吸熱反応のどちらか．

**3.2** $CO(g) + H_2O(g) \rightarrow H_2(g) + CO_2(g)$ の反応について，298 K での平衡定数 $K$ を求めよ．なお，298 K における各物質の標準生成ギブズエネルギーの値は以下のとおりである．ただし，$R = 8.31$ J K$^{-1}$ mol$^{-1}$ とする．

$CO(g) : -137$ kJ mol$^{-1}$, $H_2O(g) : -228$ kJ mol$^{-1}$,
$H_2(g) : 0$ kJ mol$^{-1}$, $CO_2(g) : -394$ kJ mol$^{-1}$

**3.3** 以下の化学反応について，それぞれの条件変化させたとき，平衡はどちらへ移動するか答えよ．
(1) $2SO_2(g) + O_2(g) \rightleftarrows 2SO_3(g)$ ：全圧を増加させた
(2) $N_2(g) + 3H_2(g) \rightleftarrows 2NH_3(g)$ ：触媒を添加した
(3) $2NO(g) + O_2(g) \rightleftarrows 2NO_2(g)$ ：酸素を追加した

**3.4** 塩化ルビジウムについて，次に示すエンタルピーがわかっているとき，ルビジウムの昇華エンタルピー [kJ mol$^{-1}$] を求めよ．なお，ボルン–ハーバーサイクルとして**問図 3.1** を参考にし，それぞれのエンタルピー変化に対応する反応を考えること．

固体の塩化ルビジウムの標準生成エンタルピー：$-439$ kJ mol$^{-1}$
塩素分子の結合解離エンタルピー：$242$ kJ mol$^{-1}$
ルビジウム原子のイオン化エンタルピー：$372.5$ kJ mol$^{-1}$
塩化ルビジウムの格子エンタルピー：$665$ kJ mol$^{-1}$
塩素原子の電子獲得エンタルピー：$-351.5$ kJ mol$^{-1}$

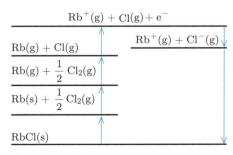

**問図 3.1**

3.5 NaCl 結晶の X 線回折実験において，用いる X 線の波長を長くすると，回折像における回折ピークの位置はどう変化するか．その理由とともに説明せよ．

## 難問にチャレンジ

3.A 容積一定の容器に，窒素を 1.00 bar，水素を 3.00 bar で入れ，触媒存在下で加熱して一定温度に保ったところ，アンモニアを生じて平衡に達した．圧平衡定数 $K_p = 977$ として，3種類の気体の平衡分圧を求めよ．なお，反応式は以下のように書けるとし，反応物も生成物もすべて理想気体として考えてよい．

$$N_2(g) + 3H_2(g) \rightarrow 2NH_3(g)$$

3.B 炭素と酸素から二酸化炭素ができるときの燃焼熱は 394 kJ である．また，一酸化炭素と酸素から二酸化炭素ができるときの燃焼熱は 283 kJ である．以下の問いに答えよ．
(1) 炭素と酸素から 1.0 mol の一酸化炭素ができるときの燃焼熱を求めよ．
(2) 炭素と二酸化炭素から 1.0 mol の一酸化炭素ができるときの反応において，圧力を一定にして温度を下げるとき，一酸化炭素の濃度はどうなるか答えよ．

3.C 高温で水素と硫黄を反応させると硫化水素が生成し，**問表 3.1** の温度条件では，次の反応が起こる．表の温度と平衡定数の値を用いて，この反応のエンタルピー変化の平均値を求めよ．

$$H_2(g) + \frac{1}{2}S_2(g) \rightleftarrows H_2S(g)$$

問表 3.1

| $T$ [K] | 1023 | 1218 | 1405 | 1537 | 1667 |
|---|---|---|---|---|---|
| $\ln K$ | 4.66 | 3.00 | 1.82 | 1.12 | 0.592 |

3.D 二酸化硫黄の沸点は標準圧力 ($1.013 \times 10^5$ Pa) において 263 K である．圧力を $1.013 \times 10^6$ Pa としたときの二酸化硫黄の沸点を求めよ．なお，標準蒸発エンタルピーは $\Delta_{vap}H° = 24.94$ kJ mol$^{-1}$ である．ただし，$R = 8.314$ J K$^{-1}$ mol$^{-1}$ とする．

3.E 非電解質であるスクロースの希薄水溶液の水に対する浸透圧が 25℃で

47.6 kPa であった．この溶液について，以下の値を求めよ．なお，この温度において，水の蒸気圧は 3.167 kPa，凝固点降下定数は $K_f = 1.86 \text{ K kg mol}^{-1}$，密度は $1000 \text{ kg m}^{-3}$，$R = 8.31 \text{ J K}^{-1} \text{ mol}^{-1}$ とする．
(1) 25°Cにおける蒸気圧, (2) 凝固点

**3.F** イオン結晶全体の静電引力と反発力の和について考えたポテンシャルエネルギーが $U(r) = -N_A M \left( \dfrac{z_1 z_2 e^2}{4\pi\varepsilon_0 r} \right) - \dfrac{N_A B}{r^n}$ と書けるとする．ここで，$N_A$ はアボガドロ定数，$M$ はマーデルング定数，$z_1, z_2$ は陽イオンと陰イオンの電荷，$\varepsilon_0$ は真空の誘電率，$n$ および $B$ は定数とする．$r_{12}$ をイオン対の平衡距離としたとき，イオン結晶の安定構造においては $\left( \dfrac{dU(r)}{dr} \right)_{r=r_{12}} = 0$ となることを用い，イオン結晶全体の格子エネルギー $U = -\dfrac{N_A M z_1 z_2 e^2}{4\pi\varepsilon_0 r_{12}} \left( 1 - \dfrac{1}{n} \right)$ を導出せよ．

chapter 4

# 溶液の性質―イオン，コロイド，界面現象

## 理解度チェック

- ☐ 伝導率の計算ができる
- ☐ イオン独立移動の法則の説明ができる
- ☐ 電解質の活量の意味が理解できる
- ☐ 電極系（半電池）の種類と性質を説明できる
- ☐ 電池の電位とギブズエネルギーの関係を用いた計算ができる
- ☐ 電気分解（電解）とファラデーの法則を説明できる
- ☐ コロイド，界面の現象について説明できる

## 4.1 イオンの輸送，電離平衡

**KEYWORD**

電解質，電離度，イオン独立移動の法則，無限希釈におけるモル伝導率，イオン移動度，輸率，活量，イオン強度，デバイ-ヒュッケルの極限則

### 4.1.1 イオンの伝導率

水などの溶媒に溶解したときに，イオンに解離（電離）electrolytic dissociation して溶液に電気伝導性を付与することができる化合物を電解質electrolyte という．また，電解質が電離する割合を電離度（解離度）degree of dissociation $\alpha$ で表す．たとえば，$X_mY_n$ と表される濃度 $c$ [mol dm$^{-3}$] の電解質水溶液中において，電離度 $\alpha$ で

$$X_mY_n \rightarrow mX^{z+} + nY^{z-} \tag{4.1.1}$$

のように電離するものとすると，各成分の濃度は

$$[X_mY_n] = c(1-\alpha), \quad [X^{z+}] = mc\alpha, \quad [Y^{z-}] = nc\alpha \tag{4.1.2}$$

となる．

電離度 $\alpha$ は以下のように定義できる．また，電離度がきわめて大きい（小さい）電解質を強電解質（弱電解質）という

---

**電離度**

$$\alpha = \frac{電離した電解質の物質量（または濃度）}{溶解した電解質の物質量（または濃度）} \tag{4.1.3}$$

---

**強電解質**

溶液中でほぼ完全に電離し，電離度はほぼ 1 に近くなる．

例）強酸：HCl, HNO$_3$, H$_2$SO$_4$

強塩基：NaOH, KOH, Ca(OH)$_2$, Ba(OH)$_2$

---

**弱電解質**

溶液中で一部が電離し，電離したイオンと非解離の溶質分子の間に化学平衡（電離平衡）が成立している．電離度はきわめて小さく，0.1 以下の場合が多い．

例）弱酸：CH$_3$COOH, H$_2$CO$_3$

弱塩基：NH$_3$

### 例題 4.1

25℃におけるアンモニアの電離度は $\alpha = 0.041$ である．濃度 0.010 mol dm$^{-3}$ のアンモニア水における NH$_3$ と OH$^-$ のモル濃度（mol dm$^{-3}$）を求めよ．

**解答** アンモニア水は一部が電離し，次のような電離平衡が成立する．

$$NH_3 + H_2O \rightleftarrows NH_4^+ + OH^-$$

電離前　0.010　　　　　　0　　　0
平衡時　$0.010(1-\alpha)$　　$0.010\alpha$　$0.010\alpha$

これより，次のように求められる．

$[OH^-] = 0.010\alpha = 0.010 \times 0.041 = 4.1 \times 10^{-4}$ mol dm$^{-3}$
$[NH_3] = 0.010(1-\alpha) = 0.010 \times (1-0.041) = 9.6 \times 10^{-3}$ mol dm$^{-3}$

---

電解質溶液の電気伝導にも，金属の電気伝導と同様にオームの法則が成立する．電解質溶液中に挿入した面積が等しい2つの電極間に電位差 $\Delta V$ [V] を印加して電流 $I$ [A] が生じるとき，次式が成立する．

$$\Delta V = I \times R \tag{4.1.4}$$

$$R = \rho \times \frac{\ell}{A} = \frac{1}{\kappa} \times \frac{\ell}{A} \tag{4.1.5}$$

ここで，$R$ [Ω] は電気抵抗，$\ell$ [m] は電極間距離，$A$ [m$^2$] は電極面積，$\rho$ [Ω m] は電解質溶液内部で単位長さをもつ立方体部分の抵抗を示す抵抗率（比抵抗）である．式 (4.1.5) から，電気抵抗 $R$ は電極間距離 $\ell$ に比例し，電極面積 $A$ に反比例することがわかる．

$\kappa$ [S m$^{-1}$] は**電気伝導率**（electroconductivity）（比伝導度）とよばれ，抵抗率 $\rho$ の逆数（$\rho = 1/\kappa$）となる．溶液の $\kappa$ を求めるには，$\ell$ と $A$ が決まった値の伝導率測定用セル（図 4.1.1）を用いて測定を行う．

電気伝導率 $\kappa_0$ が既知である溶液（たとえば KCl 溶液）をそのセルに満たして測定を行い，そのときの抵抗が $R_0$ になったとすると，

$$R_0 = \frac{1}{\kappa_0} \times \frac{\ell}{A} \tag{4.1.6}$$

> **復習**
> オームの法則 $R = E/I$ は物理や電気でも頻出．

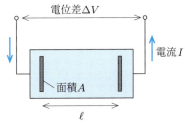

**図 4.1.1** ● 伝導率測定用セル

が成り立つ．さらに，式(4.1.6)を変形すると

$$\frac{\ell}{A} = \kappa_0 \times R_0 \tag{4.1.7}$$

となる．ここで，電極間距離 $\ell$ [m] と電極面積 $A$ [m$^2$] はセル固有の定数（セル定数）である．すなわち

$$（セル定数）= \kappa_0 \times R_0 \tag{4.1.8}$$

であり，既知の電気伝導率 $\kappa_0$ とその抵抗値 $R_0$ からセル定数が求まる．

セル定数 $\ell/A$ が求まると，電気伝導率が未知の溶液について同様に測定し，得られた抵抗値 $R$ とセル定数 $\ell/A$ の値から，次式を用いて電気伝導率 $\kappa$ を求めることができる．

$$\kappa = \frac{（セル定数）}{R} \tag{4.1.9}$$

電解質溶液の電気伝導率 $\kappa$ は，溶解しているイオンの移動で生じるので，電気伝導率は電解質の濃度に依存する．単位濃度 $c$ [mol m$^{-3}$] あたりの値として求めた電気伝導率 $\kappa$ [S m$^{-1}$] として，**モル伝導率** (molar conductivity) $\Lambda$ [S m$^2$ mol$^{-1}$] がよく用いられる．

モル伝導率

$$\Lambda = \frac{\kappa}{c} \quad \text{（}\kappa\text{：電気伝導率，}c\text{：モル濃度）} \tag{4.1.10}$$

### 例題 4.2

電極間距離が $\ell = 0.04$ m（4 cm），電極直径が $d = 0.01$ m（1 cm）の伝導率測定用セルを用いて，25.0℃において濃度が $c = 0.01$ mol dm$^{-3}$ のアンモニア水の電気伝導率測定を行ったところ，抵抗値は $R = 45.5$ kΩ であった．アンモニア水の電気伝導率 $\kappa$ およびモル伝導率 $\Lambda$ を求めよ．

**NOTE**
モル伝導率 $\Lambda$ の単位は S m$^2$ mol$^{-1}$ なので，計算するときには単位濃度 $c$ [mol m$^{-3}$] にすること．

**解答** 電気伝導率の定義式 $\kappa = \dfrac{1}{R} \times \dfrac{\ell}{A}$ に数値を代入する．

$$\kappa = \frac{1}{R} \times \frac{\ell}{A} = \frac{1}{45500\,[\Omega]} \times \frac{0.04\,[\text{m}]}{(0.005)^2 \pi\,[\text{m}^2]} = 1.12 \times 10^{-2}\,\text{S m}^{-1}$$

モル伝導率の式 式(4.1.10) に $c = 0.01 \times 10^3$ mol m$^{-3}$ を代入する．

$$\Lambda = \frac{1.12 \times 10^{-2}\,[\text{S m}^{-1}]}{0.01 \times 10^3\,[\text{mol m}^{-3}]} = 1.12 \times 10^{-3}\,\text{S m}^2\,\text{mol}^{-1}$$

### 4.1.2 コールラウシュのイオン独立移動の法則

モル伝導率 $\Lambda$ は電解質濃度 $c$ だけでなく電解質の種類にも依存し，強電解質（塩酸や塩化カリウムなど）では $\sqrt{c}$ の増加に対してほぼ直線的に減少する（図 4.1.2）．一方，弱電解質（酢酸など）では，$\Lambda$ は $\sqrt{c}$ の増加とともに急激に減少し，高濃度では低い値となる．

**参考**
弱電解質の $\Lambda$ が濃度 $c$ の減少とともに急激に増えるのは，弱電解質の電離度 $\alpha$ が濃度の減少とともに急激に増大するからである．

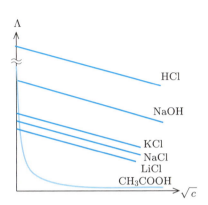

図 4.1.2 ● 電解質におけるモル伝導率と濃度の関係

コールラウシュは強電解質の $\Lambda$ と $\sqrt{c}$ との間に直線関係が成立することを実験的に見出し，次の経験式を提唱した（コールラウシュの経験式）．

$$\Lambda = \Lambda^\infty - a\sqrt{c} \tag{4.1.11}$$

ここで，$a$ は電解質の種類と濃度により決まる定数，$\Lambda^\infty$ は $\Lambda$ を $\sqrt{c}$ に対してプロットした直線を $\sqrt{c} \to 0$ に外挿した**無限希釈におけるモル伝導率**(molar conductivity at infinite dilution)である．

さらにコールラウシュは，「無限希釈という理想状態ではイオンどうしは離れており，イオン間には相互作用ははたらかず，イオン固有の速度で移動し，あらゆる電解質が完全に解離している」と考え，これらのことから次の関係が成立することを提唱した．

**NOTE**
弱電解質では，$\Lambda$ の $\sqrt{c}$ に対する依存性から無限希釈における $\Lambda^\infty$ を求めることはできない．

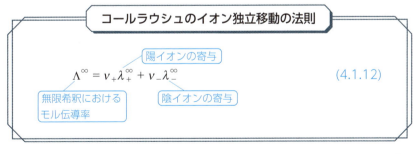

コールラウシュのイオン独立移動の法則

$$\Lambda^\infty = \nu_+ \lambda_+^\infty + \nu_- \lambda_-^\infty \tag{4.1.12}$$

- 無限希釈におけるモル伝導率
- 陽イオンの寄与
- 陰イオンの寄与

**POINT**
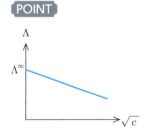

ここで，$\nu_+$ と $\nu_-$ は解離した陽イオンと陰イオンの個数，$\lambda_+^\infty$ および $\lambda_-^\infty$ は陽イオンと陰イオンの無限希釈におけるモルイオン伝導率である．

式 (4.1.12) の関係を，**コールラウシュのイオン独立移動の法則**(Kohlrausch's law of the independent migration of ions)という．

表 4.1.1 に，無限希釈におけるモルイオン伝導率 $\lambda_+^\infty$，$\lambda_-^\infty$ の例を示す．

**参考**

$H^+$のモルイオン伝導率$\lambda_+^\infty$がほかと比べて大きい理由は，$H^+$を下図のような形で移動させる**プロトンジャンプ**機構による．
proton jump mechanism

表 4.1.1 ● 無限希釈におけるモルイオン伝導率 $\lambda_+^\infty$, $\lambda_-^\infty$ (25℃)

| イオン | $\lambda_+^\infty$ [S m² mol⁻¹] | イオン | $\lambda_-^\infty$ [S m² mol⁻¹] |
|---|---|---|---|
| $H^+$ | 0.03498 | $OH^-$ | 0.01986 |
| $Li^+$ | 0.00387 | $Cl^-$ | 0.00764 |
| $Na^+$ | 0.00501 | $Br^-$ | 0.00781 |
| $K^+$ | 0.00735 | $I^-$ | 0.00768 |
| $Ca^{2+}$ | 0.00595 | $CH_3COO^-$ | 0.00409 |

電気化学便覧第6版 丸善 (2013) より．

**例題 4.3**

25℃における水溶液中で$Ca^{2+}$と$Cl^-$の無限希釈におけるモルイオン伝導率はそれぞれ 0.00595 S m² mol⁻¹, 0.00764 S m² mol⁻¹ であった．塩化カルシウムの無限希釈におけるモル伝導率 $\Lambda^\infty$ を求めよ．

**解答**　式 (4.1.12) に代入して計算する．

$$\Lambda^\infty(CaCl_2) = 1 \times \lambda_+^\infty(Ca^{2+}) + 2 \times \lambda_-^\infty(Cl^-)$$
$$= 1 \times 0.00595 + 2 \times 0.00764$$
$$= 0.0212 \text{ S m}^2 \text{ mol}^{-1}$$

### 4.1.3 イオン移動度と伝導率，輸率

電解質溶液に溶解しているイオンが移動する速度は，電場の強さ（電位勾配）に比例する．単位電場勾配 $\Delta X$ [V m⁻¹] のもとで，イオンが速度 $v$ [m s⁻¹] で移動するとき (図 4.1.3)，**イオン移動度** (ionic mobility) は次式で定義される．

$$u \text{ [m}^2\text{s}^{-1}\text{V}^{-1}\text{]} = \frac{v \text{ [m s}^{-1}\text{]}}{\Delta X \text{ [V m}^{-1}\text{]}} \tag{4.1.13}$$

電解質溶液の伝導率は，溶液中に存在するすべてのイオンの移動速度および濃度で決まるため，無限希釈におけるモル伝導率 $\Lambda^\infty$ は陽イオン ($z^+$価)と陰イオン ($z^-$価)のイオン移動度 ($u_+^\infty$, $u_-^\infty$) に比例すると考えられる．

$$\Lambda^\infty = \nu_+ \times F \times z^+ \times u_+^\infty + \nu_- \times F \times |z^-| \times u_-^\infty \tag{4.1.14}$$

ここで，$F$はファラデー定数（96485 C mol⁻¹）☞ 4.3.1 項である．

$\Lambda^\infty = \nu_+ \lambda_+^\infty + \nu_- \lambda_-^\infty$ とすると，式 (4.1.14) との対応から，無限希釈におけるイオン移動度 $u_+^\infty$, $u_-^\infty$ は，無限希釈におけるモルイオン伝導率 ($\lambda_+^\infty$, $\lambda_-^\infty$) の値から得ることができる．

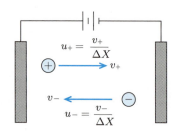

図 4.1.3 ● 電位勾配とイオン移動度の関係

**無限希釈におけるモルイオン伝導率とイオン移動度の関係**

$$u_+^\infty = \frac{\lambda_+^\infty}{z^+ \times F}, \quad u_-^\infty = \frac{\lambda_-^\infty}{|z^-| \times F} \tag{4.1.15}$$

（無限希釈におけるモルイオン伝導率／無限希釈におけるモルイオン移動度／価数／ファラデー定数）

電解質溶液中を流れる電流は，溶解して移動しているすべてのイオンがもつ電荷の移動である．溶液中の陽イオンと陰イオンがそれぞれ全体の何割の電気量を運ぶかを示す量を，イオンの**輸率**（transference number）という．もっとも単純な例として，1種類の1価-1価型電解質のみを含む陽イオンと陰イオンの輸率 $t_+$ と $t_-$ は次式で与えられる．

**参考**: 輸率 $t_+$，$t_-$ は陽イオンと陰イオンがそれぞれ運ぶ電気量の割合を示している．

**輸率**

$$t_+ = \frac{\lambda_+}{\lambda_+ + \lambda_-} = \frac{\lambda_+}{\lambda_\infty}, \quad t_- = \frac{\lambda_-}{\lambda_+ + \lambda_-} = \frac{\lambda_-}{\lambda_\infty}$$
$$t_+ + t_- = 1 \tag{4.1.16}$$

（陽イオンのモルイオン伝導率／陰イオンのモルイオン伝導率）

輸率は実験で測定できる量であるが，個々のイオンに固有の量ではなく，共存イオンの種類やその濃度で変化する相対的な量である．

### 例題 4.4

25℃における水溶液中で，$K^+$ と $Cl^-$ の無限希釈におけるイオン移動度はそれぞれ $u_+^\infty = 7.617 \times 10^{-8}$，$u_-^\infty = 7.913 \times 10^{-8}$ m$^2$ s$^{-1}$ V$^{-1}$ である．$K^+$ と $Cl^-$ の無限希釈におけるモルイオン伝導率 $\lambda_+^\infty$，$\lambda_-^\infty$ を求めよ．

**解答**　式 (4.1.15) を用いて計算する．

$\lambda_+^\infty(K^+) = 7.617 \times 10^{-8}$ [m$^2$ s$^{-1}$ V$^{-1}$] $\times 1 \times 96485$ [C mol$^{-1}$]
　　　　　$= 0.007349$ S m$^2$ mol$^{-1}$

$\lambda_-^\infty(Cl^-) = 7.913 \times 10^{-8}$ [m$^2$ s$^{-1}$ V$^{-1}$] $\times 1 \times 96485$ [C mol$^{-1}$]
　　　　　$= 0.007635$ S m$^2$ mol$^{-1}$

次に，1価-1価型の弱電解質 BA を例として考えてみよう．弱電解質 BA に次の平衡が成立するとする．

$$\text{BA} \rightleftarrows \text{B}^+ + \text{A}^- \tag{4.1.17}$$

電解質 BA の濃度 $c$ におけるモル伝導率 $\Lambda$ は，その濃度での電離により生じたイオンの濃度に比例すると考えられるため，電解質 BA の 100% が $B^+$ イオン，$A^-$ イオンになる無限希釈におけるモル伝導度 $\Lambda^\infty$ を用いると，電離度 $\alpha$ は次式で与えられる．

$$\alpha = \frac{\Lambda}{\Lambda^\infty} \tag{4.1.18}$$

1 価-1 価型電解質 BA の平衡を電離度 $\alpha$ を用いて書き直すと

$$\begin{array}{cccc} \mathrm{BA} & \rightleftarrows & \mathrm{B}^+ & + \mathrm{A}^- \\ c(1-\alpha) & & c\alpha & c\alpha \end{array} \tag{4.1.19}$$

であるから，電離における濃度平衡定数 $K_c$ は次式で表すことができる．

$$K_c = \frac{[\mathrm{B}^+][\mathrm{A}^-]}{[\mathrm{BA}]} = \frac{c\alpha \times c\alpha}{c(1-\alpha)} = \frac{c\alpha^2}{1-\alpha} \tag{4.1.20}$$

式 (4.1.20) に式 (4.1.18) を代入すると，**オストワルトの希釈律** (Ostwald's dilution law) が得られる．

> **復習**
> $A \rightleftarrows B + C$ の平衡定数には，$K_c = [C]/([A]\times[B])$ の関係式（質量作用の法則）がある．

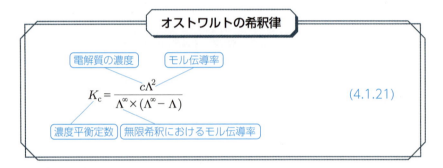

**オストワルトの希釈律**

$$K_c = \frac{c\Lambda^2}{\Lambda^\infty \times (\Lambda^\infty - \Lambda)} \tag{4.1.21}$$

（電解質の濃度／モル伝導率／濃度平衡定数／無限希釈におけるモル伝導率）

### 4.1.4 電解質の活量とイオン強度

電解質溶液中の構成イオンがもつ電荷のため，イオン間には静電的相互作用がはたらき，前項で説明したような理想溶液とは異なる挙動をとる．そのため，実際の電解質溶液ではそのずれを補償するために，濃度の代わりに**活量** (activity) が用いられる．各イオンの質量モル濃度を $m$ [mol kg$^{-1}$] とすると，陽イオンと陰イオンの活量 $a$ と**活量係数** (activity coefficient) $\gamma$ の関係は次式で定義される．

$$a_+ = \gamma_+ m_+, \quad a_- = \gamma_- m_- \tag{4.1.22}$$

電解質溶液の性質は電荷をもつイオン間の相互作用のうち，クーロン力に大きな影響を受ける．クーロン力はイオンの電荷（価数）が大きいほど，またイオン濃度が高いほど大きい．そこで，イオン間相互作用を反映する量として**イオン強度** (ionic strength) $I$ が定義される．

> **POINT**
> 活量係数 $\gamma$ は理想的には 1 になる．高濃度でない溶液中では通常は 1 より小さく，単位をもたない値である．

> **イオン強度**
>
> $$I = \frac{1}{2}\sum_i m_i \cdot z_i^2 \quad \text{あるいは} \quad I = \frac{1}{2}\sum_i c_i \cdot z_i^2 \qquad (4.1.23)$$
>
> $m_i$:質量モル濃度,$z_i$:イオンの価数,$c_i$:体積モル濃度

このイオン強度 $I$ を用いると,陽イオンと陰イオンのそれぞれのイオン活量を平均した平均イオン活量係数 $\gamma_\pm$ を推定することが可能であり,その関係式を**デバイ–ヒュッケルの極限則**(Debye-Huckel limiting law)とよぶ.

$$\log \gamma_\pm = -0.511|z_+ z_-|\sqrt{I} \qquad (4.1.24)$$

### 例題 4.5

体積モル濃度で NaCl を $0.10\ \mathrm{mol\ dm^{-3}}$,$\mathrm{Al_2(SO_4)_3}$ を $0.01\ \mathrm{mol\ dm^{-3}}$ 含む水溶液のイオン強度 $I$ を求めよ.

**解答** $\mathrm{NaCl \rightarrow Na^+ + Cl^-}$,$\mathrm{Al_2(SO_4)_3 \rightarrow 2Al^{3+} + 3SO_4^{2-}}$ であるから

$\mathrm{Na^+}$ :$c_+ = 0.10 \times 1 = 0.10$,$z_+ = 1$,$c_+ z_+^2 = 0.10$
$\mathrm{Cl^-}$ :$c_- = 0.10 \times 1 = 0.10$,$z_- = -1$,$c_- z_-^2 = 0.10$
$\mathrm{Al^{3+}}$ :$c_+ = 0.01 \times 2 = 0.02$,$z_+ = 3$,$c_+ z_+^2 = 0.18$
$\mathrm{SO_4^{2-}}$ :$c_- = 0.01 \times 3 = 0.03$,$z_- = -2$,$c_- z_-^2 = 0.12$

である.これを式 (4.1.23) に代入する.

$$\text{イオン強度 } I = \frac{0.10 + 0.10 + 0.18 + 0.12}{2} = 0.25\ \mathrm{mol\ dm^{-3}}$$

## 4.2 電池と電極電位

**KEYWORD**

電池,電極反応,起電力,電極電位,一次電池,二次電池,化学電池,物理電池,生物(バイオ)電池,ネルンスト式,イオン選択性電極,pH 測定

### 4.2.1 半電池と電極,電極反応

電気を流す物質には電子伝導体(金属,半導体などの電極となる固体など)とイオン伝導体(電解質溶液や一部の固体)がある.2 つの電極と電解液(電解質)を組み合わせて電気エネルギーを取り出すことができるものが**電池**(cell)(化学電池)である.電池の構造は次のような**電池図式**(cell diagram)で示される.

> **電池図式による電池の表し方**
>
> A｜B‖C｜D
>
> 状態の異なる 2 相の接触界面　　組成の異なる液液間の接触界面

電池の例として，ダニエル電池（**図 4.2.1**）を考えよう．これは，銅と亜鉛を電極とし，イオンが通過できる微細な孔をもつ素焼き板などで硫酸銅水溶液と硫酸亜鉛水溶液を区切った溶液を電解質とする電池である．

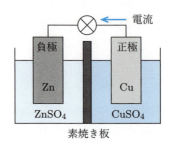

**図 4.2.1** ● ダニエル電池

電池図式で書くと，

$$Zn\,|\,ZnSO_4\,\|\,CuSO_4\,|\,Cu \tag{4.2.1}$$

である．電極間に負荷（モーター，電球など）を接続すると電流が生じ，電気的な仕事が得られる．このときのダニエル電池での電極および全体の反応は次のようになる．

負極（左側）　酸化反応：$Zn \rightarrow Zn^{2+} + 2e^-$ 　　(4.2.2)

正極（右側）　還元反応：$Cu^{2+} + 2e^- \rightarrow Cu$ 　　(4.2.3)

全反応　　：$Zn + Cu^{2+} \rightarrow Zn^{2+} + Cu$ 　　(4.2.4)

電極表面と電解質との界面で生じる酸化還元反応を，**電極反応**（electrode reaction）という．電池の電極表面での反応は電極反応であり，半電池反応ということもある．

電池の**起電力**（electromotive force）とは電池の 2 つの電極の電位差 $E\,[\mathrm{V}]$ のことであり，電池内における電極反応がすべて平衡状態を保つ状態での端子間の電圧である．電池図式の右側の電極の電位 $\Phi_R^\circ$ から左側の電極の電位 $\Phi_L^\circ$ を差し引いたもので示される．

> **電池の起電力**
>
> $$E = \Phi_R^\circ - \Phi_L^\circ \tag{4.2.5}$$
>
> 電池図式の右側の電極の電位
> 左側の電極の電位

充電可能な化学電池に,外部からその起電力よりも大きな逆方向の電圧を印加すると,それぞれの電極表面での電極反応は放電反応とは逆に進行し,電池は充電される.

電極を電解質溶液に浸漬したものを電極系または**半電池**(half cell)という.電池とは,2つの半電池を組み合わせたものである.半電池の示す電位を**電極電位**(electrode potential)という.ここでは,半電池の例として水素電極を紹介しよう.

水素電極は,水素ガスの気泡と水素イオンを含む溶液に白金電極を浸漬させた電極系である.水素ガスの圧力と水素イオンの濃度を標準状態(水素イオンの活量が $(a=1)$,水素ガスの圧力が $0.1\,\text{MPa}$)としたものを**標準水素電極**(standard hydrogen electrode)(SHE)といい(**図 4.2.2**),標準水素電極の電位 $E^\circ$ はあらゆる温度でゼロであると定義される.

> **参考**
> 半電池の示す電位の絶対値を測定することはできないため,基準となる電極の電位に対する相対値で表す.

> **参考**
> 標準水素電極は銀–塩化銀電極と同様に基準として用いられる.

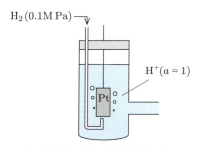

**図 4.2.2 ● 標準水素電極の模式図**

以下に,標準水素電極の電池図式と電極反応を示す.

電池図式:$\text{Pt} \mid \text{H}_2(101.325\,\text{kPa}) \mid \text{H}^+(a=1)$ (標準水素電極) (4.2.6)

電極反応:$\text{H}^+ + \text{e}^- \rightarrow \dfrac{1}{2}\text{H}_2$ (4.2.7)

ちなみに,反応に関与するすべての物質が標準状態(単位活量,標準圧力)にあるときに電池が示す起電力を,**標準起電力**(standard electromotive force)という.電池を構成する代表的な半電池の標準電極電位を**表 4.2.1**に示す.

**表 4.2.1** 水溶液中の標準電極電位 $E°$（対 SHE）（25℃）

| 電極系 | 電極反応 | $E°$ [V] | 電極系 | 電極反応 | $E°$ [V] |
|---|---|---|---|---|---|
| $Li^+|Li$ | $Li^+ + e^- \rightleftarrows Li$ | $-3.045$ | $H^+|H_2|Pt$ | $2H^+ + 2e^- \rightleftarrows H_2$ | 0.0000 |
| $K^+|K$ | $K^+ + e^- \rightleftarrows K$ | $-2.925$ | $Br^-|AgBr(s)|Ag$ | $AgBr + e^- \rightleftarrows Ag + Br^-$ | 0.0711 |
| $Ba^{2+}|Ba$ | $Ba^{2+} + 2e^- \rightleftarrows Ba$ | $-2.92$ | $Sn^{4+}, Sn^{2+}|Pt$ | $Sn^{4+} + 2e^- \rightleftarrows Sn^{2+}$ | 0.15 |
| $Ca^{2+}|Ca$ | $Ca^{2+} + 2e^- \rightleftarrows Ca$ | $-2.84$ | $Cl^-|AgCl(s)|Ag$ | $AgCl + e^- \rightleftarrows Ag + Cl^-$ | 0.2223 |
| $Na^+|Na$ | $Na^+ + e^- \rightleftarrows Na$ | $-2.714$ | $Cl^-|Hg_2Cl_2(s)|Hg$ | $Hg_2Cl_2 + 2e^- \rightleftarrows 2Hg(l) + 2Cl^-$ | 0.26816 |
| $Mg^{2+}|Mg$ | $Mg^{2+} + 2e^- \rightleftarrows Mg$ | $-2.356$ | $Cu^{2+}|Cu$ | $Cu^{2+} + 2e^- \rightleftarrows Cu$ | 0.340 |
| $Al^{3+}|Al$ | $Al^{3+} + 3e^- \rightleftarrows Al$ | $-1.676$ | $OH^-|O_2|Pt$ | $O_2 + 2H_2O + 4e^- \rightleftarrows 4OH^-$ | 0.401 |
| $Ti^{2+}|Ti$ | $Ti^{2+} + 2e^- \rightleftarrows Ti$ | $-1.63$ | $Cu^+|Cu$ | $Cu^+ + e^- \rightleftarrows Cu$ | 0.520 |
| $Mn^{2+}|Mn$ | $Mn^{2+} + 2e^- \rightleftarrows Mn$ | $-1.18$ | $I^-|I_2(s)|Pt$ | $I_2(s) + 2e^- \rightleftarrows 2I^-$ | 0.5355 |
| $Cr^{2+}|Cr$ | $Cr^{2+} + 2e^- \rightleftarrows Cr$ | $-0.90$ | $Fe^{3+}, Fe^{2+}|Pt$ | $Fe^{3+} + e^- \rightleftarrows Fe^{2+}$ | 0.771 |
| $Zn^{2+}|Zn$ | $Zn^{2+} + 2e^- \rightleftarrows Zn$ | $-0.7627$ | $Hg_2^{2+}|Hg$ | $Hg_2^{2+} + 2e^- \rightleftarrows 2Hg(l)$ | 0.7960 |
| $Fe^{2+}|Fe$ | $Fe^{2+} + 2e^- \rightleftarrows Fe$ | $-0.44$ | $Ag^+|Ag$ | $Ag^+ + e^- \rightleftarrows Ag$ | 0.7991 |
| $Cd^{2+}|Cd$ | $Cd^{2+} + 2e^- \rightleftarrows Cd$ | $-0.4025$ | $Br^-|Br_2(l)|Pt$ | $Br_2(l) + 2e^- \rightleftarrows 2Br^-$ | 1.0652 |
| $Co^{2+}|Co$ | $Co^{2+} + 2e^- \rightleftarrows Co$ | $-0.277$ | $H^+|O_2|Pt$ | $O_2 + 4H^+ + 2e^- \rightleftarrows 2H_2O$ | 1.229 |
| $Ni^{2+}|Ni$ | $Ni^{2+} + 2e^- \rightleftarrows Ni$ | $-0.257$ | $Cl^-|Cl_2(g)|Pt$ | $Cl_2(g) + 2e^- \rightleftarrows 2Cl^-$ | 1.3583 |
| $Sn^{2+}|Sn$ | $Sn^{2+} + 2e^- \rightleftarrows Sn$ | $-0.1375$ | $Mn^{3+}, Mn^{2+}|Pt$ | $Mn^{3+} + e^- \rightleftarrows Mn^{2+}$ | 1.51 |
| $Pb^{2+}|Pb$ | $Pb^{2+} + 2e^- \rightleftarrows Pb$ | $-0.1263$ | $F^-|F_2(g)|Pt$ | $F_2(g) + 2e^- \rightleftarrows 2F^-$ | 2.87 |

電気化学便覧 第5版 丸善（2000）より．

### 例題 4.6

ダニエル電池における25℃での起電力（標準起電力）を求めよ．ただし，負極の酸化反応 $Zn \rightarrow Zn^{2+} + 2e^-$ について $\Phi_L° = -0.763$ V，正極の還元反応 $Cu^{2+} + 2e^- \rightarrow Cu$ について $\Phi_R° = +0.340$ V とする．

**解答**

負極 酸化反応： $Zn \rightarrow Zn^{2+} + 2e^-$, $\Phi_L° = -0.763$ V
正極 還元反応： $Cu^{2+} + 2e^- \rightarrow Cu$, $\Phi_R° = +0.340$ V
全反応： $Zn + Cu^{2+} \rightarrow Zn^{2+} + Cu$

であるから，式 (4.2.5) に代入すると標準起電力は次のように求められる．

$$E° = \Phi_R° - \Phi_L° = (+0.340)[V] - (-0.763)[V] = +1.103 \text{ V}$$

### 4.2.2 電池の種類

電極物質（電池活物質）のもつ化学エネルギーを電気エネルギーに変換する電池を化学電池（battery）という．化学電池は一次電池（primary cell）と二次電池（secondary cell），燃料電池（fuel cell）に分類できる．

- 一次電池：放電のみ行うことが可能な使い切りの電池
  マンガン乾電池（水系），金属リチウム電池（非水系）など
- 二次電池：放電と充電が可能で，繰り返し使用できる電池
  鉛蓄電池（水系），ニッケル水素電池（水系），リチウムイオン二次電池（非水系）など

**参考**
燃料電池は一次電池と同様に充電はできないが，水素やアルコールなどの燃料と酸素を連続的に供給できるため，通常は一次電池とは別に扱われる．

一次電池と二次電池は，電解質が水溶液か非水溶液を用いるものかによっても分類できる（**表 4.2.2**）．

**表 4.2.2 ● 一次電池と二次電池の分類**

|  | 水溶液 | 非水溶液 |
|---|---|---|
| 一次電池 | マンガン乾電池<br>アルカリ乾電池 | 金属リチウム電池 |
| 二次電池 | 鉛蓄電池<br>ニッケル・カドミウム電池<br>ニッケル水素電池 | リチウムイオン二次電池 |

・燃料電池：酸素，水素，アルコールなどの電池反応する物質（電池活物質）を外部から供給しながら発電する電池（**表 4.2.3**）

**表 4.2.3 ● 燃料電池の分類**

| 形式（略記号） | 燃料 | 電解質 | 動作温度・特徴 |
|---|---|---|---|
| リン酸型 | $H_2$ | $H_3PO_4$ | 170〜200℃<br>貴金属触媒が不可欠 |
| 溶融炭酸塩型 | $H_2$, CO | $Li_2CO_3 \cdot K_2CO_3$ | 約650℃<br>貴金属触媒が不要 |
| 固体酸化物型 | $H_2$, CO | 安定化ジルコニア | 約1000℃<br>貴金属触媒が不要 |
| 固体高分子型 | $H_2$, $CH_3OH$ | 陽イオン交換膜 | 60〜100℃<br>貴金属触媒が不可欠 |

そのほか，熱や光などの物理的エネルギーを電気エネルギーに変換する電池を**物理電池**（physical battery）といい，**太陽電池**（solar cell）などがある．

太陽電池の作動原理は半導体と光の相互作用に基づいており，シリコンを用いるもの，二酸化チタンの光触媒作用（本多-藤嶋効果）と色素増感作用を組み合わせた色素増感太陽電池（DSSC）（**図 4.2.3**），DSSCから派生して発展しているペロブスカイト型太陽電池などがある．

酸素の還元反応と水素やアルコールなどの燃料の酸化反応を組み合わせて

**参考**

本多-藤嶋効果とは，酸化チタン電極に光を当てることで水が水素と酸素に分解し，電流が流れる現象．本多健一と藤嶋昭（当時東大生産技術研究所）により1967年に発見された．

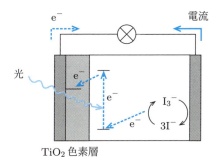

図 4.2.3 ● 色素増感太陽電池のしくみ

発電する電池のうち，酵素などの生体触媒や微生物の反応を利用して電気エネルギーを得る電池を**バイオ電池**（**生物電池**）ということがある．バイオ電池は，バイオマス燃料を利用することができ，発電による二酸化炭素の排出がなく，触媒としてレアメタルなどの希少元素が不要なため，環境負荷が小さい電池として注目されている．

biofuel cell

> **HINT**
> 電池活物質とは，反応して外部に電気エネルギーを出す物質のことである．

### 例題 4.7

亜鉛と二酸化マンガンを電池活物質として，電解液に水酸化カリウムなどのアルカリ溶液を使用する電池は一般にアルカリマンガン電池として知られている．負極と正極の反応はそれぞれ次式で示される．

負極　$Zn(s) + 2OH^- \rightarrow ZnO(s) + H_2O(l) + 2e^-$

正極　$MnO_2(s) + H_2O(l) + e^- \rightarrow MnOOH(s) + OH^-$

この電池の電池反応式を完成させよ．

**解答**　負極の反応式の両辺に正極の反応式を2倍したものを加えて，$e^-$と$OH^-$を消去する．

$$Zn(s) + H_2O(l) + 2MnO_2(s) \rightarrow ZnO(s) + 2MnOOH(s)$$

### 4.2.3 電池の熱力学

電池の放電反応で，負極での酸化反応と正極での還元反応により，$n$ [mol] の電子がそれぞれ移動する場合（反応電子数 $n$），化学エネルギー（ギブズエネルギー）の変化分 $\Delta G$ について

$$\Delta G = -nFE \tag{4.2.8}$$

が成立する．ここで，$F$ はファラデー定数（96485 C mol$^{-1}$）☞4.3節である．また，電池内部で次に示す可逆な電気化学反応

$$\nu_A A + \nu_B B \rightleftarrows \nu_C C + \nu_D D \tag{4.2.9}$$

が生じる場合，この反応の $\Delta G$ は次式で与えられる．

$$\Delta G = \Delta G° + RT \ln \frac{a_C^{\nu_C} \times a_D^{\nu_D}}{a_A^{\nu_A} \times a_B^{\nu_B}} \tag{4.2.10}$$

ここで，$a_i$ は成分 $i$ の活量，$\Delta G°$ は標準状態（各化学種の活量が1，温度25℃，圧力 101.325 kPa）におけるギブズエネルギー変化を表す．

式 (4.2.10) に式 (4.2.8) での $\Delta G = -nFE$，$\Delta G° = -nFE°$（$\Delta G°$と$E°$は標準状態での値）を代入して整理すると，電池の起電力の濃度（活量）依存性を表す重要な関係が得られる．これを**ネルンスト式**とよぶ．

Nernst equation

$$E = E° - \frac{RT}{nF} \ln \frac{a_C^{\nu_C} \times a_D^{\nu_D}}{a_A^{\nu_A} \times a_B^{\nu_B}} \tag{4.2.11}$$

式 (4.2.11) において，電流が生じない（つまり平衡状態）$E = 0$ の条件のもとでは次の関係が成り立つ．

> **電池の標準起電力と平衡定数との関係**
>
> 電池内部での可逆な電気化学反応 $\nu_A A + \nu_B B \rightleftarrows \nu_C C + \nu_D D$ に対して
>
> $$E° = \frac{RT}{nF} \ln \frac{a_C^{\nu_C} \times a_D^{\nu_D}}{a_A^{\nu_A} \times a_B^{\nu_B}} = \frac{RT}{nF} \ln K \quad (4.2.12)$$
>
> 標準起電力　化学種の活量　平衡定数

**参考**

$E°$ が小さい（負で絶対値が大きい）→電子を出しやすく，酸化されやすいことを意味する．

この関係を用いることで，電気化学測定により反応の平衡定数の決定や，反応に関与する物質の活量係数の性質などを調べることができる．

電池反応での $\Delta G$ である式 (4.2.8) を用いて，熱力学の関係からエントロピー変化 $\Delta S$ とエンタルピー変化 $\Delta H$ を求めることができる．

$$\Delta S = -\left(\frac{d\Delta G}{dT}\right)P = nF\left(\frac{dE}{dT}\right)P \quad (4.2.13)$$

$$\Delta H = \Delta G + T\Delta S = -nEF + nFT\left(\frac{dE}{dT}\right)P \quad (4.2.14)$$

ここで，$(dE/dT)P$ は起電力の温度係数とよばれる．

標準電極電位 $E°$ の値を用いると，電池反応に含まれる各化学種の活量が1である標準状態での標準起電力を求めることができる．また，ネルンスト式を用いると，各化学種の活量が1以外の場合の起電力を求めることができる．

### 例題 4.8

25℃における塩化銀の溶解度積 $K_{sp} = [Ag^+][Cl^-]$ を求めよ．ただし，

酸化反応側：$Ag \rightarrow Ag^+ + e^-$　　　$\Phi_L° = +0.7991$ V

還元反応側：$AgCl(s) + e^- \rightarrow Ag + Cl^-$，$\Phi_R° = +0.2223$ V

であるとする．

**解答**　次の電池を組み立てる．

$Ag|Ag^+, Cl^-|AgCl(s)|Ag$

それぞれの電極での電池反応は

左側　酸化反応：$Ag \rightarrow Ag^+ + e^-$，　　　$\Phi_L° = +0.7991$ V

右側　還元反応：$AgCl(s) + e^- \rightarrow Ag + Cl^-$，$\Phi_R° = +0.2223$ V

　　　全反応：$AgCl(s) \rightarrow Ag^+ + Cl^-$，　$E° = \Phi_R° - \Phi_L° = -0.5768$ V

である．この電池反応は，塩化銀の溶解反応

$AgCl(s) \rightarrow Ag^+ + Cl^-$

と等しい．$AgCl(s)$ は難容性塩であるため，この反応の平衡定数 $K$ は，AgCl の溶解度積 $K_{sp}$ と等しい．したがって，式 (4.2.12) から次のように求められる．

$$K = K_{sp} = [\text{Ag}^+][\text{Cl}^-] = \exp\left(\frac{nFE°}{RT}\right)$$

$$= \exp\left\{\frac{1 \times 96485 \times (-0.5768)}{8.314 \times 298.0}\right\}$$

$$= \exp(-22.463) = 1.756 \times 10^{-10}$$

### 例題 4.9

25℃における次の電池の起電力 $E$ を求めよ．

$$\text{Sn}|\text{Sn}^{2+}(a=0.60)\|\text{Pb}^{2+}(a=0.30)|\text{Pb}$$

ただし $a$ は活量とし，必要な標準電極電位の値は表 4.2.1 を参照すること．

**解答**　それぞれの電極での電池反応は

左側　酸化反応：$\text{Sn} \to \text{Sn}^{2+} + 2\text{e}^-$，$\Phi_L° = -0.138\,\text{V}$

右側　還元反応：$\text{Pb}^{2+} + 2\text{e}^- \to \text{Pb}$，$\Phi_R° = -0.126\,\text{V}$

　　　全反応：$\text{Sn} + \text{Pb}^{2+} \to \text{Sn}^{2+} + \text{Pb}$，$E° = \Phi_R° - \Phi_L° = +0.012\,\text{V}$

式 (4.2.11) より，次のように求められる．

$$E = E° - \frac{RT}{nF}\ln\frac{a_{\text{Sn}^{2+}} \times a_{\text{Pb}}}{a_{\text{Sn}} \times a_{\text{Pb}^{2+}}}$$

$$= 0.012\,[\text{V}] - \frac{8.31 \times 298}{2 \times 96485}\ln\frac{0.60 \times 1.0}{1.0 \times 0.30}\,[\text{V}]$$

$$= 0.0031\,\text{V} = 3.1 \times 10^{-3}\,\text{V}$$

> **参考**
> 純粋な物質の活量は，定義によって，1 に等しいと決められている．
> $a$(純物質) = 1

## 4.2.4　イオン選択性電極と pH 計

電池の起電力測定から溶液中のイオンなどを定量できる．この場合，特定のイオンに対して選択的に応答する**イオン選択性電極** (ISE) が用いられる（図 4.2.4）．ISE にはさまざまな感応膜が用いられるが，その種類からガラス電極（古くから pH 測定に利用），固体膜電極，液体膜電極などに分類される．

イオン選択性電極での起電力 $E$ は理想的にはネルンスト式に従い，次式で表される．

> **参考**
> 感応膜の 1 つである陽イオン交換膜とは，イオン交換膜のうち，陽イオンを選択的に捕捉する官能基を導入したもの．

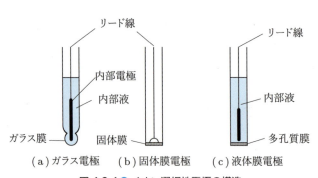

(a) ガラス電極　(b) 固体膜電極　(c) 液体膜電極

**図 4.2.4**●イオン選択性電極の構造

**イオン選択性電極の起電力**

$$E = E_i° + \frac{2.303RT}{z_i F} \log a_i \quad (4.2.15)$$

- 起電力: $E$
- 定数: $E_i°$
- イオンの価数: $z_i$
- イオンの活量: $a_i$

ここで，$E_i°$ はイオン種と電極の構成（感応膜，内部液など）により決まる定数，$z_i$ は符号を含むイオンの価数である．

式 (4.2.15) に従う電池は，25℃のとき，目的イオンの活量 $a_i$ が 10 倍変化すると，起電力 $E$ は $59.16/z_i$ [mV] 変化する．この関係を利用すると，$E$ の測定から $a_i$ を求めることができる．

### 例題 4.10

ガラス電極が接続されたある pH メーターの $E_i°$ は，25℃で 0.222 V である．ある溶液をこのガラス電極で測定したとき，起電力は 0.396 V であった．この溶液の pH を求めよ．

**解答** $H^+$ において $z_i = 1$ であり，式 (4.2.15) を用いて計算する．

$$0.396 = 0.222 + \frac{2.303 \times 8.31 \times 298}{1 \times 96485} \times \log a_{H^+}$$

$$pH = -\log a_{H^+} = -(0.396 - 0.222) \times \frac{1 \times 96485}{2.303 \times 8.31 \times 298} = 2.94$$

## 4.3 電気分解

**KEYWORD**

電気量，ファラデーの法則，工業電解，めっき

### 4.3.1 電気分解とファラデーの法則

電解質と接する 2 つの電極間に電圧や電流を加えることで，電気エネルギーにより化学反応を起こすことを**電気分解**（電解）(electrolysis) という．化学エネルギーを電気エネルギーに変換する化学電池とは逆の反応にあたる．

電気分解では，2 つの電極のうち電源の負極（−）に接続した電極を**陰極**，正極（＋）に接続した電極を**陽極**という（図 4.3.1）．一方，酸化還元反応は，電池の負極（−）と電気分解での陽極（＋）で酸化反応が起こり，電池の正極（＋）と電気分解での陰極（−）で還元反応が起こることになる．このように慣用上の用語の使用から，電極の名称については十分に注意をする必要

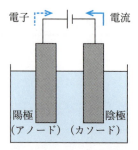

図 4.3.1 ● 電気分解の概略図

がある.

また，ファラデーの定義に基づき，酸化反応の起こる電極を**アノード**（アニオン（陰イオン）が反応する電極，の意味から），還元反応の起こる電極を**カソード**（カチオン（陽イオン）が反応する電極，の意味から）とする流儀があり，電解と電池反応の両方で同じ意味で用いることができる（**表4.3.1**）.

> **NOTE**
> 電池における正極，負極と電気分解における陽極，陰極は紛らわしいことから，電気化学の専門家は一般にアノード，カソードを用いる.

表 4.3.1 ● 電池と電気分解の電極の名称と酸化還元反応の関係

|  | 酸化反応<br>（電子を放出） | 還元反応<br>（電子を受け取る） |
| --- | --- | --- |
| 電池 | 負極 | 正極 |
| 電気分解 | 陽極 | 陰極 |
| — | アノード | カソード |

物質がもつ電荷の量を**電気量**といい，単位時間に通過する電流として定義される．1 [A]（アンペア）の電流が1秒間流れたときの電気量は1 [C]（クーロン）である．したがって一般に，電流 $i$ [A] が時間 $t$ [s] 間に流れたときの電気量 $Q$ [C] は次式で表される．

$$Q = i \times t \tag{4.3.1}$$

1833年から1834年にかけて，**ファラデーの法則**とよばれる重要な法則が発表された．その法則は次のようなものである（**図 4.3.2**）.

> **復習**
> 電極反応での電流 $I$ [A] と電荷 $Q$ [C] の関係は，電気回路のコンデンサに蓄えられる電荷 $Q$ [C] とそのとき流した電流 $I$ [A] の関係式 $Q = I \times t$ と同じである.

(i) 電流の化学的な作用，つまり電気分解で生じる物質の量は通過した電気量に厳密に比例する．

(ii) 電気分解で種々の物質を還元（または酸化）するとき，各物質の 1 mol を反応させるのに要する電気量は，そのときに移動する電子の物質量に比例する．

つまり，電極上で反応した物質の質量 $m$ [g] は，反応に関与した電子数を $z$，通過した電気量を $Q$ [C] とすると，次式のように表される．

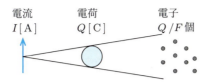

図 4.3.2 ● 電流 $I$, 電荷 $Q$ と電極反応に関与する電子との関係

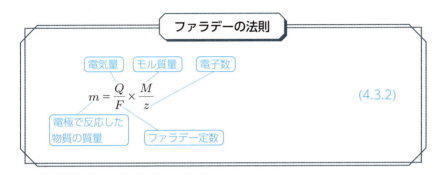

$z$ 個の電子の移動により $(1/z)$ [mol] の物質が電気分解を受けて還元（または酸化）するのに必要とされる電気量を**ファラデー定数**(Faraday constant)といい, $F$ で表す. 言い換えると, $F$ は電子 1 mol が有する電気量と等しく,

$$F = N_A \times e \approx 96485 \text{ C mol}^{-1} \tag{4.3.3}$$

で与えられる. ここで, $N_A$ はアボガドロ定数, $e = 1.6022 \times 10^{-19}$ C は電子 1 個が有する電荷量（電気素量）である.

### 例題 4.11

硫酸銅水溶液に 0.50 A の電流を 10 分間流すとき, 陰極に析出する Cu の質量を求めよ.

**解答** 陰極での反応：$Cu^{2+} + 2e^- \to Cu$

流れた電気量は

$$Q = i \times t = 0.50 \text{ [A]} \times 10 \times 60 \text{ [s]} = 300 \text{ C}$$

電解で生成した物質量は, 式 (4.3.2) より

$$\frac{m}{M} = \frac{Q}{nF} = \frac{300 \text{ [C]}}{2 \times 96485 \text{ [C mol}^{-1}]} = 1.555 \times 10^{-3} \text{ mol}$$

Cu の化学式量は 63.55 g mol$^{-1}$ より, 析出量は次のようになる.

$$1.555 \times 10^{-3} \text{ [mol]} \times 63.55 \text{ [g mol}^{-1}] = 0.099 \text{ g}$$

### 例題 4.12

硝酸銀水溶液に 2 つの電極を浸漬し, 電極間に 1.6 V の電圧を印加したところ 8.0 mA の電流が生じ, 6.0 分間の電解を行った. 陰極に析出する Ag の質量を求めよ.

**HINT**

銅および銀の析出反応は $Cu^{2+}+2e^- \rightarrow Cu$ で $z=2$, $Ag^++e^- \rightarrow Ag$ で $z=1$ と異なることに注意.

**解答** 陰極での反応：$Ag^+ + e^- \rightarrow Ag$

流れた電気量は

$$Q = i \times t = 0.008\,[A] \times 6 \times 60\,[s] = 2.88\,C$$

電解で生成した物質量は，式 (4.3.2) より

$$\frac{m}{M} = \frac{Q}{nF} = \frac{2.88\,[C]}{1 \times 96485\,[C\,mol^{-1}]} = 2.985 \times 10^{-5}\,mol$$

Ag の化学式量は $107.9\,g\,mol^{-1}$ より，析出量は次のようになる.

$$2.985 \times 10^{-5}\,[mol] \times 107.9\,[g\,mol^{-1}] = 3.2 \times 10^{-3}\,g$$

### 4.3.2 電気分解の応用

水酸化ナトリウムは工業的に重要な物質であり，塩化ナトリウム水溶液を電解することで，水酸化ナトリウムと塩素が生産されている．このとき，陰極では反応速度の関係で $Na^+$ の還元よりも $H^+$ の還元が優先的に起こる.

$$2H^+ + 2e^- \rightarrow H_2 \tag{4.3.4}$$

その結果，陰極付近では $H^+$ が消費されて $OH^-$ の濃度が高くなる．$Na^+$ と $OH^-$ の濃度が高くなった陰極付近の水溶液を濃縮することで水酸化ナトリウムが得られる.

一方，陽極では $Cl^-$ が酸化されて，塩素が発生する.

$$2Cl^- \rightarrow Cl_2 \uparrow + 2e^- \tag{4.3.5}$$

陰極付近で生成する水酸化ナトリウムと陽極で発生する塩素は反応しやすいため，陽極と陰極は陽イオン交換膜で仕切られる.

このような塩化ナトリウム水溶液の電解法（**食塩電解** chloro-alkali electrolysis）をイオン交換膜法という．工業的な電解は銅やナトリウム，アルミニウムなどの金属の製造や，水の電解による水素の製造などにも利用されている（図 4.3.3）.

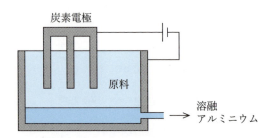

図 4.3.3 ● アルミニウム電解工業に用いられるホールエルー電解槽

電解や酸化還元反応は表面処理と密接な関係がある．溶液中の金属イオンの還元反応を利用して，物質表面に金属の薄膜を形成する方法を**めっき** plating という（図 4.3.4）.

めっきする金属を陰極として，電解質溶液中の陽イオンを電解還元して薄

**参考**

めっきは自動車の外装，回路基板などの電子部品，食器や衣類などの生活品などの幅広い分野で利用されている.

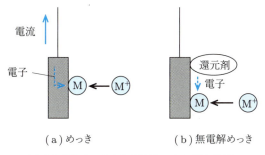

(a) めっき　　(b) 無電解めっき

**図 4.3.4 ●** めっきと無電解めっきの反応機構

膜形成を行う方法が電気めっきである．電解を行わずに，溶液中での酸化還元反応を利用して陽イオンを表面に薄膜として析出させる方法が無電解めっきであり，金属表面のみならず，プラスチックなどの非伝導性（絶縁）物質の表面にめっきをほどこすことができる．

酸化還元反応を利用した表面技術として，めっきと関連した腐食・防食に関する技術も重要である．

### 例題 4.13

$Cu^{2+}$ を含む水溶液を電解したら，4825 C の電気量で 1.589 g の銅を析出した．銅の原子量（モル質量）を求めよ．

**解答**　銅の原子量を $A\,[\text{g mol}^{-1}]$ とすると，$2\times 96485$ C で 1 mol の銅，すなわち $A$ [g] の銅を析出する．

| 電気量 | 析出する銅の質量 |
|---|---|
| $2\times 96485$ C | $A$ [g] |
| 4825 C | 1.589 [g] |

これより，次のようになる．

$$A = \frac{2\times 96485\,[\text{C mol}^{-1}] \times 1.589\,[\text{g}]}{4825\,[\text{C}]} = 63.55\ \text{g mol}^{-1}$$

## 4.4　コロイドと界面の性質

**KEYWORD**

コロイド，界面と表面，比表面積，ブラウン運動，ストークスの式

ある媒質中に粒子が分散している系を**分散系**（dispersed system）といい，その粒子を**分散質**（dispersoid），溶媒部分を**分散媒**（dispersion medium）という．1 nm から 1 μm 程度の大きさの分散質を含むものを**コロイド分散系**（colloidal dispersion），その分散質のことを**コロイド粒子**（colloidal particle）という．

コロイド分散系の分散媒，分散質として気体，液体，固体が考えられ，そ

れらの間の境界のことを**界面**(interface)という（図4.4.1）．界面には気体と気体の組合せを除き，気体/液体，気体/固体，液体/液体，液体/固体，固体/固体界面の5種類がある．一方が気体である界面のことを，とくに**表面**(surface)ということがある．

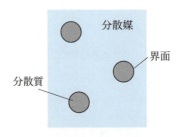

図 4.4.1 ● 分散系と界面

> **NOTE**
> 比表面積は，コロイド以外にも微粒子の表面積を示すときにもよく使われる．粒子の「単位体積あたり」ではなく，「単位質量あたり」であることに注意．

粒子の単位質量あたりの表面積を，**比表面積**(specific surface area)という．半径が $r$ [m]，密度が $\rho$ [kg m$^{-3}$] である球状粒子の比表面積 $S$ [m$^2$ kg$^{-1}$] は次式で与えられる．

$$S = \frac{3}{\rho r} \tag{4.4.1}$$

コロイド粒子とみなせるほど小さい粒子では，比表面積は非常に大きくなる．例として，脱臭剤や乾燥剤として用いられる活性炭やシリカゲルは，見かけの面積よりも比表面積がかなり大きいため，多くの物質を表面に吸着することができる．

コロイド分散系は分散媒と分散質の状態の組合せにより，表4.4.1のように分類することができる．

表 4.4.1 ● コロイド分散系の分類

| 分散媒 \ 分散質 | 気体 | 液体 | 固体 |
|---|---|---|---|
| 気体 | 存在せず | 霧<br>エアロゾル | 煙<br>エアロゾル |
| 液体 | 泡 | 牛乳<br>エマルジョン | 塗料<br>懸濁液（サスペンジョン） |
| 固体 | スポンジ | 水分を含んだ<br>シリカゲル | 着色ガラス |

> **POINT**
> ブラウン運動とは，熱運動している溶媒分子にコロイド粒子が衝突することで引き起こされる不規則な運動である．

コロイド粒子は，外界からの力と無関係な**ブラウン運動**(Brownian motion)をするという特性をもつ．またそれとともに，重力による沈降運動をする．

一定時間 $t$ [s] に粒子がブラウン運動により移動する平均距離 $x$ [m] は

$$x = \sqrt{2Dt} \tag{4.4.2}$$

で与えられる．ここで $D$ [m$^2$ s$^{-1}$] は拡散係数とよばれ，ストークス-アイ

ンシュタインの式

$$D = \frac{k_\mathrm{B} T}{6\pi\eta r} \tag{4.4.3}$$

で与えられる．$k_\mathrm{B}$ [J K$^{-1}$] はボルツマン定数，$T$ [K] は絶対温度，$\eta$ [Pa s] は分散媒の粘度，$r$ [m] は粒子半径である．

粒子の密度が分散媒の密度より大きいとき，粒子が重力の作用で沈むことを**沈降** (sedimentation) という．粒子の沈降速度 $u$ [m s$^{-1}$] は次式で示される**ストークスの式** (Stokes equation) で与えられる．

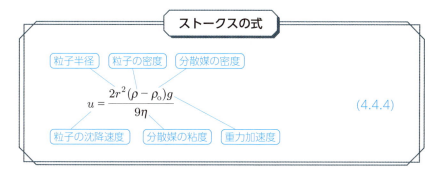

**ストークスの式**

$$u = \frac{2r^2(\rho - \rho_\mathrm{o})g}{9\eta} \tag{4.4.4}$$

（粒子半径，粒子の密度，分散媒の密度，粒子の沈降速度，分散媒の粘度，重力加速度）

ストークスの式から，粒子半径が小さくなると沈降速度も小さくなることがわかる．ただし，粒子半径がコロイド粒子程度の大きさになると，ブラウン運動により移動距離と沈降による移動距離が近づき，粒子は沈みにくくなる．

### 例題 4.14

半径が $1.0\,\mu\mathrm{m}$，密度が $3.0\times 10^3\,\mathrm{kg\,m^{-3}}$ のコロイド粒子の 27℃ における水中での沈降速度 $u$ [m s$^{-1}$] と，ブラウン運動で1秒間に移動する平均距離 $x$ [m] を計算せよ．ただし，水の粘度および密度は $8.0\times 10^{-4}\,\mathrm{Pa\,s}$，$1.0\times 10^3\,\mathrm{kg\,m^{-3}}$ コロイド粒子の拡散係数は $D = 2.7\times 10^{-13}\,\mathrm{m^2\,s^{-1}}$ とする．

**解答**　コロイド粒子の沈降速度は，ストークスの式 (4.4.4) より

$$u = \frac{2\times(1.0\times 10^{-6}\,[\mathrm{m}])^2 \times (3.0\times 10^3 - 1.0\times 10^3)\,[\mathrm{kg\,m^{-3}}] \times 9.8\,[\mathrm{m\,s^{-2}}]}{9 \times 8.0\times 10^{-4}\,[\mathrm{Pa\,s}]}$$

$$= 5.4\times 10^{-6}\,\mathrm{m\,s^{-1}}$$

となる．

次に，式 (4.4.2) からコロイド粒子がブラウン運動で1秒間に移動する距離 $x$ を求める．

$$x = \sqrt{2\times 2.7\times 10^{-13}\,[\mathrm{m^2\,s^{-1}}] \times 1\,[\mathrm{s}]} = 7.3\times 10^{-7}\,\mathrm{m}$$

これより，半径が $1.0\,\mu\mathrm{m}$ のコロイド粒子では，沈降速度がブラウン運動で移動する距離より十分大きく，粒子は徐々に沈降していくことがわかる．

## 4.5 界面現象—表面張力と毛細管現象

**KEYWORD**

表面張力，毛細管現象

一般に，液体–気体の界面や固体–気体の界面には力がはたらき，その力を**界面張力**(interfacial tension)あるいは**表面張力**(surface tension)とよぶ．雨上がりに木の葉の上についた水滴やフッ素樹脂加工されたフライパンの上の水滴に見られるように，表面張力の大きさの違いが原因で，水滴の形すなわち**濡れ性**(wettability)が変わる．

一方，液体と固体の表面張力から生じる濡れ現象は，毛細管においても見ることができる．液体の表面張力は毛細管の内壁をはい上がる力として作用し，この現象は**毛細管現象**(capillary action)とよばれる．

毛細管の内壁を液体が上昇した結果，液面が屈曲し，メニスカスとよばれる形状となる（図 4.5.1）．メニスカス直下の圧力 $P$ は液面を押す大気圧 $P_0$ よりも小さい．圧力 $P$ と大気圧 $P_0$ の圧力差が密度 $\rho$ の液体を高さ $h$ まで押し上げる力と考えると，$P = P_0 - \rho g h$ であるので，毛細管の半径を $r$ とし，表面張力 $\gamma_L$ と圧力差の関係式を用いると

$$\gamma_L = \frac{\rho g h r}{2} \tag{4.5.1}$$

の関係が得られる．この式を用いることで，毛細管現象を利用して表面張力を測定することができる．

**参考**

曲率半径 $r$ をもつ表面張力 $\gamma$ の液体がつくる気液界面に対しては，**ヤング–ラプラスの式**(Young–Laplace's equation)

$$\Delta P = \frac{2\gamma}{r}$$

が成り立つ．式 (4.5.1) の導出にはこの関係を用いた．

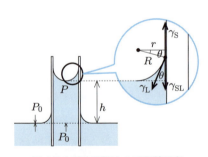

**図 4.5.1** ● 表面張力と毛細管現象

**例題 4.15**

水が内直径 1.0 mm の毛細管内で，毛細管現象により上る高さ $h$ を求めよ．ただし，水の密度 $\rho$ と表面張力 $\gamma_L$ はそれぞれ $9.98 \times 10^2$ kg m$^{-3}$，$7.27 \times 10^{-2}$ N m$^{-1}$，重力加速度は $g = 9.81$ m s$^{-2}$ とする．

**解答** 毛細管の内直径 1.0 mm より，半径は 0.50 mm = $5.0 \times 10^{-4}$ m である．

式 (4.5.1) を変形して $h = \dfrac{2\gamma_L}{\rho g r}$ とし，数値を代入して計算する．

$$h = \frac{2 \times 7.27 \times 10^{-2} \,[\text{N m}^{-1}]}{9.98 \times 10^2 \,[\text{kg m}^{-3}] \times 9.81 \,[\text{m s}^{-2}] \times 5.0 \times 10^{-4} \,[\text{m}]} = 0.0297 \text{ m} = 29.7 \text{ mm}$$

---

### Coffee Break

可視光に対して透明で，電気伝導性をもつ酸化インジウムや酸化スズなどの材料は，液晶ディスプレイや太陽電池パネルなどで身近なものとなった．透明電極として酸化スズを電気化学測定に最初に用いた（1964年）のは日系二世のアメリカ人研究者であり，オハイオ州立大学やカンザス大学などで教授を勤めたセオドア・クワナ（1931-2022）である．分光測定と電気化学を結びつけ，分光電気化学という新しい分野が生まれた．クワナは内部反射法（エバネッセント光を用いる）やタンパク質の分光電気化学などの分野を切り拓き，多くの大学院生や研究者を育成した．

## この章のまとめ

| | |
|---|---|
| モル伝導率 | $\Lambda = \dfrac{\kappa}{c}$ |
| イオン独立移動の法則 | $\Lambda^\infty = \nu_+ \lambda_+^\infty + \nu_- \lambda_-^\infty$ |
| 無限希釈におけるモルイオン伝導率とイオン移動度の関係 | $u_+^\infty = \dfrac{\lambda_+^\infty}{z^+ \times F},\quad u_-^\infty = \dfrac{\lambda_-^\infty}{z^- \times F}$ |
| オストワルトの希釈率 | $K_c = \dfrac{c\Lambda^2}{\Lambda^\infty \times (\Lambda^\infty - \Lambda)}$ |
| イオン強度 | $I = \dfrac{1}{2}\sum_i m_i \cdot z_i^2,\quad I = \dfrac{1}{2}\sum_i c_i \cdot z_i^2$ |
| 電池の起電力 | $E = \Phi_R^\circ - \Phi_L^\circ$ |
| ネルンスト式 | $E = E^\circ - \dfrac{RT}{nF} \ln \dfrac{a_C^{\nu_C} \times a_D^{\nu_D}}{a_A^{\nu_A} \times a_B^{\nu_B}}$ |
| 電池の標準起電力と平衡定数との関係 | $E^\circ = \dfrac{RT}{nF} \ln \dfrac{a_C^{\nu_C} \times a_D^{\nu_D}}{a_A^{\nu_A} \times a_B^{\nu_B}} = \dfrac{RT}{nF} \ln K$ |
| イオン選択性電極の起電力 | $E = E_i^\circ + \dfrac{2.303RT}{z_i F} \log a_i$ |
| ファラデーの法則 | $m = \dfrac{Q}{F} \times \dfrac{M}{z}$ |
| ストークスの式 | $u = \dfrac{2r^2(\rho - \rho_o)g}{9\eta}$ |
| 毛細管現象による表面張力 | $\gamma_L = \dfrac{\rho g h r}{2}$ |

## 復習総まとめ問題

**4.1** 強電解質と弱電解質との違いを，電離という用語を用いて説明せよ．また，次の物質を強電解質と弱電解質に分類せよ．

$CH_3COOH$　　$NaOH$　　$KOH$　　$H_2CO_3$　　$HCl$　　$HNO_3$
$H_2SO_4$　　$NH_3$

**4.2** 次の文章中の（1）～（4）に適切な用語を記せ．

電気を流すことができる物質には金属や半導体などの固体である（ 1 ）体と電解質溶液や固体の（ 2 ）体がある．化学電池とは，2つの（ 1 ）体である（ 3 ）と（ 2 ）体である電解質を組合せて（ 4 ）エネルギーを取り出すことができる装置のことである．一方で，電気分解（電解）とは電解質と接する2つの（ 3 ）間に電圧や電流を加えることで，（ 4 ）エネルギーにより化学反応を起こすことである．

**4.3** 次の文章中の（1）～（7）に適切な用語を記せ．

ファラデーは「アニオンが反応する電極」の意味から酸化反応の起こる電極を（ 1 ），「カチオンが反応する電極」の意味から還元反応の起こる電極を（ 2 ）と定義した．化学電池の放電では，アノードを（ 3 ）極，カソードを（ 4 ）極という．化学電池の充電は電気分解（電解）と同様の反応が起こっており，アノードを（ 5 ）極，カソードを（ 6 ）極ともいう．

標準電極電位 $E°$ の値が小さい（負で絶対値が大きい）物質は電子を（ 7 ）やすい，つまり酸化されやすいといえ，定性的には $E°$ の値の序列はイオン化列の序列と関連づけられる．

**4.4** コロイド分散系であるエアロゾル，エマルジョン，サスペンジョンを構成する分散媒と分散質は気体・液体・固体のどの状態であるかを示せ．また，次のコロイド分散系をエアロゾル，エマルジョン，サスペンジョンに分類せよ．

煙　　牛乳　　マヨネーズ　　霧　　塗料

**4.5** 25.0℃で $1.00 \times 10^{-3}$ mol dm$^{-3}$ の酢酸水溶液の電気伝導率は $4.93 \times 10^{-3}$ S m$^{-1}$ であった．また，$H^+$ および $CH_3COO^-$ の無限希釈におけるモルイオン伝導度はそれぞれ $34.98 \times 10^{-3}$ および $4.09 \times 10^{-3}$ S m$^2$ mol$^{-1}$ である．この酢酸水溶液の無限希釈モル伝導度，電離度および電離定数を求めよ．

**4.6** 温度25.0℃において，次の電池の HCl 濃度が 0.20 mol dm$^{-3}$ である

場合の起電力を求めよ．

$$\text{Pt} \mid \text{H}_2(1\text{ atm}), \text{HCl(aq)} \mid \text{AgCl} \mid \text{Ag} \mid \text{Pt}'$$

ここで，$\text{Ag} \mid \text{AgCl} \mid \text{Cl}^-(\text{aq})$ 半電池（電極系）の標準電極電位の値は 0.222 V（対 SHE），活量係数はすべて 1，気体定数が $R = 8.31 \text{ J K}^{-1} \text{ mol}^{-1}$ であるとする．

**4.7** 20.0％の塩化ナトリウム水溶液 1000 g を電解して水酸化ナトリウム 1.00 mol を得るためには，2.00 A の電流を何時間通電すればよいかを求めよ．ただし，ファラデー定数は $F = 96485 \text{ C mol}^{-1}$ とする．

## 難問にチャレンジ

**4.A** 25.0℃において，塩素 25.0 mmol を水 $1.00 \times 10^{-3} \text{ m}^3$ に溶かした溶液の伝導率は $0.680 \text{ S m}^{-1}$ であった．$\text{H}^+$ および $\text{Cl}^-$ の無限希釈におけるモルイオン伝導率を $35.0 \times 10^{-3}$ および $7.52 \times 10^{-3} \text{ S m}^2 \text{ mol}^{-1}$ として，この溶液の水素イオン濃度を求めよ．ただし，$\text{Cl}_2$ は水に溶解すると $\text{H}^+$，$\text{Cl}^-$ および HClO を生成し，また HClO の解離は無視できるものとする．

**4.B** $0.100 \times 10^{-3} \text{ mol m}^{-3}$ の酢酸に HCl ガスを溶解させると，HCl の濃度は $1.00 \times 10^{-5} \text{ mol m}^{-3}$ となった．このときの酢酸の電離度の変化を求めよ．酢酸の平衡定数を $K_c = 1.8 \times 10^{-8} \text{ mol m}^{-3}$ とし，HCl は溶液中で完全に解離しているものとする．

**4.C** 次の電池の 25℃ での起電力を求めよ．ただし気体定数は $R = 8.31 \text{ J K}^{-1} \text{ mol}^{-1}$，ファラデー定数は $F = 96485 \text{ C mol}^{-1}$ とする．
(1) $\text{Zn} \mid \text{Zn}^{2+}(1.00 \times 10^{-1} \text{ mol dm}^{-3}) \parallel \text{Cu}^{2+}(1.00 \times 10^{-3} \text{ mol dm}^{-3}) \mid \text{Cu}$
(2) $\text{Ag} \mid \text{Ag}^+(1.00 \times 10^{-1} \text{ mol dm}^{-3}) \parallel \text{Ag}^+(1.00 \text{ mol dm}^{-3}) \mid \text{Ag}$

**4.D** 電解質である硫酸の重量パーセント濃度と質量がそれぞれ 30％および 2.0 kg である鉛蓄電池を用いて水 9.0 g を電解するとき，得られた水素分子および酸素分子の物質量を求めよ．また，電解後の硫酸の重量パーセント濃度（％）を求めよ．

**4.E** 硫酸亜鉛水溶液に 2 つの白金電極を入れ，一定電流で 30 分間の電解を行ったところ，陽極から 1.0 atm, 27℃ で 61.6 dm³ の気体が発生した．一方，陰極では白金の表面に亜鉛が析出すると同時に，1.0 atm, 27℃ で 49.2 dm³ の気体が発生した．このとき，流した電流の大きさを求めよ．また，1.0 分間に陰極に析出する亜鉛の量を求めよ．ただし，気体定数は $R = 0.082 \text{ atm dm}^3 \text{ mol}^{-1} \text{ K}^{-1}$，ファラデー定数は $F = 96485 \text{ C mol}^{-1}$ とする．

# chapter 5
# 反応速度と反応機構

## 理解度チェック

- [ ] 反応速度定数と反応次数について説明できる．1次反応，2次反応，半減期について説明できる

- [ ] 反応速度の温度依存性，反応速度の温度依存性，活性化エネルギーについて説明できる

- [ ] 複雑な反応における化学種の時間変化を説明できる．定常状態近似を説明できる

- [ ] 酵素反応，固体への吸着の速度式を書くことができる

## 5.1 反応速度と反応次数，反応速度の温度依存性

**KEYWORD**

反応の進行度，反応速度式（微分系，積分系），反応速度定数，半減期，時定数，活性化エネルギー，アレニウス式

### 5.1.1 反応の進行度と反応速度

一般に，化学反応は

$$\nu_A A + \nu_B B \rightarrow \nu_C C + \nu_D D \tag{5.1.1}$$

のような形で表される．$\nu_A$, $\nu_B$, $\nu_C$, $\nu_D$ は**（化学）量論係数**（stoichiometric coefficient）とよばれる．また，この反応がどれだけ進んだかということを考察するための指標の 1 つとして，反応の進行度があげられる．ある時点で化学種 A が $n_{A0}$ [mol] 存在し，ある時間経過の後に $n_A$ [mol] に変化するとき，**反応の進行度** $\xi$（extent of reaction）を

$$\xi = \frac{n_{A0} - n_A}{\nu_A} \tag{5.1.2}$$

と定義する．この反応の進行度 $\xi$ を用いると，反応中の物質量は反応中のある物質 J に対して

$$\begin{aligned} n_J &= n_{J0} - \nu_J \times \xi \quad \text{（反応物）} \\ n_J &= n_{J0} + \nu_J \times \xi \quad \text{（生成物）} \end{aligned} \tag{5.1.3}$$

と表すことができる．

さらに，この反応の進行度 $\xi$ の時間変化を用いると，反応の進む速さ，つまり**反応速度**（rate of reaction）を表すことができる．反応速度 $v$ を，反応の進行度 $\xi$ と反応容器の体積 $V$ を用いて

$$v = \frac{1}{V} \frac{d\xi}{dt} \tag{5.1.4}$$

と定義する．

ここで，化学種 J のモル濃度 $[J] = n_J / V$ を用いると，反応進行度 $\xi$ を用いずとも反応速度を表す式をつくることができる．

**POINT**

反応の進行度 $\xi$ の単位は mol である．値は 0 から $n_{A0}$ [mol] まで変化する．

**HINT**

反応速度 $v$ に関する式 (5.1.5) は，式 (5.1.2) と式 (5.1.4) から導出できる．

・反応物の場合

$$\begin{aligned} v &= \frac{1}{V} \frac{d}{dt} \left( \frac{n_{A0} - n_A}{\nu_A} \right) \\ &= \frac{1}{\nu_A} \left( -\frac{d}{dt} \frac{n_A}{V} \right) \\ &= -\frac{1}{\nu_A} \frac{d[A]}{dt} \end{aligned}$$

・生成物の場合

$$\begin{aligned} v &= \frac{1}{V} \frac{d}{dt} \left( \frac{n_C - n_{C0}}{\nu_C} \right) \\ &= \frac{1}{\nu_C} \left( \frac{d}{dt} \frac{n_C}{V} \right) = \frac{1}{\nu_C} \frac{d[C]}{dt} \end{aligned}$$

**反応速度と濃度の関係式**

$$\begin{aligned} v &= -\frac{1}{\nu_J} \frac{d[J]}{dt} \quad \text{（反応物）} \\ v &= \frac{1}{\nu_J} \frac{d[J]}{dt} \quad \text{（生成物）} \end{aligned} \tag{5.1.5}$$

式 (5.1.5) は濃度を用いて反応速度を定義した式であり，イメージしやす

いので反応速度の定義式としてよく用いられる．

もう少し具体的な例として，式(5.1.1)の形で表される化学反応式を考えよう．この反応の場合，反応速度 $v$ は次のように書くことができる．

$$v = -\frac{1}{\nu_A}\frac{d[A]}{dt} = -\frac{1}{\nu_B}\frac{d[B]}{dt} = \frac{1}{\nu_C}\frac{d[C]}{dt} = \frac{1}{\nu_D}\frac{d[D]}{dt} \tag{5.1.6}$$

上式の $-\dfrac{1}{\nu_A}\dfrac{d[A]}{dt} = -\dfrac{1}{\nu_B}\dfrac{d[B]}{dt}$ の部分を式変形することで，Bの減少速度 $-d[B]/dt$ とAの減少速度 $-d[A]/dt$ の関係を表すこともできる．

$$\frac{d[B]}{dt} = \frac{\nu_B}{\nu_A}\frac{d[A]}{dt} \tag{5.1.7}$$

このように，反応物や生成物の減少速度および増加速度において，量論係数 $\nu_J$ が重要な役割を果たすこと，反応速度 $v$ の定義式に化学量論係数 $\nu_J$ が含まれることに注意する必要がある．

> **POINT**
> 反応速度の符号は，減少（反応式の左辺）は負，増加（反応式の右辺）は正と覚えておこう．

### 例題 5.1

反応 $2A + B \to 3C$ において，Bの濃度の減少速度が $-0.3\text{ mol dm}^{-3}\text{s}^{-1}$ であった．Aの減少速度とCの増加速度，およびこの反応の反応速度 $v$ を求めよ．

**解答** Bの減少速度は $\dfrac{d[B]}{dt} = -0.3$ であるので，式(5.1.7)に $\nu_A = 2$, $\nu_B = 1$ を代入して計算すると，Aの減少速度は

$$\frac{d[A]}{dt} = \frac{2}{1}\frac{d[B]}{dt} = 2 \times (-0.3) = -0.6\text{ mol dm}^{-3}\text{s}^{-1}$$

となる．同様に，式(5.1.6)より $\dfrac{d[C]}{dt} = -\dfrac{\nu_C}{\nu_B}\dfrac{d[B]}{dt}$ が成り立つ．この式に $\nu_B = 1$, $\nu_C = 3$ を代入すると，Cの増加速度は

$$\frac{d[C]}{dt} = -\frac{\nu_C}{\nu_B}\frac{d[B]}{dt} = -\frac{3}{1}\frac{d[B]}{dt} = -3 \times (-0.3) = 0.9\text{ mol dm}^{-3}\text{s}^{-1}$$

となる．

反応速度 $v$ は式(5.1.6)より，たとえばBの減少速度を用いると，

$$v = -\frac{1}{\nu_B}\frac{d[B]}{dt} = -\frac{1}{1}\frac{d[B]}{dt} = -1 \times (-0.3) = 0.3\text{ mol dm}^{-3}\text{s}^{-1}$$

と求められる．

> **NOTE**
> 慣例的には，濃度の増加速度も減少速度も符号はプラスで表すが，例題5.1では，解説の便宜上，増加はプラス，減少はマイナスとしている．

### 5.1.2 反応速度定数と反応次数の決定法（積分法，初速度法）

#### ◆ 反応速度式の微分系と積分系

化学種どうしの衝突によって化学反応が起こるので，その反応速度 $v$ は温度などの反応条件と，反応系を構成する化学種の濃度により変化する．反応速度 $v$ の濃度依存性は反応によってさまざまであるが，反応系の化学種の濃

> **復習**
> 温度を変えると，並進運動のマクスウェル–ボルツマン分布に従い，分子の並進速度が変わることを思い出そう．

度を [A], [B], ... とすると，前項で定義した反応速度 $v$ は一般には以下のような簡単な形で表される．

$$v = k[A]^{n_A}[B]^{n_B}\cdots \tag{5.1.8}$$

ここで，$n_A$, $n_B$ を各化学種の**反応次数**(reaction order)といい，

$$n = n_A + n_B + \cdots \tag{5.1.9}$$

を全反応次数という．また，このような反応は $n$ 次反応であるという．一般に，反応次数は実験によって求める．

また，式 (5.1.8) の比例定数 $k$ は**反応速度定数**(rate constant)であり，反応それぞれに固有の値である．$k$ は反応物の濃度 [A], [B], ... によって変化しないが，温度が変わると変化する．また，式 (5.1.8) からわかるように，左辺の単位が [濃度][時間]$^{-1}$ であるので，反応速度定数 $k$ の単位は [濃度]$^{1-n}$[時間]$^{-1}$ となる．つまり，$k$ の単位は反応次数に応じて変化する．

式 (5.1.8) は，数学的には微分方程式と見ることもできる．その意味で，式 (5.1.8) を**反応速度式の微分形**(rate equation differential form)という．逆に，微分方程式を解析的に解いて得た化学反応の反応式を，**反応速度式の積分系**(integrated equation of rate)という．代表的な反応速度式の積分系について考えてみよう．

1 次反応の場合，反応速度式の微分形は

$$-\frac{d[A]}{dt} = k[A] \tag{5.1.10}$$

で表される．この微分方程式を解くことによって得られる 1 次反応の積分系は，初期濃度を $[A]_0$ とすると，

$$\ln[A] = \ln[A]_0 - kt \tag{5.1.11}$$

さらに変形すると

$$[A] = [A]_0 e^{-kt} \tag{5.1.12}$$

となり，A の濃度が指数関数的に減少することがわかる．

代表的な反応の微分形および積分速度式を**表 5.1.1** にまとめた．表の微分形から積分形が求められるようになると便利なので，代表的な反応次数のものは覚えておこう．

**表 5.1.1** ● 反応次数と反応の微分形，積分形の関係

| 反応次数 | 微分形 | 積分形 |
|---|---|---|
| 0 次<br>A → P | $\frac{d[A]}{dt} = -k$ | $[A] = [A]_0 - kt$ |
| 1 次<br>A → P | $\frac{d[A]}{dt} = -k[A]$ | $[A] = [A]_0 e^{-kt}$ |
| 2 次<br>A → P | $\frac{d[A]}{dt} = -k[A]^2$ | $\frac{1}{[A]} - \frac{1}{[A]_0} = kt$ |
| 2 次<br>A + B → P<br>(ただし，$[A]_0 \neq [B]_0$) | $\frac{d[A]}{dt} = -k[A][B]$ | $\ln\frac{[A][B]_0}{[A]_0[B]} = k([A]_0 - [B]_0)t$ |

**HINT**

式 (5.1.10) を変数分離して積分すると，

$$\frac{d[A]}{[A]} = -k dt$$

$$\int_{[A]_0}^{[A]} \frac{1}{[A]} d[A] = -k \int_0^t dt$$

$$\ln[A] - \ln[A]_0 = -kt$$

となり，この式を整理すると式 (5.1.11) となる．

**参考**

生成物 P の時間変化は，A の濃度と P の濃度の和が一定であることより，

$$[P] = [A]_0 - [A]$$

から求められる．

### 🔷 反応次数の決定（積分法）

反応 A → P における 0 次，1 次，2 次反応における反応物 A の濃度の時間変化を図 5.1.1 に示す．表 5.1.1 の積分形の式を変形することで，濃度変化の式はそれぞれ次のように表される．

0 次反応： $\dfrac{[A]}{[A]_0} = 1 - \dfrac{k}{[A]_0} t$ 　　（傾き $-\dfrac{k}{[A]_0}$）　　(5.1.13)

1 次反応： $\ln \dfrac{[A]}{[A]_0} = -kt$ 　　（傾き $-k$）　　(5.1.14)

2 次反応： $\dfrac{[A]_0}{[A]} = [A]_0 kt + 1$ 　　（傾き $[A]_0 k$）　　(5.1.15)

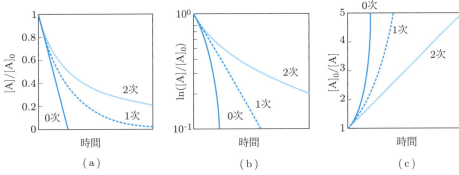

図 5.1.1 ● 各反応（A → P）の時間依存性（反応速度定数 $k$ は同じ値）

図 (a) の縦軸は濃度，図 (b) は濃度の対数，図 (c) は濃度の逆数である．それぞれのグラフにおける直線に注目することで，0 次，1 次，2 次反応を見分けることができる．

---

**反応次数と反応物の濃度の時間変化の関係**

0 次反応：濃度 $[A]/[A]_0$ の時間変化が直線
1 次反応：濃度の対数 $\ln[A]/[A]_0$ の時間変化が直線
2 次反応：濃度の逆数 $[A]_0/[A]$ の時間変化が直線

---

### 🔷 反応次数の決定（分離法，初速度法）

いままでは，1 つの反応過程のみが起こっているときの反応次数の決定法について述べた．では，複数の化学種が反応に関与している場合の反応次数はどのようにして求めるのだろうか？　その方法としては，**分離法** (isolation method) と**初速度法** (initial rate method) が知られている．

分離法とは，注目している化学種以外の濃度を大過剰にする方法である．複数の化学種からなる反応において，注目する化学種以外の濃度を大過剰にすると，注目している化学種の濃度変化に対して，それ以外の化学種の濃度はほとんど変化しないことを利用する．

たとえば，式(5.1.8) において化学種 A 以外の濃度を大過剰にすると，式(5.1.8) の $[B]^{n_B}$ 以降は一定となるので，$[A]$ 以外は定数（$k'$ とする）となり，

$$\frac{d[A]}{dt} = -k[A]^{n_A} \times k' \tag{5.1.16}$$

のように $[A]$ のみに依存する化学反応式と考えることができる．このように考えてできた反応を**擬 $n$ 次反応**(quasi-$n$-order reaction)という．この条件を用いることで，化学種 $[A]$ のみが時間とともに濃度変化するとみなし，化学種 A についての反応の初速度の解析のみで反応次数を決定することができる．

初速度とは，反応直後の反応物の濃度の時間変化における傾きのことである．反応開始直後であるので，反応生成物による副反応の影響が少ない．そこで，初速度を用いて速度解析をするのが初速度法である．

初速度法による反応次数の決定は，反応開始時の傾きから求めればよい．反応速度式が式(5.1.16) に従うのであれば，$k_{eff} = kk'$ として新たに $k_{eff}$ を導入すると，その初速度は，式(5.1.16) より

$$v_0 = k_{eff}[A]_0^{n_A} \tag{5.1.17}$$

となる．この両辺の常用対数をとることで，対数プロットの傾きから反応次数がわかる．

---

**初速度法による反応次数の決定法**

反応速度式　$v_0 = k_{eff}[A]_0^{n_A}$ のとき，両辺の常用対数をとった式

$$\log v_0 = \log k_{eff} + n_A \log[A]_0 \tag{5.1.18}$$

の切片が $\log k_{eff}$，傾きが反応次数 $n_A$ となる．

---

初濃度を変えて測定し，初速度の対数と初濃度の対数をプロットして得られた直線の傾きを求めればよい．

### 例題 5.2

ある反応の初速度 $v_0$ が,物質 J の濃度によって表 5.1.2 のように変化した.初速度法を用いてこの反応の反応次数を求めよ.

表 5.1.2

| $[J]_0\ [\times 10^{-3}\ \text{mol dm}^{-3}]$ | 5.0 | 8.2 | 17 | 30 |
|---|---|---|---|---|
| $v_0\ [\times 10^{-7}\ \text{mol dm}^{-3}\ \text{s}^{-1}]$ | 3.6 | 9.6 | 41 | 130 |

**解答** 表 5.1.2 から初速度の対数 $\log v_0$,J の初濃度の対数 $\log [J]_0$ を計算すると表 5.1.3 が得られる.

表 5.1.3

| $\log [J]_0$ | $-2.30$ | $-2.09$ | $-1.77$ | $-1.52$ |
|---|---|---|---|---|
| $\log v_0$ | $-6.44$ | $-6.02$ | $-5.39$ | $-4.89$ |

縦軸に $\log v_0$,横軸に $\log [J]_0$ をプロットすると図 5.1.2 のようになる.式 (5.1.18) で示すようにプロットの結果は直線になり,その傾きは 2.0 であるので,反応次数は $n = 2$ となる.

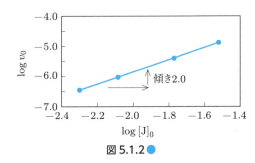

図 5.1.2

### 5.1.3 1次反応,2次反応,半減期

反応次数は微分形の反応速度式における濃度依存性(べき数)を表現したものである.多くの素反応は **1 次反応** first order reaction または **2 次反応** second-order reaction で表されることが多く,そこから得られる情報は有用なものが多い.そこで,ここでは 1 次,2 次反応に注目して説明する.

反応速度論において 1 次反応(反応式:A → P)はもっとも基本的であり,多くの化学反応に適用される.この反応速度式の微分形は

$$\frac{d[A]}{dt} = -k[A] \tag{5.1.19}$$

で表される.反応物質の濃度の大過剰条件などを適用して擬 1 次反応とすることもでき,複雑な反応でも 1 次反応として取り扱うことができる.

この反応速度式の積分形は,式 (5.1.19) を解くことで求めることができ,

$$[A] = [A]_0 e^{-kt} \tag{5.1.20}$$

**NOTE**
一般に,化学反応式は素反応が組み合わさってできたものである.そのため,反応式の係数と反応次数が一致するとはかぎらないことに注意しよう.

で表される (☞表5.1.1). 上式より，縦軸に濃度の対数をとり，横軸に時間をとることで，傾きから反応速度定数を決定することができることがわかる．

$$\ln [A] = \ln [A]_0 - kt \tag{5.1.21}$$

また，2次反応の反応速度式の微分形には2通りの表現があり，その1つめは，反応式が A + A → P で表されるように反応物が1つだけの場合である．このときの反応速度式は

$$\frac{d[A]}{dt} = -k[A]^2 \tag{5.1.22}$$

である (☞表5.1.1). 上式を解いて得た積分形の速度式は

$$\frac{1}{[A]} - \frac{1}{[A]_0} = kt \tag{5.1.23}$$

となり，縦軸に濃度の逆数をとると比例関係が得られて，その傾きから反応速度定数を得ることができる．

2つめの表現は，反応式が

$$A + B \rightarrow P \tag{5.1.24}$$

で表されるように2つの反応物で表されるような場合である．このときの反応速度式は，2種類の物質の濃度の積で表される．

$$\frac{d[A]}{dt} = \frac{d[B]}{dt} = -k[A][B] \tag{5.1.25}$$

その場合の反応速度式の積分形は

$$\ln \frac{[A][B]_0}{[A]_0[B]} = k([A]_0 - [B]_0)t \tag{5.1.26}$$

で表される (☞表5.1.1).

反応速度 $k$ の大きさの目安として，**半減期** $\tau_{1/2}$ (half-life) がある．半減期は反応物の濃度が初期濃度の半分になる時間と定義される．半減期は前項で得た各反応の速度式の積分形から求めることができる．

---

**半減期 $\tau_{1/2}$ と反応速度定数 $k$ に関する公式**

1次反応： $\tau_{1/2} = \dfrac{\ln 2}{k}$ (5.1.27)

2次反応： $\tau_{1/2} = \dfrac{1}{k[A]_0}$ (5.1.28)

（Aの初濃度）

---

半減期 $\tau_{1/2}$ は化学反応にかぎらず，量や数が減少していく現象における速さの目安としてよく用いられる．第7章で扱う放射性元素についても放射壊変が1次反応で表現されるので，半減期という用語が使われている．

1 次反応においては，反応の速さの指標として**時定数** $\tau$ が用いられることもある．反応速度定数 $k$ の逆数で定義され，次式で表される．

$$\tau = \frac{1}{k} \tag{5.1.29}$$

1 次反応における半減期 $\tau_{1/2}$ と時定数 $\tau$ には，$\tau_{1/2} = \ln 2 \times \tau$ の関係がある．半減期と時定数は異なる値であるので注意しよう．

**参考**
物質の消滅，崩壊などは 1 次反応で表されるので，時定数は寿命として使用されることもある．蛍光，りん光，化学発光の寿命にも時定数が用いられることが多い．

### 例題 5.3

ある蛍光物質の蛍光の反応速度定数が $k = 1.0 \times 10^5\,\text{s}^{-1}$ であった．蛍光の時定数 $\tau$ [s] および蛍光強度が半分になる半減期 $\tau_{1/2}$ [s] を計算せよ．

**解答** 蛍光の反応速度定数 $k$ と時定数 $\tau$ および半減期 $\tau_{1/2}$ には，

$$\tau = \frac{1}{k}, \quad \tau_{1/2} = \frac{\ln 2}{k}$$

の関係がある．これより，時定数 $\tau$ は

$$\tau = \frac{1}{1 \times 10^5\,[\text{s}^{-1}]} = 1 \times 10^{-5}\,\text{s}$$

半減期 $\tau_{1/2}$ は

$$\tau_{1/2} = \frac{\ln 2}{1 \times 10^5\,[\text{s}^{-1}]} = 6.9 \times 10^{-6}\,\text{s}$$

となる．

### 5.1.4 反応速度の温度依存性（アレニウス式）

反応速度は温度によって変化する．反応速度定数の温度依存性についてはアレニウスが

$$k = A e^{-\frac{\Delta E}{RT}} \tag{5.1.30}$$

という式を提唱した．これを**アレニウス式**という．$A$ は**頻度因子**，$\Delta E$ は**活性化エネルギー**である．

上式の両辺の対数をとると，反応速度定数の対数と温度の逆数とが 1 次関数で表されることがわかる．

$$\ln k = \ln A - \frac{\Delta E}{RT} \tag{5.1.31}$$

図 5.1.3 のように縦軸に反応速度定数 $k$ の対数，横軸に温度 $T$ の逆数をプロットすると，1 次関数の傾きから活性化エネルギー $\Delta E$ を，切片から頻度因子 $A$ を求めることができる．この図をアレニウス・プロットという．

化学反応が進行すると，反応物や生成物よりも一般にエネルギーが高い状態となり，**遷移状態**という中間状態を経由して反応が進行すると考えられている．図 5.1.4 に示すように，反応座標とエネルギーの関係に見ると上に凸となっていて，その頂点が遷移状態である．

**参考**
すべての化学反応の反応速度定数がアレニウス式に従うとはかぎらない．そのような反応は非アレニウス型反応とよばれ，触媒反応，酵素反応をはじめとして多く存在する．

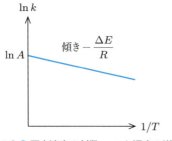
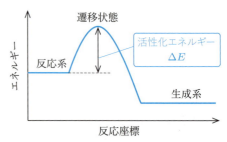

図 5.1.3 ● 反応速度の対数 $\ln k$ と温度の逆数 $1/T$ の関係（アレニウス・プロット）

図 5.1.4 ● 反応座標とエネルギーの関係

　活性化エネルギーは，図に示したように反応物の全エネルギーに対する遷移状態の全エネルギーの差，つまり反応障壁の大きさを示した値である．

**例題 5.4**

　酢酸メチルの加水分解反応の活性化エネルギーは $\Delta E = 71\ \mathrm{kJ\ mol^{-1}}$ である．温度を 20℃ から 40℃ に上げると反応速度定数 $k$ は何倍なるか予想せよ．ただし，酢酸メチルの加水分解反応の反応速度定数の温度依存性はアレニウス式に従うとする．

**解答**　酢酸メチルの加水分解反応はアレニウス式☞式(5.1.30)に従う．頻度因子を $A$ とすると，

$$k(20℃) = A e^{-\frac{71 \times 1000}{R \times (273+20)}} = 2.2 \times 10^{-13} A$$

$$k(40℃) = A e^{-\frac{71 \times 1000}{R \times (273+40)}} = 1.4 \times 10^{-12} A$$

が成り立つので，

$$\frac{k(40℃)}{k(20℃)} = \frac{1.4 \times 10^{-12} A}{2.2 \times 10^{-13} A} = 6.4\ 倍$$

となる．

## 5.2 複雑な反応の速度解析

**KEYWORD**

逐次反応，並列反応，可逆反応，定常状態近似，酵素反応，ミカエリス–メンテンの式，吸着等温式

### 5.2.1 逐次反応，並列反応，可逆反応

　ここでは複数の反応の組合せである逐次反応と並列反応，可逆反応の 3 つの反応系について反応速度の解析法について学ぼう．

**逐次反応**：化学種 A が中間体 I を生成し，生成した中間体 I がさらに生成物 P になる反応
consecutive reaction

**並列反応**：化学種 A が 2 つ以上の生成物 $P_1$，$P_2$，… を生成する反応
parallel reaction

**可逆反応**：化学種 A が生成物 B を生成するが，生成物 B の一部が再び化学種 A に戻る反応
reversible reaction

図 5.2.1 にこれらの反応系のイメージを示す．以下では，これらの反応の反応速度解析について解説する．

$$A \rightarrow I \rightarrow P \qquad A \begin{smallmatrix} \nearrow P_1 \\ \searrow P_2 \end{smallmatrix} \qquad A \rightleftarrows B$$

(a) 逐次反応　　　(b) 並列反応　　(c) 可逆反応

図 5.2.1 ● 逐次反応，並列反応，可逆反応の反応系

### 🔷 逐次反応

代表的な例としては放射壊変などがあげられる．反応式は初期物質 A，中間物質 I，生成物 P とすると，

$$A \xrightarrow{k_1} I \xrightarrow{k_2} P \tag{5.2.1}$$

であり，各物質の反応速度式の微分形は

$$\frac{d[A]}{dt} = -k_1[A], \quad \frac{d[I]}{dt} = k_1[A] - k_2[I], \quad \frac{d[P]}{dt} = k_2[I] \tag{5.2.2}$$

で表される．この式を解くと

$$[A] = [A]_0 e^{-k_1 t} \tag{5.2.3}$$

$$[I] = \frac{k_1[A]_0}{k_2 - k_1}(e^{-k_1 t} - e^{-k_2 t}) \tag{5.2.4}$$

$$[P] = [A]_0 - [A] - [I] = [A]_0 \times \left(1 - \frac{k_2 e^{-k_1 t} - k_1 e^{-k_2 t}}{k_1 - k_2}\right) \tag{5.2.5}$$

となる．

> **HINT**
> 式 (5.2.2) から式 (5.2.3) ～ (5.2.5) を導出するには，定数変化法という微分方程式の解法を用いる．

積分形の式 (5.2.3) ～ (5.2.5) を図にしたものが図 5.2.2 である．化学種

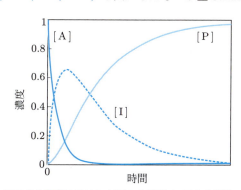

図 5.2.2 ● 逐次反応における化学種 A，反応中間体 I，生成物 P の時間変化

Aが減衰するとともに，中間体Iが生成し，中間体Iが減衰するとともに生成物Pが生成する様子がわかる．

### 並列反応

並列反応の反応式は

$$A \xrightarrow{k_1} P_1, \quad A \xrightarrow{k_2} P_2 \tag{5.2.6}$$

であり，反応速度式の微分形は

$$\frac{d[A]}{dt} = -(k_1 + k_2)[A], \quad \frac{d[P_1]}{dt} = k_1[A], \quad \frac{d[P_2]}{dt} = k_2[A] \tag{5.2.7}$$

となる．化学種Aの時間変化は，上式の第1式を解くと

$$[A] = [A]_0 e^{-(k_1+k_2)t} \tag{5.2.8}$$

となり，化学種Aの減少速度は，化学種Aから生成物$P_1$，$P_2$を生成する各反応速度の和$k_1+k_2$で決まることがわかる．またこの反応の特徴として，生成物$P_1$と$P_2$の割合を

$$\frac{[P_1]}{[P_2]} = \frac{k_1}{k_2} \tag{5.2.9}$$

のように反応速度定数の比で求めることができる．

> **HINT**
> 式 (5.2.9) は式 (5.2.8) を式 (5.2.7) に代入することで求められる．
> $$\frac{d[P_1]}{dt} = k_1[A]_0 e^{-(k_1+k_2)t}$$
> ゆえに，
> $$[P_1] = k_1[A]_0 \int_0^t e^{-(k_1+k_2)t} dt$$
> 同様にして
> $$[P_2] = k_2[A]_0 \int_0^t e^{-(k_1+k_2)t} dt$$
> よって
> $$\frac{[P_1]}{[P_2]} = \frac{k_1}{k_2}$$

### 可逆反応

反応式は

$$A \underset{k'}{\overset{k}{\rightleftarrows}} B \tag{5.2.10}$$

で表される．微分方程式は

$$\frac{d[A]}{dt} = -k[A] + k'[B], \quad \frac{d[B]}{dt} = k[A] - k'[B] \tag{5.2.11}$$

である．この式を解くと

$$[A] = \frac{\{k' + ke^{-(k+k')t}\}[A]_0}{k+k'}, \quad [B] = \frac{k\{1 - e^{-(k+k')t}\}[A]_0}{k+k'} \tag{5.2.12}$$

となる．

上式において$t \to \infty$とすると化学平衡に到達すると考えられる．**図 5.2.3** は [A] と [B] の時間変化を表したグラフである．長時間経過するとほぼ一定になり，平衡状態における濃度とみなすことができる．

化学種Aと化学種Bの平衡時の各濃度 $[A]_{eq}$, $[B]_{eq}$ は式 (5.2.12) で $t \to \infty$を用いると

$$[A]_{eq} = \frac{[A]_0 k'}{k+k'}, \quad [B]_{eq} = \frac{[A]_0 k}{k+k'} \tag{5.2.13}$$

と表される．平衡定数$K$は各平衡濃度と$K = [B]_{eq}/[A]_{eq}$の関係があるので，

$$K = \frac{[B]_{eq}}{[A]_{eq}} = \frac{k}{k'} \tag{5.2.14}$$

> **HINT**
> 式 (5.2.11) から式 (5.2.12) を導出するには，定数変化法を用いる．

> **参考**
> 式 (5.2.14) は，式 (5.2.11) に平衡時の条件 $\frac{d[A]}{dt} = \frac{d[B]}{dt} = 0$ を用いることで得られる $-k[A]_{eq} + k'[B]_{eq} = 0$ を使っても導出できる．
> 式 (5.2.14) を変形すると $k[A]_{eq} = k'[B]_{eq}$ となり，これは平衡状態では正反応と逆反応の速度が等しいことを示している．

> **NOTE**
> 式 (5.2.14) と，第3章の標準ギブズエネルギー変化$\Delta G$と平衡定数$K$の関係式 (3.1.16) を組み合わせると，可逆反応の正反応速度$k$と逆反応$k'$から，反応の標準ギブズエネルギー変化$\Delta G$を求める式が得られる．
> $$\frac{k}{k'} = \exp\left(\frac{-\Delta G}{RT}\right)$$
> 式 (3.1.16) および式 (3.1.17) とともに，よく使われる式である．

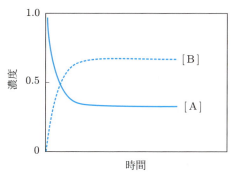

**図5.2.3** ● 可逆反応における化学種A，生成物Bの濃度の時間変化

が成り立つ．これは可逆反応の反応速度定数の比と平衡定数$K$の関係を表す重要な式である．

以上で説明した3つの反応についてまとめておく．

---
**逐次反応，並列反応，可逆反応のまとめ**

逐次反応：A → I → P

　　化学種Aが増加し，中間体Iが増加．
　　中間体Iの減少とともに生成物Pが増加

並列反応：A $\xrightarrow{k_1}$ P$_1$，A $\xrightarrow{k_2}$ P$_2$

　　化学種Aの減少速度　$k_1 + k_2$

　　生成物P$_1$とP$_2$の割合　$\dfrac{[\mathrm{P_1}]}{[\mathrm{P_2}]} = \dfrac{k_1}{k_2}$

可逆反応：A $\xrightarrow{k}$ B，B $\xrightarrow{k'}$ A

　　平衡定数　$K = \dfrac{[\mathrm{B}]_\mathrm{eq}}{[\mathrm{A}]_\mathrm{eq}} = \dfrac{k}{k'}$

---

**例題 5.5**

AとBの間の異性化反応（A ⇌ B）は，正逆反応ともに1次反応である．20℃においてAの異性化反応を追跡したところ（$t=0$では[B]=0），平衡時にはAの64.3%がBに変化していた．A → Bの反応速度定数を$k$，B → Aの反応速度定数を$k'$として，この正逆反応の反応速度定数の比$k/k'$を計算せよ．

**解答**　Bの平衡値は64.3%なので，Aの平衡値は$100 - 64.3 = 35.7$%となる．式(5.2.14)より，正逆反応の反応速度定数の比は平衡定数と等しくなるので，

$$\frac{k}{k'} = K = \frac{[\mathrm{B}]_\mathrm{eq}}{[\mathrm{A}]_\mathrm{eq}} = \frac{0.643}{0.357} = 1.80$$

と求められる．

### 例題 5.6

図 5.2.4 に示す並列反応について，A → B，A → C，A → D の反応速度定数をそれぞれ $k_1 = 2.0 \times 10^3 \text{ s}^{-1}$，$k_2 = 3.0 \times 10^3 \text{ s}^{-1}$，$k_3 = 5.0 \times 10^3 \text{ s}^{-1}$ とするとき，B，C，D の最終的な生成比（B : C : D）を求めよ．

図 5.2.4

**解答** 生成物 B，C，D の生成比は反応速度定数の比になるので，

$$\text{B : C : D} = 2.0 \times 10^3 \text{ s}^{-1} : 3.0 \times 10^3 \text{ s}^{-1} : 5.0 \times 10^3 \text{ s}^{-1}$$
$$= 2.0 : 3.0 : 5.0$$

と求められる．

### 5.2.2 反応機構 1 ― 定常状態近似と前駆平衡

逐次反応と可逆反応を組み合わせた次の反応について考えていこう．

$$\text{A} + \text{B} \rightleftarrows \text{I} \rightarrow \text{P} \tag{5.2.15}$$

この反応における化学種の時間変化は次の 4 つの反応速度式で表される．

1. 中間体 I の生成（A の減少）：A + B → I，反応速度定数 $k_1$

$$\frac{d[\text{I}]}{dt} = k_1[\text{A}][\text{B}] \tag{5.2.16}$$

2. 中間体 I の消滅（1. の逆反応）：I → A + B，反応速度定数 $k_1'$

$$\frac{d[\text{I}]}{dt} = -k_1'[\text{I}] \tag{5.2.17}$$

3. 中間体 I の消滅（生成物 P の生成）：I → P，反応速度定数 $k_2$

$$\frac{d[\text{I}]}{dt} = -k_2[\text{I}] \tag{5.2.18}$$

4. 生成物 P の生成（3. と同じ）：I → P，反応速度定数 $k_2$

$$\frac{d[\text{P}]}{dt} = k_2[\text{I}] \tag{5.2.19}$$

これらを踏まえると，中間状態 I の生成と消滅を合わせて考慮した微分形の反応速度式は次のように書ける．

$$\frac{d[\text{I}]}{dt} = k_1[\text{A}][\text{B}] - k_1'[\text{I}] - k_2[\text{I}] \tag{5.2.20}$$

ここで，**定常状態近似** (steady-state approximation) を適用しよう．定常状態近似とは，中間体の反応速度（すなわち上式）は 0 になるというものである．

> **定常状態近似**
>
> $$\frac{d[I]}{dt} = 0 \quad (5.2.21)$$
>
> 反応中間体 I の濃度の時間変化

**NOTE**
定常状態近似においては，反応中間体の濃度は一定であるが，0 ではないことに注意．

式 (5.2.20) に定常状態近似を適用し，$\frac{d[I]}{dt} = 0$ とおくと，中間体の濃度 $[I]$ は

$$[I] = \frac{k_1[A][B]}{k_1' + k_2} \quad (5.2.22)$$

となる．これを生成物の反応速度式 (5.2.19) に代入すると

$$\frac{d[P]}{dt} = \frac{k_1 k_2 [A][B]}{k_1' + k_2} \quad (5.2.23)$$

が得られる．

ここで，反応速度式が

$$\frac{d[P]}{dt} = k[A][B] \quad (5.2.24)$$

のような形で書けるとすると，式 (5.2.23) と式 (5.2.24) の比較により

$$k = \frac{k_2 k_1}{k_1' + k_2} \quad (5.2.25)$$

となる．もし，中間体 I が生成物 P になる反応速度定数 $k_2$ よりも A と B に戻る反応の反応速度定数 $k_1'$ が十分大きい場合（$k_1' \gg k_2$）は，分母の $k_1' + k_2$ を $k_1'$ と置き換えることができるので，上式は

$$k = \frac{k_2 k_1}{k_1'} \quad (5.2.26)$$

となり，$A + B \rightleftarrows I$ の可逆反応の平衡定数が $K_{eq} = k_1/k_1'$ で与えられることを用いると，

$$k = k_2 \times K_{eq} \quad (5.2.27)$$

と書くことができる．

この反応速度式の形から，この複合反応系においては，$A + B \rightleftarrows I$ の可逆反応が平衡定数 $K_{eq}$ に基づく平衡を保ったまま，反応速度定数 $k_2$ で反応中間体 I から生成物 P になる反応であることがわかる．このような反応を**前駆平衡反応** pre-equilibrium reaction とよぶ．

### 例題 5.7

反応 $2NO + O_2 \rightarrow 2NO_2$ が中間状態 $N_2O_2$ を経由して成立する以下の反応機構

$NO + NO \rightarrow N_2O_2$（反応速度定数 $k_1$）

$N_2O_2 \rightarrow NO + NO$（分解反応，反応速度定数 $k_1'$）

$N_2O_2 + O_2 \rightarrow 2NO_2$（反応速度定数 $k_2$）

を仮定する．このとき，$k_1' \gg k_2[O_2]$ の条件において，$NO_2$ の生成速度 $\dfrac{d[N_2O_2]}{dt}$ が反応速度式 $k[NO]^2[O_2]$ で説明できることを定常状態近似を用いて説明せよ．

**解答** 中間状態 $N_2O_2$ の正味の生成速度は反応機構の第 1，2 式から

$$\frac{d[N_2O_2]}{dt} = k_1[NO]^2 - k_1'[N_2O_2] - k_2[O_2][N_2O_2]$$

となり，定常状態近似を適用すると，$\dfrac{d[N_2O_2]}{dt} = 0$ より中間体の濃度

$$[N_2O_2] = \frac{k_1[NO]^2}{k_1' + k_2[O_2]}$$

を得る．$NO_2$ の生成速度 $d[NO_2]/dt = k_2[O_2][N_2O_2]$ に上記の中間体濃度を代入すると

$$\frac{d[NO_2]}{dt} = \frac{k_2 k_1 [NO]^2 [O_2]}{k_1' + k_2[O_2]}$$

となるので，$k_1' \gg k_2[O_2]$ とすると

$$\frac{d[NO_2]}{dt} = \frac{k_2 k_1}{k_1'}[NO]^2[O_2]$$

となる．$k_2 k_1 / k_1' = k$ とおくと，NO 濃度の 2 次反応，$O_2$ 濃度の 1 次反応となり，例題に与えられた反応速度式と同じになる．

---

### 5.2.3 反応機構 2：酵素反応—ミカエリス–メンテンの式

化学反応に触媒を作用させると反応速度が大きくなる．生物反応である**酵素**も触媒の一種である．**酵素**(E)と**基質**(S)が結合して酵素基質複合体(ES)を形成し，その複合体が反応生成物にいたるが，酵素は特定の基質としか結合しないので反応には関与せず，触媒と同じような作用をする．**酵素反応**の反応速度式としては，**ミカエリス–メンテンの式**が代表的である．

酵素と基質による以下の化学反応を考えよう．

$$E + S \rightleftarrows ES \rightarrow P + E \tag{5.2.28}$$

この反応についても前項と同じく，4 つの反応を考慮した反応速度式を導出できる．

1. 酵素と基質が結合して複合体 ES を形成：E + S → ES，反応速度定数 $k_1$

$$\frac{d[ES]}{dt} = k_1[E][S] \tag{5.2.29}$$

2. 複合体 ES の解離（1. の逆反応）：ES → E + S，反応速度定数 $k_1'$

$$\frac{d[ES]}{dt} = -k_1'[ES] \tag{5.2.30}$$

3. 複合体 ES の生成物 P，E への変換：ES → P + E，反応速度定数 $k_2$

$$\frac{d[ES]}{dt} = -k_2[ES] \tag{5.2.31}$$

4. 生成物 P，E の生成（3. と同じ）：ES → P + E，反応速度定数 $k_2$

$$\frac{d[P]}{dt} = k_2[ES] \tag{5.2.32}$$

> **POINT**
> 反応の名称は違うかもしれないが内容は前項とほぼ同じである．

複合体 ES の生成と消滅を合わせて考慮した速度式は，式 (5.2.29) ～ (5.2.31) より

$$\frac{d[ES]}{dt} = k_1[E][S] - k_1'[ES] - k_2[ES] \tag{5.2.33}$$

であるので，前項同様に，複合体 ES に対して定常状態近似 $d[ES]/dt = 0$ を適用すると，その濃度は

$$[ES] = \frac{k_1[E][S]}{k_1' + k_2} \tag{5.2.34}$$

で表される．さらに，酵素の初期濃度 $[E]_0$ を導入し，$[E]_0 = [ES] + [E]$ の関係を用いると，$[E] = [E]_0 - [ES]$ より，

$$[ES] = \frac{k_1([E]_0 - [ES])[S]}{k_1' + k_2} \tag{5.2.35}$$

となるので，[ES] について整理し直すと

$$[ES] = \frac{k_1[E]_0[S]}{k_1' + k_2 + k_1[S]} \tag{5.2.36}$$

となる．この式に**ミカエリス定数** (Michaelis constant)

$$K_M = \frac{k_1' + k_2}{k_1} \tag{5.2.37}$$

を導入して整理すると，

$$[ES] = \frac{[E]_0[S]}{K_M + [S]} \tag{5.2.38}$$

となる．生成物 P の生成速度は式 (5.2.32) で与えられるので，式 (5.2.38) における [ES] を代入することで，

$$\frac{d[P]}{dt} = \frac{k_2[S]}{K_M + [S]}[E]_0 \tag{5.2.39}$$

を得る．

ここで，式 (5.3.39) において，[S]≪$K_M$ のときには分母を $K_M$ と近似できるので，

$$\frac{d[P]}{dt} = \frac{k_2[S][E]_0}{K_M} \tag{5.2.40}$$

となり，生成物 P の生成速度は基質濃度 [S] に比例する．一方，[S]≫$K_M$ のときには，式 (5.2.39) の分母が [S] と近似できるので，

$$\frac{d[P]}{dt} = k_2[E]_0 \tag{5.2.41}$$

となり，生成物 P の生成速度は基質濃度 [S] に関係なく，一定となる．この式 (5.2.41) の $k_2[E]_0$ は生成物 P の生成の最大速度である．つまり，生成物 P の生成速度の最大速度 $V_{max}$ は，

$$V_{max} = k_2[E]_0 \tag{5.2.42}$$

と表すことができる．式 (5.2.42) を式 (5.2.39) に代入して得られるのが次のミカエリス-メンテンの式である．

$$\frac{d[P]}{dt} = \frac{V_{max}[S]}{K_M + [S]} \tag{5.2.43}$$

ここで，反応開始直後の生成物 P の生成速度 d[P]/dt を $v_0$ とすると，この初期生成速度 $v_0$ においても式 (5.2.39) が成り立つので，$v_0 = \frac{k_2[S]}{K_M + [S]}[E]_0$ が成り立つ．そこで式 (5.2.42) を代入し，

$$v_0 = \frac{V_{max}[S]}{K_M + [S]} \tag{5.2.44}$$

> **参考**
> 式 (5.2.44) で，初期生成速度が最大生成速度の半分（$v_0 = V_{max}/2$）のとき，基質濃度 [S] はミカエリス定数 $K_M$ と等しくなる．

この両辺の逆数をとって整理すると

$$\frac{1}{v_0} = \frac{1}{V_{max}} + \frac{K_M}{V_{max}}\frac{1}{[S]} \tag{5.2.45}$$

を得るので，縦軸 $1/v_0$，横軸 $1/[S]$ のグラフを描くと，その切片が $1/V_{max}$，傾きが $K_M/V_{max}$ であることがわかる．あるいは，$\frac{1}{v_0} = 0$ のとき $\frac{1}{[S]} = -\frac{1}{K_M}$，$\frac{1}{[S]} = 0$ のとき $\frac{1}{v_0} = \frac{1}{V_{max}}$ であることを使って，横軸，縦軸の切片からミカエリス定数 $K_M$ と生成の最大速度 $V_{max}$ を求めることもできる．この方法は **ラインウィーバー–バーク・プロット**（Lineweaver-Burk plot）とよばれ，酵素反応の解析法として知られている．

> **POINT**
> ラインウィーバー–バーク・プロットをして，切片からミカエリス定数 $K_M$ と最大速度 $V_{max}$ を求める方法は簡便で便利なので，覚えておくとよい．

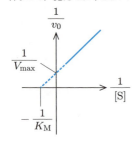

**例題 5.8**

ミカエリス-メンテン機構に従うある酵素反応に関して，基質濃度 [S] を 1.00, 3.00, 5.00, 12.0 mmol dm$^{-3}$ としたときの初期反応速度 $v_0$ を測定したところ，それぞれ 5.00, 10.0, 12.5, 16.0 mmol dm$^{-3}$ s$^{-1}$ であった．これらの結果を用いて，ミカエリス定数 $K_M$ と最大の反応速度 $V_{max}$ を求めよ．

**解答** 縦軸 $1/v_0$, 横軸 $1/[\mathrm{S}]$ としてラインウィーバー–バーク・プロットを行うと図 5.2.5 のようになり, 得られた直線式は以下のようになる.

$$y = 0.15x + 50.0$$

これより, 縦軸との切片は 50, 横軸との切片は $-1000/3$ なので,

$$K_\mathrm{M} = -\frac{1}{-1000/3} = 0.003~\mathrm{mol~dm^{-3}},$$

$$V_\mathrm{max} = \frac{1}{50} = 0.02~\mathrm{mol~dm^{-3}~s^{-1}} = 20.0~\mathrm{mmol~dm^{-3}~s^{-1}}$$

を得る.

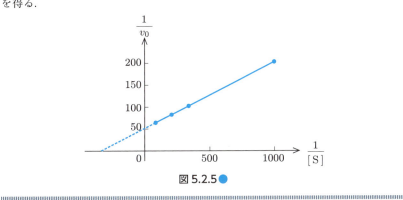

図 5.2.5

### 例題 5.9

ある酵素のミカエリス定数が $K_\mathrm{M} = 5.0~\mathrm{mmol~dm^{-3}}$ であった. このとき, 反応開始直後の生成速度 $v_0$ が最大反応速度 $V_\mathrm{max}$ の 90% となるための基質濃度 $[\mathrm{S}]$ の値を求めよ. ただし, この酵素の反応はミカエリス–メンテン機構に従うとする.

**解答** $v_0 = 0.9\,V_\mathrm{max}$ であるので, 式 (5.2.44) より

$$0.9 V_\mathrm{max} = \frac{V_\mathrm{max}[\mathrm{S}]}{K_\mathrm{M} + [\mathrm{S}]}$$

である. この式に $K_\mathrm{M} = 5.0~\mathrm{mmol~dm^{-3}}$ を代入する.

$$0.9 = \frac{[\mathrm{S}]}{5.0 + [\mathrm{S}]}$$

上式を解くと, 基質濃度 $[\mathrm{S}] = 45~\mathrm{mmol~dm^{-3}}$ となる.

### 5.2.4 固体表面の吸着の速度論—ラングミュアの吸着等温式

**触媒** (catalyst) は化学平衡を変化させず, 反応速度のみを増加させる. 触媒が固体であるとき, その表面に反応物が**吸着** (adsorption) することによって反応が促進されるため, 反応物の吸着により活性化エネルギーが低下し, 反応速度が増加することがその理由と考えられている.

ここでは, 表面への反応物の吸着過程の速度式について考えてみよう. 表面が吸着質で覆われている度合いを**被覆率** (fractional coverage) $\theta$ で表す.

$$\theta = \frac{\text{占有されている吸着サイトの総数}}{\text{吸着サイトの総数}} \tag{5.2.46}$$

物理吸着は弱い結合であるので，吸着・脱離を繰り返す，いわゆる吸着平衡の状態になる．この吸着平衡状態に対して，ラングミュアが考えたのが吸着等温式である．以下の3つの仮定が条件となる．

1. 吸着は，単分子層を越えて進行することはない．
2. すべての吸着サイトは等価である．
3. 吸着分子間の相互作用は無視する．したがって，吸着能は近接する分子の有無によらないと考えることができる．

この仮定をもとに，次の単原子分子Aと表面原子Sとの吸着平衡

$$\text{A(g)} + \text{S(s)} \underset{k_d}{\overset{k_a}{\rightleftarrows}} \text{AS(s)} \tag{5.2.47}$$

を考えよう．ここで，$k_a$ は吸着の反応速度定数，$k_d$ は脱離の反応速度定数，$N$ は吸着サイトの総数，$\theta_A$ はAの被覆率とする．

吸着速度は，吸着の反応速度定数 $k_a$，気体Aの数密度 [A]，表面の吸着できる空きのサイトの数 $N\times(1-\theta_A)$ の積であるので，

$$k_a \times [\text{A}] \times N \times (1-\theta_A) \tag{5.2.48}$$

となる．一方，脱離速度は脱離の反応速度定数 $k_d$ と吸着しているサイトの数 $N\times\theta_A$ の積となるので，

$$k_d \times N \times \theta_A \tag{5.2.49}$$

となる．吸着平衡においては，吸着速度と脱離速度が等しいのが平衡状態であるので，

$$k_a \times [\text{A}] \times N \times (1-\theta_A) = k_d \times N \times \theta_A \tag{5.2.50}$$

が成立し，この式を $K_{\text{ads}} = k_a/k_d$ を用いて整理すると

$$\theta_A = \frac{K_{\text{ads}}[\text{A}]}{1+K_{\text{ads}}[\text{A}]} \tag{5.2.51}$$

となる．これが一番単純な**ラングミュアの吸着等温式**（Langmuir's adsorption isotherm）である．ここで，$K_{\text{ads}}$ は吸脱着の反応速度定数の比であるので，吸着平衡定数とよばれる．

> **NOTE**
> $N(1-\theta)$ が吸着していないサイトの数，$N\theta$ が吸着しているサイトの数である．

> **参考**
> ある温度で吸着平衡状態にある溶質濃度と吸着量の関係を表したものを吸着等温線といい，その式を吸着等温式とよぶ．吸着等温式には，ラングミュアの吸着等温式以外では，BET吸着等温式，フロインドリッヒの吸着等温式が有名である．

### 例題 5.10

表面への吸着の反応速度定数 $k_a$ と脱離の反応速度定数 $k_d$ の比が $K_{\text{ads}} = k_a/k_d = 1.0\times10^{-18}\,\text{m}^3$ であった．表面の吸着がラングミュアの吸着等温式（式(5.2.51)）に従うとして，吸着平衡後の気相中の気体Aの数密度が [A] $= 2.4\times10^{17}$ 個 $\text{m}^{-3}$ のときの表面のAの被覆率 $\theta_A$ を求めよ．

**解答** 吸着等温式において，気体Aの数密度 [A] $= 2.4\times10^{17}$ 個 $\text{m}^{-3}$，および吸着平衡定数 $K_{\text{ads}} = k_a/k_d = 1.0\times10^{-18}\,\text{m}^3$ を代入する．

$$\theta_A = \frac{1.0\times10^{-18}\,[\text{m}^3]\times2.4\times10^{17}\,[\text{m}^{-3}]}{1+1.0\times10^{-18}\,[\text{m}^3]\times2.4\times10^{17}\,[\text{m}^{-3}]} = 0.19$$

## この章のまとめ

| | |
|---|---|
| 反応速度の定義 | 反応物　$v = -\dfrac{1}{\nu_J}\dfrac{d[J]}{dt}$<br>生成物　$v = \dfrac{1}{\nu_J}\dfrac{d[J]}{dt}$ |
| 反応速度式（微分形） | $\dfrac{d[A]}{dt} = -k[A]^{n_A}[B]^{n_B}\cdots$<br>$k$：反応速度定数，$n_A, n_B$：反応次数 |
| 1 次反応の半減期 | $\tau_{1/2} = \dfrac{\ln 2}{k}$ |
| 1 次反応の時定数 | $\tau = \dfrac{1}{k}$ |
| アレニウス式 | $k = A e^{-\frac{\Delta E}{RT}}$ |
| 可逆反応の平衡定数と反応速度定数の関係 | $K = \dfrac{[B]_{eq}}{[A]_{eq}} = \dfrac{k}{k'}$ |
| 定常状態近似 | $\dfrac{d[I]}{dt} = 0$ |
| ミカエリス–メンテンの式 | $\dfrac{d[P]}{dt} = \dfrac{V_{max}[S]}{K_M + [S]}$ |
| ラングミュアの吸着等温式 | $\theta_A = \dfrac{K_{ads}[A]}{1 + K_{ads}[A]}$ |

 Coffee Break

　フロンによるオゾン層破壊は，大気中のフロンが紫外線によって光解離して塩素原子を生成し，その塩素原子がオゾンを分解する．この分解反応で塩素原子は一酸化塩素になるが，酸素原子と反応して塩素原子を再生し，さらにオゾンを分解するというものである．このように微量の化学種が反応を繰り返し，反応性の高い化学種がネズミ算的に増加，爆発的な変化を起こすものを連鎖反応という．水素に火を付けると起こる爆発は，この連鎖反応が原因である．

　ほかにも，振動反応というのがある．振動反応は反応が何度も繰り返されることで溶液に不思議な模様が時間とともに現れたり消えたりする反応で，複数の化学反応の組合せにより反応物と生成物が消滅と生成を繰り返すことで起こる．

**振動反応でできる反応の模様**
Belousov Zhabotinsky reaction by Michael Rogers, CC BY 2.0

## 復習総まとめ問題

**5.1** 反応速度の濃度依存性に関する以下の問いに答えよ.

(1) A + B → C の反応について，反応物の初濃度と初速度の関係を**問表5.1** に示している．この反応の A および B に関する反応次数を求めよ．

**問表 5.1**

| $[A] [\mathrm{mol\,dm^{-3}}]$ | $[B] [\mathrm{mol\,dm^{-3}}]$ | $v\,[\mathrm{mol\,dm^{-3}\,s^{-1}}]$ |
|---|---|---|
| $1.5 \times 10^{-2}$ | $2.0 \times 10^{-2}$ | $1.2 \times 10^{-6}$ |
| $1.5 \times 10^{-2}$ | $4.0 \times 10^{-2}$ | $2.4 \times 10^{-6}$ |
| $1.5 \times 10^{-2}$ | $8.0 \times 10^{-2}$ | $4.8 \times 10^{-6}$ |
| $3.0 \times 10^{-2}$ | $4.0 \times 10^{-2}$ | $9.6 \times 10^{-6}$ |
| $7.5 \times 10^{-2}$ | $2.0 \times 10^{-2}$ | $3.0 \times 10^{-5}$ |

(2) 化合物 A, B, C はそれぞれ 0 次反応，1 次反応，2 次反応で進行し，いずれの化合物も半減期が 6 分であった．これらの化合物の初濃度が 2 倍になったとき，各化合物の半減期はそれぞれ何分になるか．

**5.2** ある反応の反応速度定数が 500 K で $0.400\,\mathrm{s}^{-1}$，1200 K で $5.00\,\mathrm{s}^{-1}$ であった．反応速度定数の温度依存性がアレニウスの式に従うとして，この反応の活性化エネルギーと頻度因子を求めよ．ただし，気体定数 $R = 8.31\,\mathrm{J\,K^{-1}\,mol^{-1}}$ とする．

**5.3** 以下の素反応において，A についての反応速度式を示し，その積分型を求めよ．

(1) A → B （反応速度定数 $k$, 初期濃度 $[A]_0$）

(2) A + B → C （反応速度定数 $k$, A の初期濃度 $[A]_0$, B の初期濃度 $[B]_0$, ただし $[B]_0 \gg [A]_0$ とする）

**5.4** 逐次反応 A → B → C に関する次の問いに答えよ．ただし，A → B の反応速度定数を $k_1$, B → C の反応速度定数を $k_2$, 初期濃度 $[A]_0$, $[B]_0 = [C]_0 = 0$ とする．

(1) A, B, C の反応速度式の微分形を記せ．

(2) 問(1) の速度式から A の濃度の時間依存性を表す式（積分形）を求めよ．

(3) 逐次反応における B の濃度の時間依存性は次式で与えられる．

$$[B] = \frac{k_1 [A]_0}{k_2 - k_1}(e^{-k_1 t} - e^{-k_2 t})$$

B の濃度の最大値を与える時間を $k_1$, $k_2$ で表せ．ただし，$k_1 > k_2$ とする．

5.5 $A + A \rightleftarrows A + A^*$ および $A^* \rightarrow P$ の一連の反応について，$k_1'[A] \gg k_2$ が成り立つとき，P の生成速度 $\dfrac{d[P]}{dt}$ が A の 1 次反応の速度式で表されることを示したい．

(1) $A + A \rightarrow A + A^*$ の反応速度定数を $k_1$，$A + A \leftarrow A + A^*$ の反応速度定数を $k_1'$，$A^* \rightarrow P$ の反応速度定数を $k_2$ として，$A^*$ についての速度式を書け．

(2) $A^*$ について定常状態近似が成り立つとして，$A^*$ の濃度を求めよ．

(3) P の生成速度 $\dfrac{d[P]}{dt}$ を $A^*$ の濃度を用いて表せ．また，問(2)の定常状態近似で求めた $A^*$ の濃度を代入するとどうなるか．

(4) $k_1'[A] \gg k_2$ が成り立つとき，P の生成速度が A の濃度の 1 次反応で表されることを示せ．

5.6 酵素触媒の反応について，( 1 )～( 5 )に適切な言葉，数字，数式を書け．

E を酵素，S を基質，P を生成物とすると，酵素反応は以下のような反応機構で表すことができる．この反応機構をミカエリス・メンテン機構とよぶ．

$$E + S \underset{k_1'}{\overset{k_1}{\rightleftarrows}} ES \overset{k_2}{\longrightarrow} P + E$$

酵素触媒反応がミカエリス・メンテン機構に従う場合，生成物 P の生成速度は $v = \dfrac{d[P]}{dt} = \dfrac{k_2[E]_0[S]}{K_M + [S]}$ で与えられる．ここで，$[E]_0$ は酵素の初濃度である．$K_M$ は（ 1 ）定数とよばれ，$K_M$ が基質濃度 $[S]$ に比べて十分小さい場合は，生成物 P の生成速度 $v = $（ 2 ）となり，生成物 P の生成速度は基質の濃度 $[S]$ の（ 3 ）次反応に近似できる．一方，$K_M$ が基質濃度 $[S]$ に比べて十分大きい場合は，生成物 P の生成速度 $v = $（ 4 ）となり，生成物 P の生成速度は基質の濃度 $[S]$ の（ 5 ）次反応に近似できる．

5.7 気体分子が固体表面に吸着・脱離する過程を定式化したものの 1 つに，ラングミュアの吸着等温式がある．**問図 5.1** は気体の分圧 $P$ を横軸，吸着量 $A$ を縦軸にとり，図示したものである．以下の 4 つのうち，ラングミュアの吸着等温線を示す図はどれか選べ．

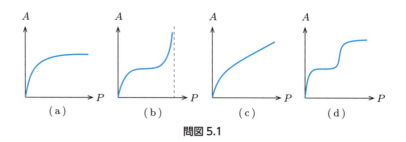

問図 5.1

## 難問にチャレンジ

**5.A** AからBとCが同時に得られる並列反応（**問図 5.2**）を考える．この並列反応において，反応開始時には成分Aしか存在しておらず，いずれの素反応も反応速度が原料濃度に比例すると考える．また，A→Bの反応速度定数を $k_1$，A→Cの反応速度定数を $k_2$ とする．

問図 5.2

(1) 反応開始から時間 $t$ が経過したときの成分Aの濃度 [A] を，反応速度定数を用いて表せ．なお，初期濃度は $[A]_0$ とする．

(2) 生成物Cの濃度 [C] に対する生成物Bの濃度 [B] の比 $\alpha = [B]/[C]$ を求めよ．

(3) 反応温度 300 K での生成物の濃度比 $\alpha$ は，反応温度 600 K のときの半分になった．BおよびCを生成する素反応の活性化エネルギーの差 $\Delta E\,[\mathrm{kJ\,mol^{-1}}]$ を有効数字3桁で求めよ．ただし，気体定数は $R = 8.314\,\mathrm{J\,K^{-1}\,mol^{-1}}$ とする．

**5.B** 不可逆反応

$$\mathrm{A} \xrightarrow{k} \mathrm{B} + \mathrm{C} \qquad ①$$

の反応速度 $v$ は，次のような一般式で与えられる．

$$v = -\frac{\mathrm{d}[A]}{\mathrm{d}t} = k[A]^n \qquad ②$$

ここで，[A] は反応時間 $t$ におけるAの濃度である．

(1) 式②において，$k$ と $n$ はそれぞれ何とよばれるか．また，$v$ の単位が $\mathrm{mol\,m^{-3}\,s^{-1}}$ で与えられるとき，$k$ の単位を示せ．

(2) 一定の反応温度のもとでAの初期濃度 $[A]_0$ を種々変化させて，半減期 $\tau_{1/2}$ の値を実験により求めた．$[A]_0$ と $\tau_{1/2}$ との間に以下のような関係が得られた場合，$n$ の値はそれぞれいくらと考えられるか．理由とともに示せ．

(a) $\tau_{1/2}$ は $[A]_0$ によらず一定．
(b) $\tau_{1/2}$ は $[A]_0$ の増加とともに短くなり，反比例関係が認められた．
(c) $\tau_{1/2}$ は $[A]_0$ の増加とともに長くなり，比例関係が認められた．

(3) 半減期を求める実験において，反応温度を一定に保ったのはなぜか．アレニウスの式に基づいて理由を説明せよ．

**5.C** アセトアルデヒドの熱分解反応 $CH_3CHO \rightarrow CH_4 + CO$ は，以下の反応機構で進行することが知られている．

① $CH_3CHO \rightarrow CH_3 + CHO$　　反応速度定数 $k_1$
② $CH_3 + CH_3CHO \rightarrow CH_4 + CH_3CO$　反応速度定数 $k_2$
③ $CH_3CO \rightarrow CH_3 + CO$　　反応速度定数 $k_3$
④ $2CH_3 \rightarrow C_2H_6$　　　　　　反応速度定数 $k_4$

(1) $CH_3$ と $CH_3CO$ の濃度について定常状態近似が成り立つとして，$CH_3$ と $CH_3CO$ との濃度の関係式を $k_1 \sim k_4$ の反応速度定数を用いて示せ．

(2) メタン $CH_4$ の生成速度は $v = \dfrac{d[CH_4]}{dt} = k_2[CH_3][CH_3CHO]$ で与えられる．問(1)で求めた関係式を代入することで，メタン $CH_4$ の生成速度 $v$ について，$CH_3CHO$ の濃度に関する反応次数を予測せよ．

(3) メタンの生成速度 $v$ の見かけの活性化エネルギーを $E$，反応①，反応②および反応④の活性化エネルギーをそれぞれ $E_1$，$E_2$，$E_4$ とする．$E$ と $E_1$，$E_2$，$E_4$ の関係を，問(2)で求めたメタンの生成速度 $v$ と反応①，反応②，反応④の反応速度定数 $k_1$，$k_2$，$k_4$ およびアセトアルデヒドの濃度 $[CH_3CHO]$ を用いて求めよ．

(4) メタンの生成速度 $v$ の見かけの活性化エネルギーは $192\ kJ\ mol^{-1}$ であった．反応②および反応④の活性化エネルギーがそれぞれ $33.0\ kJ\ mol^{-1}$，$0.00\ kJ\ mol^{-1}$ であるとき，反応①の活性化エネルギーを求めよ．

chapter 6

# 量子化学の基礎

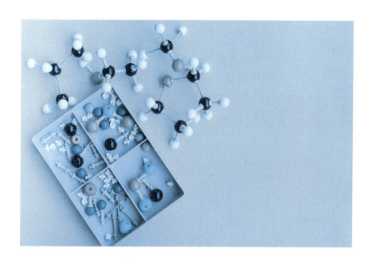

### 理解度チェック

- [ ] 電子が粒子と波の両方の性質をもつことを理解できる
- [ ] 波動関数の意味を理解できる
- [ ] 水素原子の原子軌道,発光・吸収スペクトルを理解できる
- [ ] 分子軌道の組み立て方と結合性,反結合性軌道が理解できる
- [ ] 混成軌道と各種分子構造の関係について理解できる

## 6.1 熱輻射と量子仮説

**KEYWORD**

黒体輻射，量子仮説，光電効果，仕事関数，ボーア半径，ライマン系列，エネルギー準位，リュードベリ定数

### 6.1.1 熱輻射の量子仮説

物体は，加熱され温度が上昇すると低い温度では赤く発光し，高温では白っぽい光を発するようになる．このような現象を**熱輻射**（heat radiation）とよぶ．電気ヒーターや恒星の輝きも熱輻射によるものである．

すべての振動数の電磁波を完全に吸収する物体から放出される熱輻射を**黒体輻射**（blackbody radiation）という．図 6.1.1 にこの黒体輻射の強さの振動数分布を示す．黒体輻射においては，熱輻射の強さの振動数分布は物質の性質によらず，温度のみに依存する．また，高温になるほど，熱輻射により発生する光放射強度の最大値を示す振動数は大きくなることが知られている．

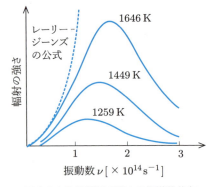

図 6.1.1 ● 熱輻射の強さの振動数分布

このような黒体輻射の強さの振動数分布について，レイリーは黒体から放射される光が波の集合体であるとしてレイリー–ジーンズの公式を導出した．しかし，レイリー–ジーンズの公式では振動数の小さい領域では実験とよく一致するが，振動数の大きい領域では大きく実験値からずれ，実験結果を説明できない．

その後，プランクは黒体輻射の振動数分布を説明するために，黒体輻射の光波のエネルギーが不連続（数えることができる）という**量子仮説**（quantum hypothesis）を提唱し，光の粒1個のエネルギー $E$ が光の振動数 $\nu$ と次の関係があることを提唱した．量子論の誕生である．

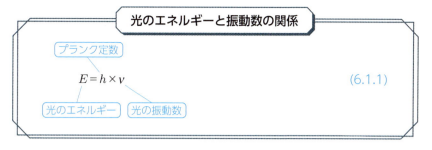

ここで，$\nu$ は光の振動数 [Hz]，$h = 6.626 \times 10^{-34}$ J s は**プランク定数**（Planck constant）とよばれる定数である．

> **復習**
> 光の振動数と波長の関係式
> $$\nu = \frac{c}{\lambda}$$
> $\nu$：振動数 [Hz]，$c$：光速 [m s$^{-1}$]，$\lambda$：波長 [m]
> 光を含む電磁波の「振動数」の単位には，振動数の同義語である「周波数」の単位としてよく使われる Hz（ヘルツ）を用いる．Hz を SI 単位系で表すと s$^{-1}$ である．

#### 例題 6.1

振動数 $\nu = 5.00 \times 10^{14}$ Hz の光のエネルギーを求めよ．

**解答** 式 (6.1.1) を用いて計算する．
$E = 6.626 \times 10^{-34}$ [J s] $\times 5.00 \times 10^{14}$ [Hz] $= 3.31 \times 10^{-19}$ J

### 6.1.2 光電効果

光が回折や干渉を引き起こす波である一方で，光がエネルギーの粒子であるということを強調する意味で，**光子**（photon）とよぶことがある．光子の概念はアインシュタインが**光電効果**（photoelectric effect）を発見したことで確立された．

金属表面に光が当たり，電子が飛び出す様子を図 **6.1.2** に示す．このように，光により金属表面から飛び出した電子のことを**光電子**（photoelectron）とよぶ．

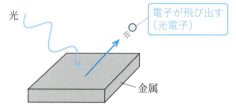

**図 6.1.2** ● 光照射により金属表面から光電子が飛び出す様子

アインシュタインはさらに，この光電効果について以下のことを発見した．

(1) 照射する光の波長が短い（振動数が大きい）ほど，光電子の運動エネルギーが大きい．

(2) 照射する光の強度を増やすと光電子の数は増すが，光電子の運動エネルギーは変化しない．

(3) 光電効果を起こす光の波長には最大値（長波長端）があり，それより長波長（小さな振動数）では光電効果が起こらない．

6.1 熱輻射と量子仮説

これらの結果を説明するために，光は波ではなく，エネルギーをもった粒子であり，その光のエネルギーが「ある値 $W$」を超えないと電子は金属表面から飛び出せないという結論に達した．プランクの量子仮説☞式(6.1.1) と組み合わせると，光電子の運動エネルギー $V$ は，光のエネルギー $h\nu$ から「ある値 $W$」を差し引くことで計算できることがわかる．

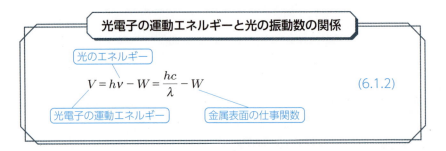

**光電子の運動エネルギーと光の振動数の関係**

$$V = h\nu - W = \frac{hc}{\lambda} - W \qquad (6.1.2)$$

（光のエネルギー，光電子の運動エネルギー，金属表面の仕事関数）

式 (6.1.2) における $W\,[\text{J}]$ を**仕事関数** (work function) とよぶ．仕事関数 $W$ は金属の種類により値が異なることが知られている．

さまざまな金属における仕事関数の値と長波長端を**表 6.1.1** に，光電子の運動エネルギー $V$ と光の振動数 $\nu$，仕事関数 $W$ の関係を**図 6.1.3** に示す．図に示すように，光の振動数 $\nu_{\min}$ 以下において光電子の運動エネルギー $V$ がゼロになり，光電効果が起こらなくなる様子がわかる．

仕事関数 $W$ の値を用いて，光電効果を起こす最小振動数および長波長端を求めてみよう．光電効果が起こらないときは光電子の運動エネルギーが $V$

**復習**
1 eV（1 電子ボルト）は，1 V の電圧で 1 個の電子を加速するときに電子が得る運動エネルギーの大きさとして定義される．1 eV は約 $1.602 \times 10^{-19}$ J.

**POINT**
$\nu_{\min}$ は光電子効果を起こすもっとも小さい振動数．$\lambda_{\max}$ は光電子効果を起こすもっとも長い波長．

**表 6.1.1** ● 金属の仕事関数 $W$ と長波長端 $\lambda_{\max}$

| 金属 | Cs | Na | K | Li | Fe | Pt |
|---|---|---|---|---|---|---|
| 仕事関数 [eV] | 1.95 | 2.36 | 2.28 | 2.93 | 4.5 | 5.64 |
| 長波長端 [nm] | 636 | 525 | 544 | 423 | 280 | 220 |

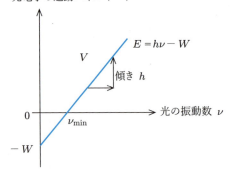

**図 6.1.3** ● 光子のエネルギー $E$ と仕事関数 $W$，および光電子の運動エネルギー $V$ の関係と光電子効果が起こる最小振動数 $\nu_{\min}$ との関係

= 0 であることから，式 (6.1.2) に代入して，

$$v_{\min} = \frac{W}{h} \tag{6.1.3}$$

となり，この式で求めた $v_{\min}$ が光電子効果を起こす最小の光の振動数となる．

光電効果が起こる最大波長を $\lambda_{\max}$ と表すと，式 (6.1.3) に $v_{\min} = c/\lambda_{\max}$（$c$ は光速）を代入すればよいので，次式が得られる．

$$\lambda_{\max} = h \times \frac{c}{W} \tag{6.1.4}$$

### 例題 6.2

アルミニウムは，周波数 $1.0 \times 10^{15}$ Hz の光を照射したときに電子が飛び出し始める．その仕事関数 [eV] を求めよ．

**解答** 式 (6.1.3) に値を代入すると，

$$1.0 \times 10^{15} = \frac{W}{6.6 \times 10^{-34}}$$

より，アルミニウムの仕事関数は $W = 6.6 \times 10^{-19}$ J となる．
1 eV = $1.6 \times 10^{-19}$ J の関係を使うと，eV 単位では次のようになる．

$$W = \frac{6.6 \times 10^{-19}}{1.6 \times 10^{-19}} = 4.1 \text{ eV}$$

## 6.1.3 ボーアの水素原子モデル（前期量子論）

水素原子において電子がどのような運動をするのか最初に考えたのがボーアである．ボーアは水素原子における電子の受ける力のつりあいを考えた．

図 6.1.4 に示すように，水素原子の電子は原子核（陽子）からのクーロン引力 $\dfrac{e^2}{4\pi\varepsilon_0 r^2}$ と電子が原子核を回ることで生じる遠心力 $m\dfrac{v^2}{r}$ がつりあった状態にあるといえるので，次式が成り立つ．

$$\frac{e^2}{4\pi\varepsilon_0 r^2} = m\frac{v^2}{r} \tag{6.1.5}$$

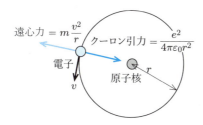

図 6.1.4 ● 水素原子中の電子が受ける力の模式図

ここで，$e$ は水素原子を回る電子の電荷（電気素量），$\varepsilon_0$ は真空の誘電率，$r$ は原子核からの電子までの距離，$m$ は電子の質量，$v$ は電子の速度である．

水素原子の電子の全エネルギー $E$ は，電子の運動エネルギー $\dfrac{mv^2}{2}$ とクーロン引力による位置エネルギー $-\dfrac{e^2}{4\pi\varepsilon_0 r}$ の和になるので，

$$E = \frac{mv^2}{2} - \frac{e^2}{4\pi\varepsilon_0 r} \tag{6.1.6}$$

> **NOTE**
> 運動エネルギーに関する式
> $E = \dfrac{mv^2}{2}$
> は運動エネルギー $E$ から速度 $v$ を求めるとき頻繁に使うので，覚えておこう．

となる．式 (6.1.5) を用いて式 (6.1.6) の $v$ を消去する．

$$E = -\frac{1}{2} \frac{e^2}{4\pi\varepsilon_0 r} \tag{6.1.7}$$

上式から，原子核と電子の距離 $r$ が小さければ小さいほど，水素原子の電子の全エネルギー $E$ も小さくなり，水素原子の電子が原子核を周回するよりは原子核と衝突したほうが安定であるということになる．

このような矛盾に対して，ボーアは以下のような仮定を導入した．

(1) 原子中の電子のエネルギーは不連続であり，とびとびの不連続な値をとる．

(2) 電子の波長 $\lambda$ の整数倍が電子の周回する円周長と等しくなる．
$$2\pi r = n \times \lambda \quad (n = 1, 2, 3, \ldots) \tag{6.1.8}$$

(3) 電子の波長 $\lambda$ は，電子が周回する速度 $v$ と電子の質量 $m$，およびプランク定数 $h$ を用いて次式で表される．

$$\lambda = \frac{h}{m \times v} \tag{6.1.9}$$

> **NOTE**
> 6.2 節のド・ブロイ波長において再度説明する．

(4) 光を放出あるいは吸収するときにかぎり，電子は異なるエネルギー状態に移動することができる．光の吸収と放出前後の電子の全エネルギーの変化量を $\Delta E$ とすると，次式が成り立つ．

$$h\nu = \Delta E \tag{6.1.10}$$

ただし，$h$ はプランク定数，$\nu$ は光の振動数

式 (6.1.9) を式 (6.1.8) に代入して $\lambda$ を消去した後，さらに式 (6.1.5) に代入して速度 $v$ を消去すると

$$r = \frac{\varepsilon_0 h^2}{\pi m e^2} n^2 \tag{6.1.11}$$

> **参考**
> 6.2.4 項を読むと，この $n$ が水素原子の原子軌道の主量子数 $n$ と似た特徴をもっていることがわかる．

となり，水素原子核と電子の距離 $r$ が整数 $n$ の関数となって不連続となる．さらに，式 (6.1.7) に代入すると，ボーアの仮定が成り立つとしたときの水素原子の全エネルギー $E$ が次のように求まる．

> **ボーアの水素原子モデルにおける電子のエネルギー**
>
> $$E = -\frac{me^4}{8\varepsilon_0^2 h^2}\frac{1}{n^2} \quad (n=1, 2, 3\ldots) \tag{6.1.12}$$

**参考**
水素原子中の電子が無限遠に離れる（$n \to \infty$）と，$E = 0$ に近づく．

このように，水素原子の電子の全エネルギー $E$ も整数 $n$ の関数となり，不連続となる．

$n = 1$ のときの水素原子核と電子の距離 $r$ は，式 (6.1.11) より

$$r_{n=1} = \frac{\varepsilon_0 h^2}{\pi m e^2} \tag{6.1.13}$$

で与えられる．これは**ボーア半径** (Bohr radius) とよばれ，原子の大きさの基本単位として用いられる．

仮定（2）$2\pi r = n \times \lambda$ 式 (6.1.8) は，視覚的には**図 6.1.5** のようなイメージを考えるとわかりやすい．図より，水素原子の原子核を周回する電子が円周に**定在波** (standing wave) をもつことを意味していると解釈可能である．

**図 6.1.5** ● 水素原子の円周に電子が定在波をつくる様子

また，仮定（3）は電子の速度と波長を関連づけた**ド・ブロイの式** (de Broglie equation)

$$\lambda_e = \frac{h}{mv} \tag{6.1.14}$$

として知られており，この電子の波長 $\lambda_e$ を**ド・ブロイ波長** (de Broglie wavelength) とよぶ．

---

**例題 6.3**

式 (6.1.13) を使って，ボーア半径を計算せよ．また，原子核から 2 番目に近い電子の軌道の原子核からの距離をボーアの水素原子モデルから予測せよ．

**解答** 式 (6.1.13) に各定数を代入する．

$$r = \frac{8.85 \times 10^{-12}\,[\text{F m}^{-1}] \times (6.63 \times 10^{-34}\,[\text{J s}])^2}{3.14 \times (9.11 \times 10^{-31}\,[\text{kg}]) \times (1.60 \times 10^{-19}\,[\text{C}])^2} = 5.30 \times 10^{-11}\,\text{m}$$

原子核から 2 番目に近い軌道の原子核からの距離は，式 (6.1.11) において $n =$

2とすればよい。ボーア半径の $2^2$ 倍となり，
$$r = 4 \times 5.0 \times 10^{-11} \,[\text{m}] = 2.12 \times 10^{-10} \,\text{m}$$
となる．

### 6.1.4 水素原子のエネルギー準位と発光・吸収スペクトル

ボーアの仮定を用いた水素原子のモデルを用いて，水素原子の光の吸収あるいは発光の波長を予測してみよう．

エネルギーの式☞式(6.1.12) の $n$ に整数値（$n=1, 2, 3, ...$）を代入して得られた値を図にしたのが図 6.1.6 である．水平に引いた線が式 (6.1.12) に相当し，これを**エネルギー準位** (energy level) とよぶ．$n$ が大きくなるにつれてエネルギー準位の間隔が狭くなり，$n$ が無限大になると $E=0$ に収束している様子がわかる．

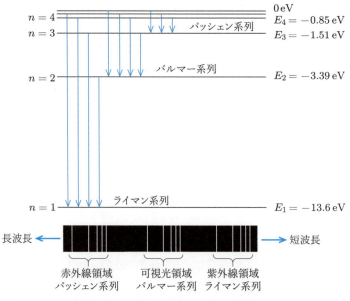

**図 6.1.6** ● 水素原子のエネルギー準位と発光・吸収スペクトルの関係

ボーアの仮定 (4) にあるように，光の吸収および発光は 2 つのエネルギー準位間の遷移によって起こる．図 6.1.7 に光の吸収と発光が 2 つの準位間の遷移で起こる様子を示した．

図 6.1.6 には，水素原子の発光における上の準位から下の準位への遷移を矢印で示している．実際の水素原子の発光の振動数 $\nu$ を式 (6.1.10) と式 (6.1.12) から計算し，実験値（図 6.1.6 下図）と比較するとよい一致を示すことから，ボーアの水素原子モデルが正しいことが裏付けられた．

電子が上の準位から下の準位へ遷移することで水素原子から発光が観測されるが，図 6.1.6 で示したように，下の準位が同じものどうしの複数の輝線

> **POINT**
> 光の吸収や放出は，許される電子のエネルギー準位間の電子の移動とそれに伴うエネルギー吸収・放出が原因で起こる．このような電子の移動を遷移 (transition) とよぶ．

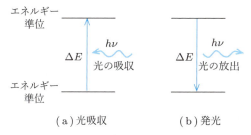

（a）光吸収　　　（b）発光

**図 6.1.7** ● 2 つのエネルギー準位と光の吸収と発光の関係

がまとまって存在することがわかる．そのような理由で，水素原子の**発光スペクトル**(emission spectrum)は以下に示すように，下の準位ごとに分けて，**系列**(series)別でグループ分けされている．

---

**水素原子のスペクトル**

上の準位 $n = 2, 3, 4, \ldots$　下の準位 $n = 1$：**ライマン系列** (Lyman series)

上の準位 $n = 3, 4, 5, \ldots$　下の準位 $n = 2$：**バルマー系列** (Balmer series)

上の準位 $n = 4, 5, 6, \ldots$　下の準位 $n = 3$：**パッシェン系列** (Paschen series)

---

なお，図 6.1.7(a) に示したように，光吸収は光のエネルギーを吸収することで下のエネルギー準位から上のエネルギー準位に遷移することで起こる過程である．したがって，図 6.1.6 の矢印が逆向きになると考えればよい．上の準位と下の準位が一致しているかぎり，矢印の向きに関係なく，遷移の名称は同じである．

また，光の吸収や光の発光においては波長 $\lambda$ [m] や振動数 [Hz] に代わり，波数 $\tilde{\nu}$ がよく用いられる．波数 $\tilde{\nu}$ とは波長 $\lambda$ の逆数 ($\tilde{\nu} = 1/\lambda$) であり，光子のエネルギーに比例 ($E = h\nu$) する．波数 $\tilde{\nu}$ の単位には，[cm$^{-1}$] が一般的に用いられる．

### 例題 6.4

リュードベリは，水素原子の発光スペクトルの波数 $\tilde{\nu}$ が次式に従うことを実験的に発見した（$n_1$，$n_2$ は整数）．

$$\tilde{\nu} = R \times \left( \frac{1}{n_1^2} - \frac{1}{n_2^2} \right)$$

ボーアの水素原子モデルの式 式(6.1.12) を使って，リュードベリの式が成り立つこと，および比例定数 $R$（**リュードベリ定数**(Rydberg constant)とよぶ）の値を計算せよ．

**HINT**

上の準位と下の準位のエネルギー差 $\Delta E$ と光の振動数 $\nu$ [Hz] の関係 $\Delta E = h\nu$ を用いる.

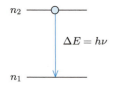

**解答** $E = -\dfrac{me^4}{8\varepsilon_0^2 h^2}\dfrac{1}{n^2}$ より, $n_2$ から $n_1$ への遷移の場合のエネルギー差は

$$\Delta E = -\frac{me^4}{8\varepsilon_0^2 h^2}\frac{1}{n_2^2} - \left(-\frac{me^4}{8\varepsilon_0^2 h^2}\frac{1}{n_1^2}\right) = \frac{me^4}{8\varepsilon_0^2 h^2}\left(\frac{1}{n_1^2} - \frac{1}{n_2^2}\right)$$

となる. このエネルギー差 $\Delta E$ が光子のエネルギー $h\nu$ に相当するので, $\Delta E = h\nu = h\dfrac{c}{\lambda} = hc\tilde{\nu}$ を上式に代入すると

$$\tilde{\nu} = \frac{me^4}{8\varepsilon_0^2 ch^3}\left(\frac{1}{n_1^2} - \frac{1}{n_2^2}\right)$$

となり, リュードベリの式と同じ形になる.

リュードベリ定数 $R = \dfrac{me^4}{8\varepsilon_0^2 ch^3}$ に各種定数の値を代入すると,

$$R = 1.10 \times 10^7 \text{ m}^{-1} = 1.10 \times 10^5 \text{ cm}^{-1}$$

を得る.

## 6.2 電子の二重性とシュレーディンガー方程式

**KEYWORD**

電子の二重性, 不確定性原理, ド・ブロイの式, シュレーディンガー方程式, 井戸型ポテンシャル, 量子数, 原子軌道, 電子スピン, パウリの排他原理, フントの規則

### 6.2.1 電子の二重性と不確定性原理

光は波であり, 回折や干渉を起こす. 一方, アインシュタインは光電効果を発見し, 光は波の性質と粒子の性質の両方をもつことを示した☞ 6.1.2 項. その後, 米国のデイヴィソンと英国のトムソンは, 結晶に電子を照射すると回折像 (図 6.2.1) が得られることを発見し, 電子が波であることを実験的に示した.

このように, 電子が粒子であり, 波でもあることを電子の**二重性**とよぶ.
<sub>wave-particle duality</sub>
この性質は, 電子の位置 $x$ と運動量 $p$ (速度 $v$) を同時に決定できない

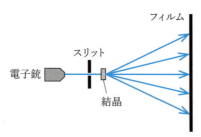

図 6.2.1 ● 電子の回折の測定法と結晶により回折像が得られる様子

**不確定性原理**と関連する．
uncertainty principle

不確定性原理は

$$\Delta x \times \Delta p \sim \frac{1}{2} \times \frac{h}{2\pi} \tag{6.2.1}$$

という式で表される．不確定性原理については，電子を通過させるスリットを小さくし，電子の位置 $x$ を決めようとすると電子の運動方向（速度ベクトル，つまり運動量 $p$）が確定せず（回折像が形成），一方，スリットの幅を大きくすると電子は直進して回折像が形成されない（電子の速度ベクトル，つまり運動量 $p$ が確定する）が，電子の位置 $x$ はスリットの幅が大きくなったため確定できないという現象で説明される．

電子は波の性質をもつため，電子にも波長（ド・ブロイ波長）が存在する．電子の波長は，電子の運動量 $p$ とプランク定数 $h$ を用いた**ド・ブロイの式**を用いて計算できる．
de Broglie equation

> POINT
> 不確定性原理は，「電子は位置と運動量（速度）を同時に決めることができない」と覚えておこう．

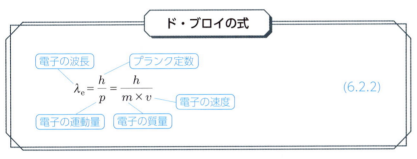

ド・ブロイの式

$$\lambda_e = \frac{h}{p} = \frac{h}{m \times v} \tag{6.2.2}$$

（電子の波長，プランク定数，電子の速度，電子の運動量，電子の質量）

この式は，電子の波長 $\lambda_e$ が電子の速度で決まること，つまり電子の速度 $v$ が大きいと電子の波長 $\lambda_e$ が短くなり，電子の速度 $v$ が小さいと電子の波長 $\lambda_e$ が長くなることを示している．

> POINT
> 光子についても電子についても，1粒子のもつエネルギー $E$ が大きくなると，波長 $\lambda$ が短くなるという類似性がある．

**例題 6.5**

1 kV の電位差で加速された電子のド・ブロイ波長の値を計算せよ．

**解答** $V$ [V] の電位で加速された電子の速度は $v = \sqrt{\dfrac{2|e|V}{m}}$ である．

ド・ブロイの式☞式(6.2.2)と組み合わせると，電圧 $V$ [kV] で加速された電子の波長は $\lambda = \dfrac{h}{\sqrt{2m|e|V}}$ で計算できる．

これに数値を代入すると次のようになる．

$$\lambda = \frac{6.6 \times 10^{-34} \text{ [J s]}}{\sqrt{2 \times 9.1 \times 10^{-31} \text{ [kg]} \times 1.6 \times 10^{-19} \text{ [C]} \times 1000 \text{ [V]}}} = 3.9 \times 10^{-11} \text{ m}$$

$$= 3.9 \times 10^{-2} \text{ nm}$$

> HINT
> $V$ [V] の電位により電子1個が得るエネルギーは $|e| \times V$ である．これが運動エネルギーと等しいので，
> $|e| \times V = mv^2/2$
> の関係が成立する．

### 6.2.2 波動関数と電子の存在確率の関係

電子の位置と運動量（速度）は同時に決定できない☞6.2.1項．そのため，原子の周りに存在する電子の位置を表現する代わりに，電子の波の状態を表す関数（ΦとかΨがよく使われる）として<u>波動関数</u>を導入する．
<sub>wave function</sub>

波動関数 Φ は位置 $(x,y,z)$ の関数である．電子の波動関数 Φ は電子の波の「状態」の空間分布を表す関数であるが，複素数であるので「状態」には物理的な意味はない．しかし，現在では，$|\Phi|^2 = \Phi^* \times \Phi$ が位置 $(x,y,z)$ の微小領域 $dxdydz$ に電子を見出す確率に相当すると解釈されている．図6.6.2は電子銃からの電子線の回折像を示したものであるが，干渉パターンにおいて「明るい部分」は電子の波動関数の2乗の値 $|\Phi|^2$ が大きく，「暗い部分」は電子の波動関数の2乗の値 $|\Phi|^2$ が小さい．

図 6.2.3 は電子の波動関数 Φ が複素数でなく，実数であるときの波動関数 Φ とその波動関数 Φ を2乗した値 $|\Phi|^2$ を並べて図示した例である．図に示すように，波動関数 Φ が正と負の値をもつのに対し，波動関数を2乗した値 $|\Phi|^2$ は必ず正の値をもつ（波動関数が複素数の場合においても同様である）．$|\Phi|^2$ の値が必ず正の値をもち，微小体積 $dxdydz$ に電子を見出す確率に等しいことから，$|\Phi|^2$ を<u>確率密度</u>とよぶことがある．このような考えに
<sub>probability density</sub>
従い，電子の存在確率を式で表すと，

$$電子の存在確率 \propto |\Phi|^2 \tag{6.2.3}$$

となる．また，電子の存在確率 $|\Phi|^2$ を $(x, y, z)$ のすべての空間で合計すると1にならないといけないという要請を満たす必要があり，これを<u>規格化条件</u>とよんで，次式で表す．
<sub>normalization condition</sub>

$$\int |\Phi|^2 \, dxdydz = \int \Phi^* \times \Phi \, dxdydz = 1 \tag{6.2.4}$$

ここで，$\Phi^*$ は波動関数 Φ の共役波動関数，$\int *** dxdydz$ は全空間による積分である．

一方，異なる2つの波動関数（$\Phi_1$ と $\Phi_2$）の積が0になることを<u>直交条件</u>
<sub>orthogonality condition</sub>
とよび，次式で表す．

> **復習**
> 波動関数は複素数なので，
> $|\Phi|^2 = \Phi^* \times \Phi$
> として計算する．
> $\Phi = a + b \times i$ ($a, b$ は実数，$i$ は虚数単位)とすると，その共役複素数は
> $\Phi^* = a - b \times i$
> となる（正負の符号の関係に注意）．

> **参考**
> $dxdydz$ は微小領域を表す $\Delta$ を用いて $\Delta x \Delta y \Delta z$ と書いたり，ひとまとめにして $dxdydz = d\tau$ として，$\int *** d\tau$ と書く場合もある．

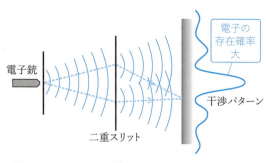

**図 6.2.2** 電子銃から電子線の回折像と波動関数の関係

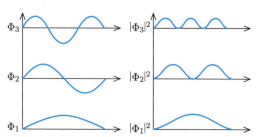

**図 6.2.3** 波動関数 Φ と波動関数を2乗したもの $|\Phi|^2$ の形の比較

$$\int \Phi_1^* \times \Phi_2 \mathrm{d}x\mathrm{d}y\mathrm{d}z = \int \Phi_2^* \times \Phi_1 \mathrm{d}x\mathrm{d}y\mathrm{d}z = 0 \tag{6.2.5}$$

この直交条件は，規格化条件とともに波動関数を決定する際の条件としてよく使われる．

**例題 6.6**

2つの波動関数 $\Phi_1$ と $\Phi_2$ が直交条件を満たしているとする．このとき，それぞれの波動関数を組み合わせてつくった波動関数

$$\Psi = \frac{1}{\sqrt{2}} \times \Phi_1 + \frac{1}{\sqrt{2}} \times \Phi_2$$

が規格化条件を満たしていることを示せ．

**解答** 規格化条件の式☞式(6.2.4) に

$$\Psi = \frac{1}{\sqrt{2}} \times \Phi_1 + \frac{1}{\sqrt{2}} \times \Phi_2, \quad \Psi^* = \frac{1}{\sqrt{2}} \times \Phi_1^* + \frac{1}{\sqrt{2}} \times \Phi_2^*$$

を代入し，直交条件☞式(6.2.5) を考慮して式を展開する．

$$\int \Psi^* \Psi \mathrm{d}x\mathrm{d}y\mathrm{d}z = \int \left(\frac{1}{\sqrt{2}} \times \Phi_1^* + \frac{1}{\sqrt{2}} \times \Phi_2^*\right)\left(\frac{1}{\sqrt{2}} \times \Phi_1 + \frac{1}{\sqrt{2}} \times \Phi_2\right) \mathrm{d}x\mathrm{d}y\mathrm{d}z$$
$$= \frac{1}{2}\int \Phi_1^* \Phi_1 \mathrm{d}x\mathrm{d}y\mathrm{d}z + \frac{1}{2}\int \Phi_2^* \Phi_2 \mathrm{d}x\mathrm{d}y\mathrm{d}z$$

ここで，波動関数 $\Phi_1$ および $\Phi_2$ の規格化条件

$$\int \Phi_1^* \Phi_1 \mathrm{d}x\mathrm{d}y\mathrm{d}z = 1, \quad \int \Phi_2^* \Phi_2 \mathrm{d}x\mathrm{d}y\mathrm{d}z = 1$$

より，$\int \Psi^* \Psi \mathrm{d}x\mathrm{d}y\mathrm{d}z = \frac{1}{2} + \frac{1}{2} = 1$ となる．

### 6.2.3 シュレーディンガー方程式と井戸型ポテンシャル

前項で，波動関数の性質と電子の存在確率との関係について学んだ．原子核の周りに存在する電子の波動関数は，次に示す**シュレーディンガー方程式** Schrödinger equation に従うことが知られている．

$$\left\{-\frac{h^2}{8\pi^2 m}\left(\frac{\partial^2}{\partial x^2} + \frac{\partial^2}{\partial y^2} + \frac{\partial^2}{\partial z^2}\right) + V\right\} \times \Psi = E \times \Psi \tag{6.2.6}$$

ここで，$h$ はプランク定数，$m$ は電子の質量，$V$ はポテンシャルエネルギー，$E$ は全エネルギー，$\Psi$ は波動関数である．式 (6.2.6) に示すように，シュレーディンガー方程式は空間座標 $(x, y, z)$ に関する2階の偏微分方程式である．

シュレーディンガー方程式の意味を理解しやすくするために，電子が $x$ 軸方向の1次元のみの運動をするとして，式 (6.2.6) を簡略化しよう．1次元であり変数は $x$ のみなので，偏微分を $x$ の微分に変更する．

$$\left(-\frac{h^2}{8\pi^2 m}\frac{\mathrm{d}^2}{\mathrm{d}x^2} + V\right) \times \Psi = E \times \Psi \tag{6.2.7}$$

この1次元のシュレーディンガー方程式を理解するときによく用いられるのが，図 6.2.4 に示す**井戸型ポテンシャル** square well potential である．井戸型ポテンシャルでは，

**復習**

偏微分とは，特定の変数以外を定数とみなして微分したものである．たとえば，
$f(x,y) = x^2 + y^3 + y + xy$
を $x$ について偏微分すると $2x + y$ となる．

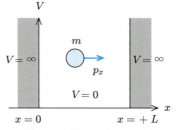

図 6.2.4 ● 井戸型ポテンシャル

$0 < x < +L$ ではポテンシャルエネルギーが $V=0$ であり，その範囲以外では $V=+\infty$ である．この例は，2 つの壁の間を自由に運動する電子に例えられる．

$0 < x < +L$ においては $V=0$ であるため，式 (6.2.7) はさらに簡単になり，

$$-\frac{h^2}{8\pi^2 m}\frac{d^2\Psi}{dx^2} = E \times \Psi \tag{6.2.8}$$

となる．では，式 (6.2.8) の 2 階微分方程式を以下の手順に従って解いてみよう．

● Step.1：エネルギー $E$ を導出する

式 (6.2.8) の 2 階微分方程式の一般解は

$$\Psi = A\cos(kx) + B\sin(kx) \quad (A,\ B,\ k は定数) \tag{6.2.9}$$

の形になるので，式 (6.2.9) を式 (6.2.8) に代入する．

$$左辺 = -\frac{h^2}{8\pi^2 m}\frac{d^2}{dx^2}(A\cos(kx) + B\sin(kx))$$

$$= \frac{h^2 k^2}{8\pi^2 m}(A\cos(kx) + B\sin(kx)) \tag{6.2.10}$$

$$右辺 = E \times (A\cos(kx) + B\sin(kx)) \tag{6.2.11}$$

両辺の $\cos(kx)$ および $\sin(kx)$ の係数部分が等しいので，

$$E = \frac{h^2 k^2}{8\pi^2 m} \tag{6.2.12}$$

となり，エネルギーが $k$ の関数として求まる．

● Step.2：波動関数 $\Psi$ を境界条件について解く

井戸型ポテンシャルでは $x=0,\ +L$ において，波動関数 $\Psi=0$ という条件（**境界条件** boundary condition とよぶ）がある．

$x=0$ での条件を代入すると，

$$\Psi = A\cos(k\times 0) + B\sin(k\times 0) = 0 \tag{6.2.13}$$

ゆえに，

$$A = 0 \tag{6.2.14}$$

となる．次に，$x = +L$ での条件を代入すると，

$$\Psi = B\sin(kL) = 0 \tag{6.2.15}$$

より

$$\sin(kL) = 0 \tag{6.2.16}$$

となるので，

$$k = \frac{n\pi}{L} \quad (n = 1,\ 2,\ 3,...) \tag{6.2.17}$$

となる．

式 (6.2.12) に式 (6.2.17) を代入すると，

$$E = \frac{h^2}{8mL^2}n^2 \tag{6.2.18}$$

を得る．

● Step.3：波動関数 $\Psi$ を決定する

Step.1, 2 で求めたエネルギー $E$，$A = 0$，$k = \dfrac{n\pi}{L}$ を式 (6.2.9) に代入し，規格化条件☞式(6.2.4) を用いて $B$ の値を決めると（導出は 参考 を参照），式 (6.2.9) の波動関数 $\Psi$ は

$$\Psi = \sqrt{\frac{2}{L}}\sin\left(\frac{n\pi}{L}x\right) \quad (n = 1,\ 2,\ 3,...) \tag{6.2.19}$$

となる．

参考

$$\int_0^L B^2 \sin^2\left(\frac{n\pi}{L}x\right)dx$$
$$= \frac{B^2}{2}\int_0^L \left(1 - \cos\frac{2n\pi}{L}x\right)dx$$
$$= \frac{B^2 L}{2} = 1 \quad \text{より } B = \sqrt{\frac{2}{L}}$$

以上のようにして，井戸型ポテンシャル内に存在する電子の波動関数 $\Psi$ およびエネルギー $E$ が得られた．これらに $n = 1, 2, 3$ を代入すると，**図 6.2.5** のようになる．

図 6.2.5 に示すように，$V = \infty$ の井戸の外側では波動関数は $\Psi = 0$，つまり電子は存在しないこと，井戸型ポテンシャルの電子のもつ全エネルギー $E$ が不連続なエネルギー値をとることがわかる．また，$x = 0,\ +L$ において

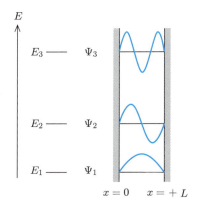

図 6.2.5 ● 井戸型ポテンシャルにおける電子のエネルギーと波動関数の形状

Ψ=0という制約により，波動関数Ψは振動する弦のような形になるとともに，$n$が大きくなるにつれて波長が短くなっていることがわかる．

振幅の大きい部分を**腹**（antinode）といい，振幅がゼロの部分を**節**（node）とよぶ．電子のエネルギーが一番低い$n=1$のときは，井戸の中央部が腹になる．また，電子のエネルギーに関係なく井戸が壁と接する位置は必ず節であること，電子のエネルギーが増大するとともに腹の数が1つずつ増えていることなどもわかる．

> **NOTE**
> 波動関数の節と腹の位置を理解しておこう．

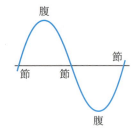

### 井戸型ポテンシャル中の電子の波動関数とエネルギー

波動関数　$\Psi = \sqrt{\dfrac{2}{L}} \sin\left(\dfrac{n\pi}{L}x\right)$　（整数）

エネルギー　$E = \dfrac{h^2}{8mL^2} n^2$　（井戸型ポテンシャルの幅）

(6.2.20)

#### 例題 6.7

井戸型ポテンシャルにおいて，$n=2$から$n=3$のエネルギーに遷移するのに必要なエネルギー$\Delta E$を計算し，そのために必要な光エネルギーの波長$\lambda$を計算せよ．ただし，井戸の幅は$L=0.58\,\text{nm}=5.8\times10^{-10}\,\text{m}$とする．

> **参考**
> 1,3-ブタジエン（ポリエンの仲間）の4つの炭素の端の間の長さが約0.58 nmである．1,3-ブタジエンが光吸収をもつ理由として，例題6.7のような説明がよく用いられる．

**解答**　式(6.2.18)を用いて計算する．

$$E_{n=2} \frac{4h^2}{8mL^2}, \quad E_{n=3} \frac{9h^2}{8mL^2}$$

より，

$$\Delta E = E_{n=3} - E_{n=2} = \frac{5h^2}{8mL^2}$$

$$= \frac{5 \times (6.6 \times 10^{-34}\,[\text{J s}])^2}{8 \times (9.1 \times 10^{-31}\,[\text{kg}]) \times (5.8 \times 10^{-10}\,[\text{m}])^2} = 8.9 \times 10^{-19}\,\text{J}$$

となる．

$\Delta E$のエネルギーの吸収に必要な光の波長は，$\Delta E = h\nu = hc/\lambda$　☞式(6.1.10)より次のようになる．

$$\lambda = \frac{hc}{\Delta E} = \frac{6.6 \times 10^{-34}\,[\text{J s}] \times 3.0 \times 10^8\,[\text{m s}^{-1}]}{8.9 \times 10^{-19}\,[\text{J}]}$$

$$= 2.2 \times 10^{-7}\,\text{m} = 220\,\text{nm}$$

### 6.2.4　水素原子の波動関数とその物理的意味

次は，水素原子の電子についてのシュレーディンガー方程式を解いてみよう．

水素原子においては，シュレーディンガー方程式のポテンシャルエネルギー $V$ は水素原子の原子核を構成する陽子と電子の静電ポテンシャルとなるので，$V = -\dfrac{e^2}{4\pi\varepsilon_0 r}$（$r$ は原子核から電子までの距離，$e$ は電気素量，$\varepsilon_0$ は真空の誘電率）を代入して，

$$-\frac{h^2}{8\pi^2 m}\left(\frac{\partial^2}{\partial x^2}+\frac{\partial^2}{\partial y^2}+\frac{\partial^2}{\partial z^2}\right)\Psi - \frac{e^2}{4\pi\varepsilon_0 r}\times\Psi = E\times\Psi \qquad (6.2.21)$$

と与えられる．このシュレーディンガー方程式を満たす波動関数 $\Psi$ の解の形としては，$x$ 軸，$y$ 軸，$z$ 軸を用いた形ではなく，<u>極座標系</u>（polar coordinates）$(r, \theta, \varphi)$（図 **6.2.6**）に変換して解くのが一般的であり，次式のように距離 $r$ の関数 $R_{n,\ell}(r)$ と，角度 $\theta$ と $\varphi$ の関数 $Y_\ell^m(\theta, \varphi)$ の積の形となる．

$$\Psi = R_{n,\ell}(r) \times Y_\ell^m(\theta, \varphi) \qquad (6.2.22)$$

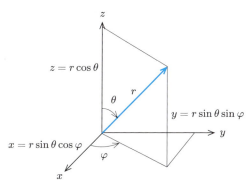

図 **6.2.6** ● 極座標による位置表記

ここで，$R_{n,\ell}(r)$ は<u>動径分布関数</u>（radius distribution function）とよばれ，原子核からの距離 $r$ だけの関数の部分をまとめた項である．また，$Y_\ell^m(\theta, \varphi)$ は方位を示す $\theta$，$\varphi$ の関数の部分をまとめた項である．なお，$n$，$\ell$，$m$ は整数であり，それぞれ<u>主量子数</u>（principal quantum number），および<u>方位量子数</u>（azimuthal quantum number）（軌道角運動量量子数），<u>磁気量子数</u>（magnetic quantum number）とよばれ，これらをまとめて<u>量子数</u>（quantum number）とよぶこともある．

これらの3つの量子数は，シュレーディンガー方程式の解として次のような制約を受ける．

> **3つの量子数とそのとりうる値**
>
> 主量子数：$n = 1, 2, 3, \ldots$（1 より大きい整数値）
> 方位量子数：$\ell = 0, 1, 2, \ldots, n-1$（0 から $n-1$ までの整数値）
> 磁気量子数：$m = 0, \pm 1, \pm 2, \ldots, \pm\ell$（$-\ell$ から $+\ell$ までの整数値）

**参考**

$Y_\ell^m(\theta, \varphi)$ はシュレーディンガー方程式の角度部分 $\theta$，$\varphi$ を解くことで得られるルジャンドル方程式の解であり，その解の一群をまとめて球面調和関数とよんでいる．

また，動径分布関数 $R_{n,\ell}(r)$ は主量子数 $n$ と方位量子数 $\ell$ の値により関数の形が変わり，$Y_\ell^m(\theta,\varphi)$ は方位量子数 $\ell$ と磁気量子数 $m$ により関数の形が変わる．図 6.2.7 に水素原子の動径分布関数 $R_{n,\ell}(r)$ の形を示す．

図に示すように，主量子数 $n$ が大きくなるほど原子核から離れた位置に電子が存在できること，方位量子数 $\ell$ が大きくなるほど電子が存在できない節の数（$R_{n,\ell}(r)=0$ となる数）が減少することがわかる（節の数は $n-\ell-1$ 個）．このように，電子の存在できる空間分布は量子数によって決まる．

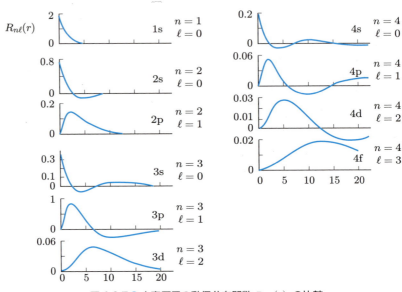

図 6.2.7 ● 水素原子の動径分布関数 $R_{n,\ell}(r)$ の比較

**参考**
原子どうしの化学結合は電子の存在確率が高いところで起こるので，軌道の形は分子の形を決める要因になる．

特定の $n$，$\ell$，$m$ のときの波動関数 $\Psi$ を **原子軌道** (atomic orbital) とよぶ．方位量子数 $\ell$ には慣例的な呼称があり，$\ell=0$ を **s 軌道** (s orbital)，$\ell=1$ を **p 軌道** (p orbital)，$\ell=2$ を **d 軌道** (d orbital)，$\ell=3$ を **f 軌道** (f orbital) とよぶ．これらと主量子数 $n$ とを組み合わせて，たとえば $n=1$，$\ell=0$ の原子軌道を **1s**，$n=2$，$\ell=0$ を **2s**，$n=2$，$\ell=1$ を **2p**，$n=3$，$\ell=2$ を **3d** とよぶ．

最後に，原子核からの距離 $r$ の関数である動径分布関数 $R_{n,\ell}(r)$ と角度分布に関する $Y_\ell^m(\theta,\varphi)$ を掛け算して得られた水素原子の波動関数 $\Psi$ の形を図 6.2.8 に示す．図では電子が存在する方向にローブを伸ばし，電子が存在しない面には **節面** (nordal plane) を描くことで，電子の存在確率がイメージできるような工夫がなされている．

s 軌道は **球対称** (spherical symmetry) で電子の存在確率に特定の方向をもたない．一方，p 軌道は **ローブ型** (lobed shape) をしていて，$x$ 方向，$y$ 方向，$z$ 方向をもつ 3 種類（$p_x$ 軌道，$p_y$ 軌道，$p_z$ 軌道）が存在していることがわかる．

**参考**
p 軌道では 2 つのローブの間に節面が存在する．

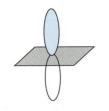

s 軌道は球対称で等方向に電子が存在するため，節面は存在しない．

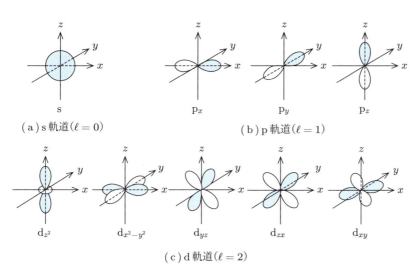

(a) s軌道 ($\ell=0$)　(b) p軌道 ($\ell=1$)

(c) d軌道 ($\ell=2$)

図 6.2.8 ● s軌道（$\ell=0$），p軌道（$\ell=1$），d軌道（$\ell=2$）の原子軌道の形状

### 例題 6.8

次の原子軌道が存在するか，存在しないか，答えよ．
(1) $n=2$, $\ell=0$, $m=0$　(2) $n=3$, $\ell=3$, $m=1$
(3) $n=3$, $\ell=2$, $m=2$　(4) $n=1$, $\ell=-2$, $m=2$
(5) $n=0$, $\ell=1$, $m=1$

**解答**　(1) 存在する　(2) 存在しない　(3) 存在する
(4) 存在しない　(5) 存在しない

**HINT**
3つの量子数のとりうる値に条件があることに注意．

## 6.2.5 多電子原子の電子軌道と電子配置

ヘリウム，リチウムなど原子番号が2以上の元素で複数の電子をもつ原子の電子配置も，水素原子と同じく，主量子数 $n$，方位量子数 $\ell$，磁気量子数 $m$ で近似できることがわかっている．そのため，各電子軌道の名称にも水素原子と同じ表記が使える．

しかし，電子が複数存在することによる電子間の反発（**電子相関** electron correlation）により，主量子数 $n$ だけでなく，方位量子数 $\ell$ が異なることでもエネルギー値が異なる（図 6.2.9）．

このような方位量子数 $\ell$ の違いによるエネルギー値の違いは，電子がエネルギーの低いほうから占有される規則（以下の「構造原理」で解説する電子占有の規則の1つ）のために，多電子系における電子の電子軌道への占有順にも影響する．図 6.2.9 の電子軌道のエネルギーの順番を見ると，たとえば3p軌道を占有後，3d軌道よりも先に4s軌道に電子が占有するなどの逆転象を生じる（ほかにも，4p軌道→5s軌道→4d軌道など．図 6.2.10 参照）．

多電子系原子では原子核の周りを回る複数の電子が原子核の周りの各電子

**復習**
水素原子の軌道は主量子数 $n$ が同じとき，方位量子数 $\ell$，磁気量子数 $m$ が異なっていても，エネルギーは等しい（**縮重** degeneracy という）．

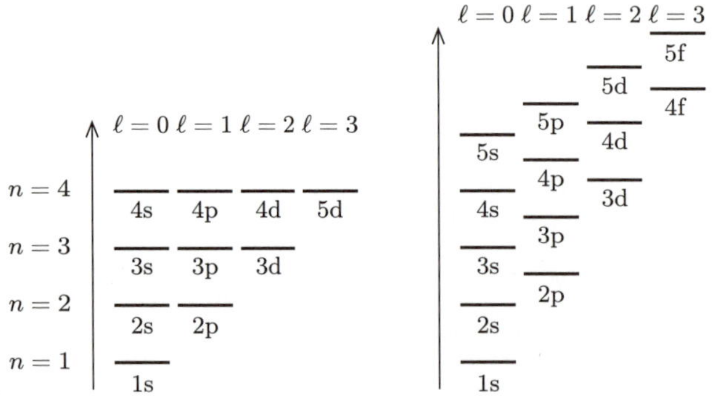

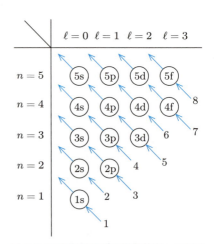

(a) 水素原子のエネルギー準位　(b) 多電子系のエネルギー準位

図 6.2.9 ● 多電子系および水素原子の各電子軌道のエネルギーの比較

図 6.2.10 ● 多電子系の電子軌道への電子の占有する順番

軌道に配置されるが，その配置を**電子構造**あるいは**電子配置**という．この電子配置に関係した原理・規則として，**パウリの排他原理** (Pauli exclusion principle) がある．

パウリの排他原理とは，3つの量子数（主量子数 $n$，方位量子数 $\ell$，磁気量子数 $m$）が同じ状態に電子は最大2個しか入らないという原理である．パウリは，1つの原子の中の電子において，3つの量子数 $(n, \ell, m)$ 以外に，電子スピン量子数 $s$ があることを発見し，**電子スピン** (electron spin) の量子数が $+1/2$ と $-1/2$ の2つのみであることも示した．2つのスピン状態はそれぞれ $\alpha$ スピン，$\beta$ スピンとよばれ，電子の自転となぞらえることも多い（図 6.2.11）．言い換えると，パウリの排他原理は3つの量子数 $(n, \ell, m)$ に加えて，電子スピン $s$ の量子数4つが同じ状態に電子は占有されないのと同義になる．このような電子の電子軌道への占有のルールを**構造原理** (aufbau principle) とよぶ．

**HINT**

磁場を分子にかけると，電子スピンが異なる電子状態のエネルギー値に違いが生じ（ゼーマン分裂とよぶ），区別できるようになる（電子スピン共鳴法の原理である）．

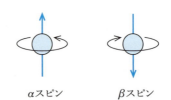

$\alpha$ スピン　　$\beta$ スピン

図 6.2.11 ● 電子スピンと電子が自転するイメージ

多電子系の各軌道への電子占有の順番については，図 6.2.10 のように原子軌道を主量子数別に書いた後，斜め線に沿って順番を作図する方法が便利である．各 1s, 2s, 2p, ... の電子軌道には，パウリの排他原理に従って1つの軌道に電子が最大2個（$\alpha$ と $\beta$ の2種類の電子スピン）までしか占有されない．電子軌道に電子が最大数の2個占有された後は矢印の順番に沿って，

他の電子軌道に電子を最大2個まで配置し，それをすべての電子が占有されるまで繰り返してすべての電子を収容した時点で完了となる．また，同じエネルギーの電子配置に複数の電子を配置する場合は，後の具体例☞図6.2.13で紹介するように，電子スピンができるかぎり平行に配置するほうが安定になるという**フントの規則** Hund's rule があるので注意が必要となる．

以下に，構造原理の規則をまとめた．

---

**構造原理**

1. エネルギーの低い電子軌道から順に占有される
2. 同じ主量子数 $n$，方位量子数 $\ell$，磁気量子数 $m$ の軌道は，最大2個しか電子は占有されない（パウリの排他原理）
3. 同じエネルギーの電子軌道が存在する場合は，電子スピンは平行になろうとする（フントの規則）

多電子系における電子軌道の占有順（図6.2.10参照）

1s→2s→2p→3s→3p→4s→3d→4p→5s→4d→5p→4f→5d→5f

（多電子系による順番の逆転に注意）

---

**POINT**
電子の電子配置は，主量子数 $n$，方位量子数 $\ell$，磁気量子数 $m$，スピン量子数 $s$ の4つの量子数で決まる．

構造原理は一見わかりにくいが，主量子数 $n$，方位量子数 $\ell$，磁気量子数 $m$ の1組の電子軌道を1つの箱に例え，電子スピンを上向きの矢印と下向きの矢印にして図で描くとイメージがしやすい（**図6.2.12**）．

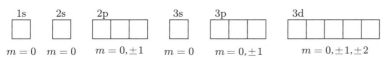

**図6.2.12** ● 箱で表現した電子配置のイメージ

s軌道（$\ell = 0$）は $m = 0$ のみなので箱は1個，p軌道（$\ell = 1$）は $m = 0, \pm 1$ の3種類があるので箱は3個，d軌道（$\ell = 2$）は $m = 0, \pm 1, \pm 2$ の5種類があるので箱は5個になる．

例として，炭素原子の電子軌道を考えてみよう．炭素原子は原子番号が6で，電子数が6であるので，構造原理の3つのルールに従い，エネルギーの低い1s，2s，2pの順に電子が占有される．パウリの排他原理により，1つの箱に電子は最大2個なので，1s軌道（$n=1, \ell=0, m=0$），2s軌道（$n=2, \ell=0, m=0$）に電子を2個，電子スピンを逆向きにして配置する．残

り2個の電子は，フントの規則に従い，2p軌道（$n=2$, $\ell=1$, $m=0$, $\pm 1$）に電子スピンを平行に配置する（図6.2.13）.

このような電子配置を$1s^2 2s^2 2p^2$と表記するのが一般的であるが，箱を用いた電子配置の表記を用いると，フントの規則がより明確に表現できて便利である．

図6.2.13● 箱で表した，炭素原子のフントの規則に従った電子配置

### 例題 6.9

フントの規則に従い，炭素原子は図6.2.13のような電子配置をもつ．
次の元素について，3s, 3p軌道にどのような向きで電子が入るか図示せよ．
(1) アルミニウム Al　(2) ケイ素 Si　(3) リン P　(4) 硫黄 S
(5) 塩素 Cl

**HINT**
s軌道には電子が最大2個（パウリの排他原理）．p軌道には電子スピンが平行になるように配置（フントの規則）．1つの箱に電子は最大2個入るので，p軌道の3つの箱には合計6個まで収容可能．

**解答**

|   |    | 3s | 3p |
|---|----|----|----|
|(1)| Al | ↑↓ | ↑ □ □ |
|(2)| Si | ↑↓ | ↑ ↑ □ |
|(3)| P  | ↑↓ | ↑ ↑ ↑ |
|(4)| S  | ↑↓ | ↑↓ ↑ ↑ |
|(5)| Cl | ↑↓ | ↑↓ ↑↓ ↑ |

## 6.3 分子軌道の組み立て方—共鳴安定化，混成軌道

**KEYWORD**

結合性軌道，反結合性軌道，σ結合，π結合，混成軌道，sp混成軌道，$sp^2$混成軌道，$sp^3$混成軌道

### 6.3.1 2原子分子の分子軌道—結合性軌道，反結合性軌道

原子の波動関数に引き続き，2原子分子における電子の波動関数について考えてみよう．2原子分子の電子の波動関数は，各原子の波動関数の重なりと考えられる．2つの波が重なり合うとき，同位相（山と山，谷と谷）では強め合い，逆位相（山と谷）では弱め合う．同様の現象は，2つの原子の原

子軌道の波動関数の重なりにおいても起こる．

**図6.3.1** は2つのs軌道どうしの重なりである．s軌道は電子の分布が等方的であるため，その形は球形として描かれるが，その振幅は正と負の2通りがある．2つの波の重なりと同様，同じ符号どうしで重なる（同位相）と強め合い，異符号の重なり（逆位相）では弱め合うこととなる．同じ符号どうしで重なる場合は2つの原子軌道の重なり部分を強め合うことから<u>結合性軌道</u>(bonding orbital)，異符号どうしで重なる場合は2つの原子軌道の重なり部分を弱め合うことから<u>反結合性軌道</u>(antibonding orbital)とよばれる．結合性軌道はもともとの原子軌道に比べて安定化し（エネルギーが下がり），一方，反結合性軌道はもともとの原子軌道に比べて不安定化する（エネルギーが上がる）．

**POINT**
結合性軌道は同位相（同符号），反結合性軌道は逆位相（反対符号）と覚えよう．

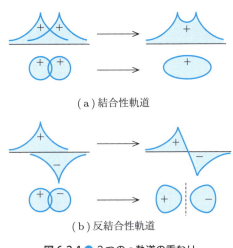

(a) 結合性軌道

(b) 反結合性軌道

**図 6.3.1** 2つのs軌道の重なり

水素（$H_2$）分子を例に考えよう．水素原子の1s軌道がもう1つの水素原子の1s軌道と重なると，安定な結合性軌道と不安定な反結合性軌道の2つの軌道が生じる．このとき，もともとの水素原子の1s軌道にあった電子は安定な結合性軌道を占有し，結合性軌道に電子が2個入る．このことは，水素原子の1s軌道から結合性軌道になったことによる安定化エネルギーを$\beta$とすると，水素原子が独立して存在していたときよりも$2\beta$分だけエネルギーが低くなり，安定になることを示している．

**図6.3.2** は2つのH原子の原子軌道の重なりによって水素原子の原子軌道が結合性軌道と反結合性軌道に分裂する様子を，もともとの水素原子の原子軌道も加えて書いた図である．各水素原子に電子は1つずつ存在しているが，水素（$H_2$）分子では原子軌道が重なることによって形成された結合性軌道に電子が2個入ることとなる（反結合性軌道はもともとあった水素原子の原子軌道のエネルギーよりも反結合性軌道のエネルギーが高いため，電子は占有されない）．したがって，独立した原子でいるよりも，近づいて分子

6.3 分子軌道の組み立て方—共鳴安定化，混成軌道

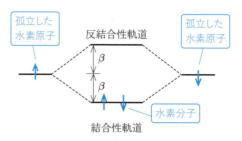

**図 6.3.2** ● 水素分子の結合性軌道と反結合性軌道

を形成するほうが安定となる．

このような複数個の原子の原子軌道の重なりで生じる結合性軌道や反結合性軌道を，**分子軌道**とよぶ．分子が安定に存在できるかどうかは，分子が原子で孤立して別々でいるときの電子の全エネルギーに比べて，分子軌道に電子が占有したときの電子の全エネルギーが小さく，安定化するかどうかで決まる．

2原子分子が安定な結合をつくるかどうかの指標として，**結合次数**がある．結合次数は次の計算式で求められ，結合次数が正の値のときに2つの原子間に結合を形成する．

$$結合次数 = \frac{(結合性軌道にある電子数) - (反結合性軌道にある電子数)}{2}$$

(6.3.1)

### 例題 6.10

$Li_2$，$Be_2$，LiH が存在するか（安定するか）を，s軌道どうしの分子軌道形成から予想せよ．また，それぞれの分子の結合次数を求め，これらの2原子分子が安定に存在できるかを判定せよ．ただし，結合次数の計算，安定性については，H原子は1s軌道，LiおよびBe原子は2s軌道の重なりを考えるだけでよい（LiおよびBe原子の1s軌道は結合に関与しないとする）．

**解答** H原子は1s軌道，LiおよびBe原子は2s軌道のみを描いて分子軌道を考えると，**図 6.3.3** のようになる．

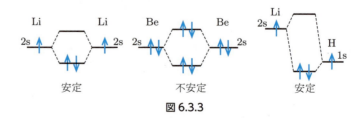

図 6.3.3

図より，$Li_2$：結合次数 $2/2 = 1$ より安定，$Be_2$：結合次数 $(2-2)/2 = 0$ より不安定，LiH：結合次数 $2/2 = 1$ より安定である．

続いて，球対称のs軌道とローブ型のp軌道の重なり，p軌道どうしの重なりにより形成される分子軌道について考えてみよう．

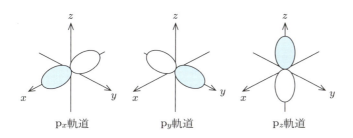

**図 6.3.4** ● 3つのp軌道の形

p軌道は図6.3.4に示すように，電子の存在確率が高いローブが$x$軸，$y$軸，$z$軸方向に向いたそれぞれ$p_x$軌道，$p_y$軌道，$p_z$軌道の3種類がある．$x$軸方向からs軌道が接近すると，$p_x$軌道はs軌道の接近する向き（波動関数の符号の関係）によって結合性軌道または反結合性軌道を形成する（図6.3.5(a)）．

一方，$p_y$軌道，$p_z$軌道とs軌道の重なりについては，$x$軸方向から接近するs軌道とはp軌道の正のローブと負のローブの両方の軌道に同程度の重なりをもつことにより，正味の重なりはゼロになり，結合をつくらない．このような軌道の重なりが正味ゼロになることで結合をつくらない分子軌道を，**非結合性軌道**（non-bonding orbital）とよぶ．

s軌道とp軌道の重なりと，形成される分子軌道のエネルギーを図6.3.5(b)にまとめた．

次に，p軌道どうしの重なりでできる分子軌道について考えてみよう．p軌道はローブ型であるので，ローブ型どうしの軌道の重なりとなる．基本はs軌道とp軌道の電子軌道の重なりと同じであるが，p軌道どうしの電子軌道の重なりは，図6.3.6のように3つのタイプで分類が可能である．

図(a)のようなp軌道のローブが結合の軸上で重なる分子軌道を**σ軌道**（σ orbital），図(b)のようにローブの重なりが結合の分子軸と垂直になるような分子軌道を**π軌道**（π orbital）とよぶ．p軌道の重なる部分の波動関数の符号が同符号の場合を結合性軌道，異符号の場合を反結合性軌道というのは，s軌道とp軌道の重なりと同様である．σ軌道，π軌道が結合性軌道か反結合性軌道かを明確にするため，反結合性軌道のσ軌道，π軌道をそれぞれ**σ*軌道**，**π*軌道**と表す．図(c)のようにp軌道がたがい垂直に重なり合う分子は，正の重なりと負の重なりが同程度であるため，正味の重なりがゼロとなり，分子軌道を形成しない．

σ結合とπ結合の結合性軌道や反結合性軌道のエネルギーの分裂（安定化，不安定化）の大きさは，軌道どうしの重なり，つまり原子の大きさに依存す

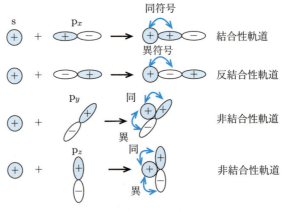

(a) s 軌道と p 軌道の重なり

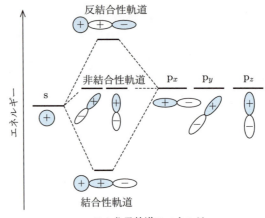

(b) 分子軌道のエネルギー

図 6.3.5 ● s 軌道と p 軌道の重なりと，分子軌道のエネルギー

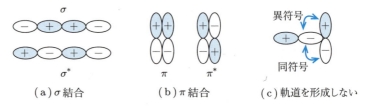

(a) σ 結合　　(b) π 結合　　(c) 軌道を形成しない

図 6.3.6 ● p 軌道どうしの重なり方

るため注意を要する．$O_2$ や $F_2$ 分子は $\sigma < \pi < \pi^* < \sigma^*$ のエネルギー順となり，σ 結合どうしのエネルギー分裂のほうが π 結合どうしのエネルギー分裂より大きくなるが，$B_2$，$N_2$，$C_2$ 分子の場合は 2s 軌道どうしでできる 2s の σ 軌道と 2p 軌道どうしでできる 2p の σ 結合の相互作用の結果，2p の σ 結合が不安定化して，$\pi < \sigma < \pi^* < \sigma^*$ と順番が逆転する．

s 軌道と p 軌道による分子軌道を以下にまとめる．

> **参考**
>
> 等核 2 原子分子である $B_2$，$C_2$，$N_2$ において σ と π のエネルギーが逆転するのは，2s と 2p のエネルギー準位の差が小さいからである．このような現象を sp mixing とよぶ．

> **分子軌道の形成（その 1）：s 軌道-s 軌道**
>
> 同位相（同符号）：結合性
> 逆位相（異符号）：反結合性

> **分子軌道の形成（その 2）：s 軌道-p 軌道**
>
> 結合軸と p 軌道のローブの向きが平行
> 　　同位相：結合性，逆位相：反結合性
> 結合軸と p 軌道のローブの向きが垂直
> 　　結合をつくらない

> **分子軌道の形成（その 3）：p 軌道-p 軌道**
>
> 結合軸と p 軌道のローブの向きが両方とも平行（σ 軌道）
> 　　同位相：結合性（σ），逆位相：反結合性（σ*）
> 結合軸と p 軌道のローブの向きが両方とも垂直（π 軌道）
> 　　同位相：結合性（π），逆位相：反結合性（π*）
> p 軌道ローブどうしがたがいに垂直
> 　　結合をつくらない

### 例題 6.11

H 原子の 1s 軌道と F 原子の 1s，2s，2p 軌道の重なりによりできる HF 分子の分子軌道を図 6.3.7 の原子軌道のエネルギー図から予測し，HF の電子配置がどうなるか答えよ．ただし，F 原子は H 原子と比べて正電荷が強いので内殻の電子が安定化し，F 原子の 1s 軌道，2s 軌道のエネルギーは H 原子の 1s 軌道のエネルギーよりも低いので，H 原子の 1s 軌道と重なって分子軌道を形成するのは F 原子の 2p 軌道のみであると仮定してよい（F 原子の 1s 軌道，2s 軌道は HF 分子の分子軌道になっても変化しない：図を参照のこと）．

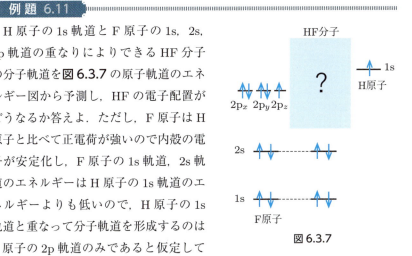

図 6.3.7

**解答** HF 分子では，F 原子の最外殻である 2p 軌道と H 原子の 1s 軌道が重なることで最外殻の分子軌道を形成する．s 軌道と p 軌道の重なりについては，図 6.3.5(b) を参考に HF の分子軌道を作成し，H 原子の電子数 1 個，F 原子の電子数 9 個の総計である 10 個の電子をエネルギーが低い順に，またパウリの法則に従い，最大 2 個で電子を占有させていけば HF の電子配置を作成することができる．

得られた電子配置は図 6.3.8 のようになる．

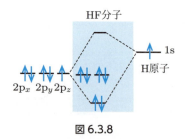

図 6.3.8

### 6.3.2 混成軌道と分子の形

前項では，原子軌道から分子軌道を組み立てる方法について学んだ．一方で，あらかじめ分子として結合をつくる前に原子軌道を足し算することで結合する軌道を用意しておき，分子軌道を考える方法がある．このように，あらかじめつくった軌道を<u>混成軌道</u>（hybrid orbital）とよぶ．以下に，炭素原子の混成軌道（sp 混成軌道，$sp^2$ 混成軌道，$sp^3$ 混成軌道）を紹介しよう．

炭素原子の s 軌道と 1 つの p 軌道でできる **sp 混成軌道**は，s 軌道の波動関数に p 軌道の波動関数を足したり引いたりすることで得られる．

$$\varphi_{sp混成,1} = \frac{1}{\sqrt{2}}(\varphi_s + \varphi_p) \tag{6.4.1}$$

$$\varphi_{sp混成,2} = \frac{1}{\sqrt{2}}(\varphi_s - \varphi_p) \tag{6.4.2}$$

p 軌道の引き算は p 軌道の正負の符号を反対にして，足し合わせることと同じであるので，図 6.3.9 に示すような 2 種類の sp 混成軌道ができることがわかるだろう．

炭素原子の sp 混成軌道でできる分子として，アセチレン（$C_2H_2$）を例に

> **NOTE**
> sp 混成軌道の規格化と直交条件は以下のとおりである．これより式 (6.4.1) と式 (6.4.2) の係数 $1/\sqrt{2}$ が得られる．
> 規格化条件
> $$\int \varphi^*_{sp混成,1} \varphi_{sp混成,1} d\tau = 1$$
> $$\int \varphi^*_{sp混成,2} \varphi_{sp混成,2} d\tau = 1$$
> 直交条件
> $$\int \varphi^*_{sp混成,1} \varphi_{sp混成,2} d\tau = 0$$

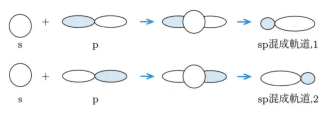

図 6.3.9 ● s 軌道と p 軌道からつくられる sp 混成軌道

考えてみよう．図 6.3.10 に炭素原子の sp 混成軌道，水素原子の s 軌道，炭素原子の p 軌道で形成されたアセチレンの分子軌道を示す．アセチレンの炭素原子の sp 混成軌道は H 原子の 1s 軌道と σ 結合，炭素原子の残りの p 軌道は隣接する炭素原子と π 結合する．また，H 原子と結合する sp 混成

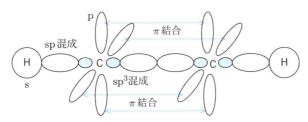

図 6.3.10 ● アセチレン（$C_2H_2$）分子の混成軌道と分子軌道

軌道がたがいに逆向きであるので，アセチレンは直線分子となることがわかる．

他の混成軌道についても同様に，**sp² 混成軌道**の場合は炭素原子の 2s 軌道と 2 個の p 軌道，**sp³ 混成軌道**の場合は炭素原子の 2s 軌道と 3 個の p 軌道を混成することで，作成することができる．

**図 6.3.11** に sp² 混成軌道，sp³ 混成軌道の形を示す．sp² 混成軌道では同一平面にそれぞれの混成軌道がたがいに 120° になるように向く．sp³ 混成軌道では正四面体の中心から各頂点へ向かう方向に混成軌道が向く．

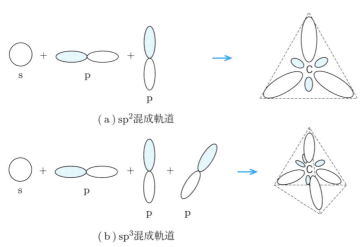

図 6.3.11 ● sp² 混成軌道と sp³ 混成軌道

最後に，これらの混成軌道を使った分子の構造の予測について，電子配置を用いた**図 6.3.12** を使って簡単に説明しよう．

図に示すように，炭素原子は他の原子と混成軌道をつくるにあたり，2s 軌道にある電子を 2p 軌道に移動させる（**昇位**とよぶ．promotion）．

次に，混成軌道をつくる炭素原子と隣接する原子の数を数える．たとえば，アセチレンの炭素原子は水素原子 1 個と隣接する炭素原子の 2 つの結合をつくればよい．つまり，炭素原子は sp 混成軌道により隣接する原子と結合を形成する．また，エチレンの場合は 2 個の水素原子と 1 個の炭素原子の 3 個と結合する必要があるので，炭素原子は sp² 混成軌道をつくり，2 個の水

---

**NOTE**

sp², sp³ 混成軌道も以下に示すように式 (6.4.1)，式 (6.4.2) のような数式で表すことができる．

sp² 混成軌道

$\varphi_{sp^2 混成,1} = \frac{1}{\sqrt{3}}\varphi_s + \frac{\sqrt{2}}{\sqrt{3}}\varphi_{p_x}$

$\varphi_{sp^2 混成,2} = \frac{1}{\sqrt{3}}\varphi_s - \frac{1}{\sqrt{6}}\varphi_{p_x} + \frac{1}{\sqrt{2}}\varphi_{p_y}$

$\varphi_{sp^2 混成,3} = \frac{1}{\sqrt{3}}\varphi_s - \frac{1}{\sqrt{6}}\varphi_{p_x} - \frac{1}{\sqrt{2}}\varphi_{p_y}$

sp³ 混成軌道

$\varphi_{sp^3 混成,1} = \frac{1}{2}\varphi_s + \frac{1}{2}\varphi_{p_x} + \frac{1}{2}\varphi_{p_y} + \frac{1}{2}\varphi_{p_z}$

$\varphi_{sp^3 混成,2} = \frac{1}{2}\varphi_s + \frac{1}{2}\varphi_{p_x} - \frac{1}{2}\varphi_{p_y} - \frac{1}{2}\varphi_{p_z}$

$\varphi_{sp^3 混成,3} = \frac{1}{2}\varphi_s - \frac{1}{2}\varphi_{p_x} - \frac{1}{2}\varphi_{p_y} + \frac{1}{2}\varphi_{p_z}$

$\varphi_{sp^3 混成,4} = \frac{1}{2}\varphi_s - \frac{1}{2}\varphi_{p_x} + \frac{1}{2}\varphi_{p_y} - \frac{1}{2}\varphi_{p_z}$

**参考**

エチレンの炭素原子は sp² 混成軌道をつくり，炭素原子の sp² 混成軌道と水素原子の s 軌道で σ 結合，平面と垂直に炭素原子の p 軌道どうしで π 結合する．以下の図に混成軌道を用いたエチレンの分子軌道を示す．

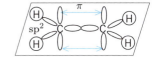

図から，エチレンの H 原子と C 原子は同一平面に存在することもわかる．

> **NOTE**
>
> 「隣接する原子の数」を数えると説明したが，厳密には，混成軌道の各軌道と結合できる「（隣接する原子群の）不対電子の総数」が重要になる．
>
> 以下の図に，昇位によるメタン（$CH_4$）の $sp^3$ 混成軌道の形成，その後の $sp^3$ 混成軌道の不対電子と H 原子の不対電子が対を組んで安定化する様子を示す．

素原子と 1 個の炭素と結合をする．メタンの場合，炭素原子は 4 個の水素原子と結合をつくらないといけないので，$sp^3$ 混成軌道をつくる．このように，隣接する原子数で炭素原子がつくる混成軌道を予測できることがわかる．

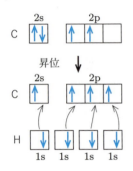

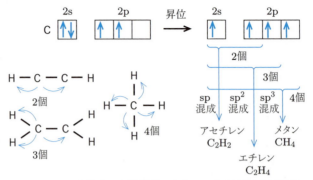

図 6.3.12 ● 炭素原子の電子配置の昇位と，炭素原子の混成軌道と H 原子の結合の仕方

---

**s 軌道と p 軌道の混成軌道**

s 軌道と p 軌道 1 種類：sp 混成軌道，直線構造
s 軌道と p 軌道 2 種類：$sp^2$ 混成軌道，平面構造
s 軌道と p 軌道 3 種類：$sp^3$ 混成軌道，正四面体構造

混成軌道を形成する炭素原子に隣接する原子の数で，混成軌道の種類が決まる．

---

### 例題 6.12

下線を引いた炭素原子の混成軌道およびその構造を答えよ．

(1) $\underline{C}H_2O$（ホルムアルデヒド）　　(2) $H\underline{C}N$（シアン化水素）
(3) $\underline{C}H_2Cl_2$（ジクロロメタン）

**解答**

隣り合う原子の数から混成軌道の種類を予測し，その構造を予測する．

(1) $\underline{C}H_2O$（ホルムアルデヒド）の炭素は 2 個の水素原子と 1 個の酸素原子の合計 3 つの原子と結合するので，$sp^2$ 混成軌道．平面構造．

(2) $H\underline{C}N$（シアン化水素）の炭素は 1 個の水素原子と 1 個の窒素原子の合計 2 つの原子と結合するので，sp 混成軌道．直線構造．

(3) $\underline{C}H_2Cl_2$（ジクロロメタン）の炭素は 2 個の水素原子と 2 個の塩素原子の合計 4 つの原子と結合するので，$sp^3$ 混成軌道．正四面体構造．

## Coffee Break

　電子スピンは 1896 年にオランダのゼーマンにより，ナトリウム原子の発光線である D 線が分裂する事実がきっかけで発見された．電子のスピンは物質の磁性に関与することが明らかになり，現在では磁気デバイスの研究開発に電子スピンの理解は欠かせないことが明らかとなっている．

　また，本章では化学結合には σ 結合と π 結合があると説明したが，π 結合は導電性物質における導電性を説明する重要なキーワードであり，導電性以外にも光の吸収や発光過程にも重要な役割を果たす．光で色が変わるフォトクロミック材料はこの π 結合の制御が鍵となっている．

　波動関数の 2 乗は電子の存在確率を表すという哲学的な内容を含んでいる一方で，電子の波動関数は材料開発を進めるでは不可欠な考えになっている．

## この章のまとめ

| | |
|---|---|
| 光のエネルギーと振動数の関係 | $E = h \times \nu$ |
| 光電子の運動エネルギーと光の振動数の関係 | $V = h\nu - W = \dfrac{hc}{\lambda} - W$ |
| ボーアの水素原子モデルにおける電子のエネルギー | $E = -\dfrac{me^4}{8\varepsilon_0^2 h^2}\dfrac{1}{n^2}$ |
| ボーア半径 | $r = \dfrac{\varepsilon_0 h^2}{\pi m e^2}$ |
| ド・ブロイの式 | $\lambda_e = \dfrac{h}{p} = \dfrac{h}{m \times v}$ |
| リュードベリの式 | $\tilde{\nu} = R \times \left(\dfrac{1}{n_1^2} - \dfrac{1}{n_1^2}\right)$ |
| 主量子数，方位量子数，磁気量子数の条件 | $n = 1, 2, 3, ..., \quad \ell = 0, 1, 2, ..., n-1$<br>$m = 0, \pm 1, \pm 2, ..., \pm \ell$ |
| 分子軌道 | 同位相：結合性　逆位相：反結合性 |
| 結合次数 | $\dfrac{(結合性軌道にある電子数)-(反結合性軌道にある電子数)}{2}$ |
| 混成軌道 | sp 混成軌道，$sp^2$ 混成軌道，$sp^3$ 混成軌道 |

## 復習総まとめ問題

**6.1** 次の各原子軌道に収容できる電子数を求めよ．また，これらの軌道がどのような形をしているか図で示せ．
(1) 1s軌道　(2) 2p軌道

**6.2** 以下の問いに答えよ．ただし，プランク定数は $h = 6.6 \times 10^{-34}$ J s，電子の質量は $m = 9.1 \times 10^{-31}$ kg，電気素量は $e = 1.6 \times 10^{-19}$ C，光速は $c = 3.0 \times 10^8$ m s$^{-1}$ である．
(1) ある電位差で電子を加速した結果，電子の波長が 1.0 pm（$= 1.0 \times 10^{-12}$ m）となった．電子の加速に用いられた電圧は何 V だったか，ド・ブロイの関係式を用いて推定せよ．
(2) $L = 2.9$ nm（$= 2.9 \times 10^{-9}$ m）の幅の井戸型ポテンシャル（**問図 6.1**）において，$n = 12$ から $n = 11$ の準位に移動するのに必要なエネルギー $\Delta E$ [J] と必要な光の波長 $\lambda$ [m] を計算せよ．

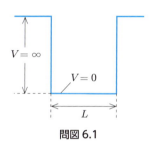

**問図 6.1**

**6.3** 水素原子の軌道のなかで，$n = 1$ から $n = 3$，$n = 2$ から $n = 4$，$n = 3$ から $n = 5$ の遷移が起こるとき，これらを電子を遷移するのに必要なエネルギーの大きい順に並べよ．

**6.4** 次の量子数で表される軌道は許されるか．許される場合は○，許されない場合は×を記せ．
(1) $n = 4$, $l = 4$, $m = 0$　(2) $n = 2$, $l = 0$, $m = 2$
(3) $n = 5$, $l = 2$, $m = -2$　(4) $n = 3$, $l = 2$, $m = 3$
(5) $n = 5$, $l = -1$, $m = -3$

**6.5** Si，Ca のもっともエネルギーが低い状態（基底状態）における電子配置を記せ．ただし，Si，Ca の原子番号はそれぞれ 14，20 である．電子配置はたとえば，He の場合，$1s^2\,2s^2$ のように表記すること．

**6.6** sp$^2$ 混成軌道において以下の2つ（$\Psi_1$, $\Psi_2$）がたがいに直交する（$\int \Psi_1^* \times \Psi_2 \,dxdydz = 0$）ことを証明せよ．

$$\Psi_1 = \frac{1}{\sqrt{3}}\varphi_s + \frac{\sqrt{2}}{\sqrt{3}}\varphi_{p_x}, \quad \Psi_2 = \frac{1}{\sqrt{3}}\varphi_s - \frac{1}{\sqrt{6}}\varphi_{p_x} + \frac{1}{\sqrt{2}}\varphi_{p_y}$$

**6.7** 次の分子およびイオンの結合次数を求めよ．また，どちらの分子（イ

オン）の結合長が長いか，結合次数の値をもとに推定せよ．

(1) $N_2$ と $N_2^+$　(2) $F_2$, $F_2^+$

**6.8** 次の分子の下線で記した原子の混成軌道は sp 混成，$sp^2$ 混成，$sp^3$ 混成のいずれかを予想せよ．

(1) H<u>2</u>O　(2) <u>C</u>H$_2$O　(3) <u>C</u>Cl$_4$　(4) CH$_3$<u>N</u>H$_2$　(5) CH$_3$<u>C</u>N

**6.9** $BF_3$ の B 原子の混成軌道，$BeCl_2$ の Be の混成軌道の種類を答えよ．また，混成軌道の形から，これらの構造を予測せよ．

## 難問にチャレンジ

**6.A** 水素原子のエネルギー，波動関数，および電子配置に関する次の問いに答えよ．

(1) 水素原子の波動関数は動径分布関数 $R_{n,\ell}(r)$ と球面調和関数 $Y_\ell^m(\theta,\varphi)$ の積で表される．これらの関数を区別する量子数 $n$, $\ell$, $m$ の名称をそれぞれ答えよ．

(2) 水素原子の 1s 軌道の動径分布関数 $R_{1s}(r)$ は，陽子からの距離 $r$ とボーア半径 $a_0$ を用いて，$R_{1s}(r) = \dfrac{2}{a_0^{3/2}} e^{-r/a_0}$ と表すことができる．中心（核）からの距離 $r \sim r+dr$ の位置に電子が存在する確率を $P(r)dr$ とするとき，水素原子の 1s 軌道の $P(r)$ を $R_{1s}(r)$ と $r$ を用いて表せ．

(3) $P(r)$ を用いて 1s 軌道の電子が見出される確率が最大となる距離 $r$ を $a_0$ を用いて表せ．

**6.B** N および O の原子軌道の 2p 軌道のエネルギー準位図をもとに NO の分子軌道のエネルギー準位図を作成し，その電子配置を記して，NO が磁性をもつ理由について説明せよ．ただし，N の 2p 軌道と O の 2p 軌道で形成する分子軌道のエネルギーは $\sigma < \pi < \pi^* < \sigma^*$ の順（$O_2$ および $F_2$ と同じ）である．

**6.C** 分子構造および磁性に関する次の問いに答えよ．

(1) $XeO_3$ は三角錐構造をとることが知られている．このような構造をとる理由について，混成軌道の考え方を用いて説明せよ．

(2) $[Fe(CN)_6]^{3-}$ および $[FeF_6]^{3-}$ は，Fe 原子に対して配位子が Fe の空軌道に配位結合して錯体を形成するが，それぞれ**問図 6.2** に示すようなそれぞれ異なる $d^2sp^3$ 混成軌道により正八面体構造になることが知

られている．なぜ，このように同じ中心元素で異なる混成軌道をとるのか理由を考えよ．

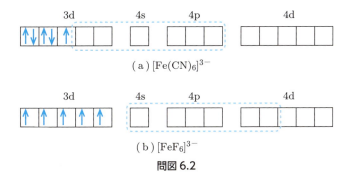

問図 6.2

chapter 7

# 原子核の崩壊と放射性元素

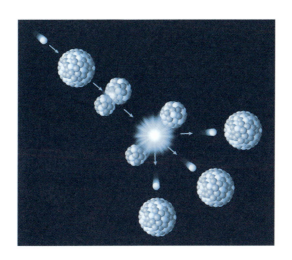

## 理解度チェック

- ☐ 放射線核種とその性質および半減期について説明できる
- ☐ 核融合，核分裂を理解し，その生成物を予測できる
- ☐ 放射線の性質および単位を理解している
- ☐ 核融合，核分裂で発生するエネルギーを計算できる
- ☐ 核分裂および核融合について説明できる

## 7.1 放射線核種と半減期

**KEYWORD**

放射線核種，放射線系列，半減期（崩壊定数），ベクレル，グレイ，シーベルト

### 7.1.1 原子核の崩壊と放射線核種

元素は陽子と中性子からなる原子核と電子からなるが，一部の元素の原子核は不安定であり，原子核が**放射線**(radiation)とよばれる粒子や電磁波を放出して崩壊する．このように崩壊する原子種を**放射性同位体**(radioisotope)（**ラジオアイソトープ**）とよぶ．

図7.1.1に $^{238}U$（原子番号238のウラン）の原子核崩壊の様子を示す．$^{238}U$ は自発的に原子核崩壊を繰り返し，$^{206}Pb$（原子番号206の鉛）となり，ようやく安定に存在する．このような崩壊により生じる一連の原子核を系列としてまとめたもの，**崩壊系列**(decay series)または**放射線系列**(radioactive series)とよぶ．

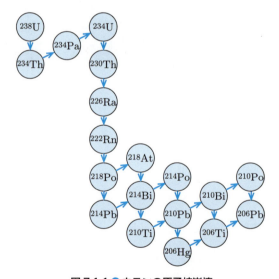

**図7.1.1 ● ウランの原子核崩壊**

天然に存在する放射線核種はウラン以外にも約70種類存在する．基本的な原子核の崩壊パターンは $\alpha$ 崩壊($\alpha$ decay)，$\beta$ 崩壊($\beta$ decay)，$\gamma$ 崩壊($\gamma$ decay)の3種類である．以下に各崩壊で生成する放射線とその性質についてまとめる．各崩壊で生じる放射線が異なるため，原子核崩壊で生成される原子種の原子番号や質量数の変化も異なる．

> **原子核崩壊の種類と生じる放射線**
>
> $\alpha$ 崩壊：$\alpha$ 線＝ヘリウム原子核（$^4_2\text{He}$）
>
> 　　　　　電離・蛍光作用，細胞を損傷．透過性は弱い．
>
> $\beta$ 崩壊：$\beta$ 線＝電子
>
> 　　　　　透過性は中程度（紙は透過．アルミや木材で止まる）．
>
> $\gamma$ 崩壊：$\gamma$ 線＝電磁波
>
> 　　　　　単独では起こらない．$\beta$ 崩壊などと連鎖して発生．
>
> 　　　　　透過性は最大（厚いコンクリート，鉛で止まる）．

**参考**

$\alpha$ 線と $\beta$ 線は電荷をもつため，フレミングの左手の法則に従って磁場中では進行方向を変える．$\gamma$ 線は磁場中でも進行方向は変わらない．

**例題 7.1**

$^{226}_{88}\text{Ra}$ が $\alpha$ 崩壊を起こしたときの生成物は何か？

**解答** $^{226}_{88}\text{Ra}$ の $\alpha$ 崩壊により，$\alpha$ 線（$^4_2\text{He}$）が放出されるので，原子番号は2減少，質量数は4減少する．つまり，原子番号は $88-2=86$ となる（原子番号86の原子は Rn である）．

質量数は $226-4=222$ になるので，生成物は $^{222}_{86}\text{Rn}$ である．

**POINT**

$\alpha$ 線：原子番号が2，質量数が4減少
$\beta$ 線：原子番号1増加，質量数不変
$\gamma$ 線：原子番号，質量数不変

## 7.1.2 半減期

放射性同位体の原子核の崩壊を考えよう．はじめに $N_0$ 個あった原子が崩壊して $N_0/2$ 個になるまでの時間を**半減期**とよび，$t_{1/2}$ あるいは $\tau$ と表記する．
half life

放射性同位体の原子核崩壊は1次反応に従うので，

$$N = N_0 \exp(-kt) \tag{7.1.1}$$

のように指数関数的に減少する（**図 7.1.2**）．$N = N_0/2$ となるときの時間 $t$ が半減期 $t_{1/2}$ であるので，式 (7.1.1) に $N = N_0/2$，$t = t_{1/2}$ を代入することで半減期 $t_{1/2}$ が求まる．式 (7.1.1) から，時間が半減期の2倍（つまり，$2t_{1/2}$）経過すると，原子核の個数が $N = N_0/4$ になることもわかる．

式 (7.1.1) を半減期 $t_{1/2}$ を用いて書き換えると，反応速度定数 $k$ は次式のようになる．

**POINT**

第5章で学んだ反応速度の半減期と同じ公式．

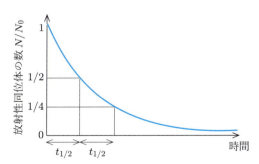

**図 7.1.2** ●放射性同位体の数の時間変化と半減期の関係

$$k = \frac{\ln 2}{t_{1/2}} \tag{7.1.2}$$

放射性同位体において，反応速度定数 $k$ は単位時間に崩壊する原子数と同義なので，**崩壊定数**または**壊変定数**(decay constant)ともよばれ，$k$ ではなく $\lambda$ で表記されることも多い．

式 (7.1.1) と式 (7.1.2) を連立して解くことで，次式が得られる．

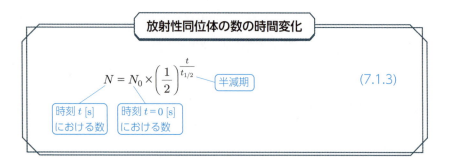

放射性同位体の数の時間変化

$$N = N_0 \times \left(\frac{1}{2}\right)^{\frac{t}{t_{1/2}}} \tag{7.1.3}$$

（時刻 $t$ [s] における数／時刻 $t=0$ [s] における数／半減期）

また，式 (7.1.3) の両辺の対数をとると

$$\ln\left(\frac{N_0}{N}\right) = \frac{t}{t_{1/2}} \times \ln 2 \tag{7.1.4}$$

となる．式 (7.1.3)，式 (7.1.4) を用いることで，任意の時刻 $t$ [s] における放射性同位体の原子数 $N$ を求めることができる．

### 例題 7.2

$^{14}_{6}\mathrm{C}$ の半減期は $t_{1/2} = 5700$ 年である．$^{14}_{6}\mathrm{C}$ の崩壊定数 $\lambda$ [s$^{-1}$] を求めよ．また，11400 年後の $^{14}_{6}\mathrm{C}$ の量は現在測定された $^{14}_{6}\mathrm{C}$ の量の何%となっているか．ただし，1 年は 365 日（端数は無視）として計算すること．

**解答** 崩壊定数の公式☞式 (7.1.2) より，

$$\lambda = \frac{\ln 2}{5700 \times 365 \,[\text{日}] \times 24 \,[\text{時間}] \times 3600 \,[\text{s}]} = 3.86 \times 10^{-12} \,\text{s}^{-1}$$

となる．また，現在の $^{14}_{6}\mathrm{C}$ の量を $N_0$，11400 年後の $^{14}_{6}\mathrm{C}$ の量を $N$ とすると，式 (7.1.3) より，次のようになる．

$$\frac{N}{N_0} = \left(\frac{1}{2}\right)^{\frac{11400}{5700}} = \left(\frac{1}{2}\right)^2 = \frac{1}{4} = \frac{1}{4} \times 100 \,[\%] = 25.0\%$$

**参考**　炭素の放射性同位体の数が時間とともに減少することを利用した手法が，遺跡などの年代測定に多く利用されている．

### 7.1.3 放射線に関連する単位と検出器

放射線の強度およびその影響を表す単位は，目的に応じてさまざまに使い分けられている．以下にその単位をまとめる．

```
┌─────── 放射線の強度を表す単位 ───────┐
│                                          │
│  ベクレル Bq：1 秒間に核崩壊を起こす回数  │
│                                          │
└──────────────────────────────────────────┘
```

**参考**
現在は放射線の強度の単位にベクレル Bq がよく使われるが，昔はキュリー Ci がよく使われた．例題 7.3 も参照のこと．

```
┌─────── 放射線の影響を表す単位 ───────┐
│ 吸収線量　グレイ Gy = J kg⁻¹：
│   単位質量 [kg] の物質が吸収した電離放射線のエネルギー [J]
│ 等価線量　シーベルト Sv：
│   被爆の影響を示す単位．
│   「等価線量」=「放射線加重係数」×「吸収線量」
│   ※「放射線加重係数」：吸収線量に放射線ごとの影響の違いを
│     考慮したもの．例として α 線 = 20，β 線 = γ 線 = 1．
│   ※等価線量以外に，人体の臓器や組織ごとの感受性（組織加重
│     係数）を考慮した「実効線量」（こちらの単位も Sv）もある．
└──────────────────────────────────────────┘
```

また，放射線を物質に照射すると，電荷を帯びたり，蛍光を発したりする．この現象を利用して，**GM 計数管**（Geiger-Muller counter），**シンチレーション検出器**（scintillation detector）などが放射線の測定装置として使われている．

### 例題 7.3

$1.0\,\text{g}$ のラジウム $^{226}\text{Ra}$ が 1 秒あたりに崩壊する数を表す単位をキュリー（以降，Ci と表記）と定義していた．1 Ci をベクレル Bq で表せ．ただし，$^{226}\text{Ra}$ の崩壊定数は $\lambda = 1.37 \times 10^{-11}\,\text{s}^{-1}$ であるとして計算せよ．

**HINT**
ベクレル Bq の値は，その放射性元素の崩壊定数 $\lambda\,[\text{s}^{-1}]$ と対象とする放射性元素の原子数 $N\,[\text{個}]$ の積で表される．

**解答**　$1.0\,\text{g}$ の Ra 中の原子数 $N$ は，アボガドロ数を $N_A$ とすると

$$N = \frac{1}{226} \times N_A = \frac{1}{226} \times 6.02 \times 10^{23} = 2.66 \times 10^{21}\,\text{個}$$

である．ベクレル Bq は崩壊定数 $\lambda$ と原子数 $N$ の積なので，崩壊定数 $\lambda = 1.4 \times 10^{-11}\,\text{s}^{-1}$ を用いて，

$$1\,\text{Ci} = 2.66 \times 10^{21}\,[\text{個}] \times 1.4 \times 10^{-11}\,[\text{s}^{-1}] = 3.7 \times 10^{10}\,\text{Bq}$$

となる．
（補足）現在のキュリーの定義は $1\,\text{Ci} = 3.7 \times 10^{10}\,\text{Bq}$ である．

## 7.2 核分裂と核融合，核の結合エネルギー

**KEYWORD**
核分裂，核融合，中性子，連鎖反応，質量欠損，核の結合エネルギー

### 7.2.1 核分裂と核融合

原子核に陽子や$\alpha$粒子を衝突させるのは正電荷どうしの衝突であるため，高エネルギーが必要となる．しかし，**中性子**(neutron)は電荷をもたないため，核の反発を受けることなく反応することが可能である．

**POINT**
核分裂，核融合いずれの反応においても，質量数（中性子数）と陽子数は保存される．

中性子は電荷がなく，質量数が1であるので，${}^{1}_{0}\text{n}$と表される．天然のウラン${}^{235}_{92}\text{U}$に中性子が衝突すると，**図 7.2.1**に示すように${}^{144}_{56}\text{Ba}$と${}^{89}_{36}\text{Kr}$に分裂し，3個の中性子を放出する．さらに，この中性子${}^{1}_{0}\text{n}$が再び${}^{235}_{92}\text{U}$と反応を繰り返す．

このような反応を**連鎖反応**(chain reaction)とよび，これは**原子力発電**(nuclear power generation)の原子炉内で実際に進行している反応である．実際の原子炉ではほかの数多くの連鎖反応が進行する．原子炉内の核分裂反応を減速させるには**制御棒**(control rod)を原子炉内に投入し，中性子を吸収させる必要がある．

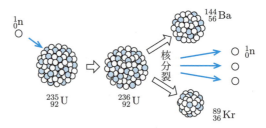

**図 7.2.1** ●ウランが中性子と衝突して核分裂する様子

**核融合**(nuclear fusion)は，原子核どうしを衝突させてより重い核種をつくり，莫大なエネルギーを得る技術である．太陽などの恒星は

$$ {}^{2}_{1}\text{H} + {}^{3}_{1}\text{H} \rightarrow {}^{4}_{2}\text{He} + {}^{1}_{0}\text{n} \tag{7.2.1}$$

のような反応で核融合を実際に起こしているものの，核融合させるためには大きなエネルギーが必要であり，実用化されていない．

---

**例題 7.4**

リチウム${}^{6}_{3}\text{Li}$に中性子${}^{1}_{0}\text{n}$を照射した．${}^{4}_{2}\text{He}$と一緒に生成される核種を予想せよ．

**解答** 生成される核種の陽子数を$x$，質量数を$y$とすると，
　　質量数：$6+1=4+y$，　陽子数：$3+0=2+x$
より$y=3$, $x=1$. つまり，生成される核種は${}^{3}_{1}\text{H}$となる．

**HINT**
核反応前後において質量数，陽子数が保存されることを用いる．

### 7.2.2 核の結合エネルギー

原子核の分裂や融合が起こっても，陽子数および中性子数，そして質量数の総和は変化しないことを学んだ．しかし，厳密には原子核の分裂や融合が起こると**質量保存則** (law of conservation of mass) は成り立たない．実際には，原子核の分裂や融合では原子核の質量がわずかながらにも減少し，その質量の減少分がエネルギーとして放出される．

原子核を構成する個々の陽子，中性子の質量の和から，原子核の実際の質量の和を差し引いた値を**質量欠損** (mass defect) とよぶ．アインシュタインは特殊相対性理論により，原子核の結合エネルギー $E$ と質量欠損 $\Delta m$ との間に次の関係があることを明らかにした．

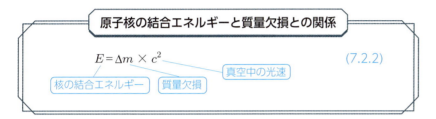

**原子核の結合エネルギーと質量欠損との関係**

$$E = \Delta m \times c^2 \quad (7.2.2)$$

核の結合エネルギー，質量欠損，真空中の光速

**参考** 式 (7.2.2) を計算すると，わずかな質量欠損から非常に大きなエネルギーが生じることがわかる．

#### 例題 7.5

$_2^4\mathrm{He}$ 原子核のモル質量は $4.00150 \times 10^{-3}$ kg mol$^{-1}$ である．陽子，中性子のモル質量はそれぞれ，$1.007277 \times 10^{-3}$ kg mol$^{-1}$，$1.008665 \times 10^{-3}$ kg mol$^{-1}$ である．$_2^4\mathrm{He}$ 原子核の質量欠損と，1 mol あたりの $_2^4\mathrm{He}$ 原子核の全結合エネルギーを計算せよ．

**解答** 2個の陽子と2個の中性子のモル質量の和は

$$2 \times (1.007277 \times 10^{-3}\,[\mathrm{kg\,mol^{-1}}] + 1.008665 \times 10^{-3}\,[\mathrm{kg\,mol^{-1}}])$$
$$= 4.03188 \times 10^{-3}\,\mathrm{kg\,mol^{-1}}$$

一方，実際の質量は $4.00150 \times 10^{-3}$ kg mol$^{-1}$ なので，質量欠損は

$$\Delta m = 4.03188 \times 10^{-3}\,[\mathrm{kg\,mol^{-1}}] - 4.00150 \times 10^{-3}\,[\mathrm{kg\,mol^{-1}}]$$
$$= 0.03038 \times 10^{-3}\,\mathrm{kg\,mol^{-1}}$$

となる．

原子核の結合エネルギーと質量欠損との関係☞式 (7.2.2) より，

$$E = \Delta m \times c^2$$
$$= 0.03038 \times 10^{-3}\,[\mathrm{kg\,mol^{-1}}] \times (2.9979 \times 10^8\,[\mathrm{m\,s^{-1}}])^2$$
$$= 2.7304 \times 10^{12}\,\mathrm{J\,mol^{-1}}$$

を得る．

## この章のまとめ

| 原子核の崩壊の種類と生じる放射線 | $\alpha$ 崩壊：$\alpha$ 線＝ヘリウム原子核（$^4_2\text{He}$），透過性は弱い<br>$\beta$ 崩壊：$\beta$ 線＝電子，透過性は中程度<br>$\gamma$ 崩壊：$\gamma$ 線＝電磁波，透過性は最大 |
|---|---|
| 崩壊定数 $\lambda$ と半減期 $t_{1/2}$ の関係 | $\lambda = \dfrac{\ln 2}{t_{1/2}}$ |
| 放射性同位体の数 $N$ の変化 | $N = N_0 \times \left(\dfrac{1}{2}\right)^{\frac{t}{t_{1/2}}}$ |
| 放射線の強度 | ベクレル Bq，1秒間に核崩壊を起こす回数 |
| 放射線の単位 | 吸収線量：グレイ Gy＝J kg$^{-1}$<br>等価線量：シーベルト Sv |
| 原子核の結合エネルギー $E$ と質量欠損 $\Delta m$ との関係 | $E = \Delta m \times c^2$ |

　原子核の崩壊により，天然に存在する放射性同位体の数は時間とともに減少する．そして，このことを利用した放射線同位体が含まれる物質の年代計測は一般的に用いられる技術となった．

　同位体を使った技術には，同位体存在比を測定し，その発生源を特定する研究もある．たとえば，二酸化炭素の放出源が化石燃料の燃焼か，自然発生由来かを炭素同位体比から推定ができる．放射線についても，天文分野では $\gamma$ 線の測定によるブラックホールの研究，医療分野においても放射線照射によるがん治療，材料分野では自動車タイヤの耐久性を上げるために放射線を照射するなど，その用途は多様である．

## 復習総まとめ問題

**7.1** 次の核化学反応式を完成させよ．

(1) $^{84}_{36}\text{Kr} + ^{1}_{0}\text{n} \rightarrow [\quad] + ^{0}_{-1}\text{e}$ (2) $^{212}_{84}\text{Po} \rightarrow [\quad] + ^{4}_{2}\text{He}$

(3) $^{10}_{5}\text{B} + ^{4}_{2}\text{He} \rightarrow [\quad] + ^{1}_{0}\text{n}$ (4) $^{24}_{11}\text{Na} \rightarrow [\quad] + ^{0}_{-1}\text{e}$

(5) $^{27}_{13}\text{Al} + ^{4}_{2}\text{He} \rightarrow [\quad] + ^{1}_{0}\text{n}$

**7.2** $^{238}_{92}\text{U}$ に加速した $^{12}_{6}\text{C}$ を衝突させると，中性子4個を放出して天然には存在しない核種 Cf が生成する．この核反応式を作成せよ．

**7.3** ヨウ素の同位体であるヨウ素131（$^{131}\text{I}$）の半減期は8.0日である．ある患者に100 ng のヨウ素131を注射した．注射により体内に吸収されたヨウ素131の体外排出は起こらないとして，32日後にこの患者の体内にあるヨウ素131は何 ng 残っているか計算せよ．

**7.4** $^{226}\text{Ra}$ は100年でその4.0%が $^{222}\text{Ra}$ に壊変する．壊変定数 $\lambda$ [年$^{-1}$] と半減期 [年] を求めよ．

**7.5** 1.00 g の $^{14}\text{C}$ の放射能の強さは何 Bq（ベクレル）か．ただし，アボガドロ定数 $N_A = 6.02 \times 10^{23}$，$^{14}\text{C}$ の半減期は5730年（$= 1.81 \times 10^{11}$ 秒）であるとする．

**7.6** 核融合反応 $2\,^{2}_{1}\text{H} \rightarrow ^{3}_{1}\text{H} + ^{1}_{1}\text{H}$ で放出されるエネルギー [J mol$^{-1}$] を計算せよ．ただし，$^{3}_{1}\text{H}$, $^{2}_{1}\text{H}$, $^{1}_{1}\text{H}$ の質量はそれぞれ $3.016049 \times 10^{-3}$ kg mol$^{-1}$，$2.014101 \times 10^{-3}$ kg mol$^{-1}$，$1.007825 \times 10^{-3}$ kg mol$^{-1}$ であり，光速は $3.00 \times 10^{8}$ m s$^{-1}$ とする．

## 難問にチャレンジ

**7.A** $^{86}_{38}\text{Sr}$ は $\beta$ 崩壊に関係しない安定同位体である一方，$^{87}_{37}\text{Rb}$ は半減期が488億年（崩壊定数 $\lambda = 1.42 \times 10^{-11}$ 年$^{-1}$）で $\beta$ 崩壊して $^{87}_{38}\text{Sr}$ になることが知られている．ある隕石の生成年数を求めるため，隕石に含まれるいろいろな鉱物の同位体比について測定し，$^{87}\text{Sr}/^{86}\text{Sr}$ を縦軸に，$^{87}\text{Rb}/^{86}\text{Sr}$ を横軸にプロットした結果，傾きが0.0670の直線となった．次の問いに答えよ．

(1) 隕石が生成したときの時間 $t = 0$ における $^{87}_{37}\text{Rb}$ および $^{87}_{38}\text{Sr}$ の原子数

を $^{87}\text{Rb}_0$, $^{87}\text{Sr}_0$, 隕石が生成して $t$ 年後の $^{87}_{37}\text{Rb}$ および $^{87}_{38}\text{Sr}$ の原子数を $^{87}_{37}\text{Rb}(t)$, $^{87}_{38}\text{Sr}(t)$ と表すとき, $^{87}\text{Rb}(t)$ と $^{87}\text{Sr}(t)$ の関係を $^{87}_{37}\text{Rb}_0$, $^{87}_{38}\text{Sr}_0$, および崩壊定数 $\lambda$ [年$^{-1}$], 隕石の生成から測定までの時間 $t$ [年] を用いて表せ.

(2) 同位体比の測定結果から, 隕石が生成してから何年経過したか求めよ.

**7.B** $^{226}\text{Ra}$ の半減期は $5.84 \times 10^5$ 日, その $\alpha$ 崩壊で生じる $^{222}\text{Rn}$ の半減期は 3.82 日である. これらの半減期の値から 10.0 g の $^{222}\text{Rn}$ 中に存在する原子数を定常状態近似により推定せよ. ただし, アボガドロ定数 $N_A = 6.02 \times 10^{23}$ として計算せよ.

**7.C** $^{32}\text{P}$ でラベルしたリン酸肥料を小麦畑に深さ 10 cm, 12 cm, 14 cm に施して, 収穫した小麦に含まれる放射性リンの分析を行ったところ, 施肥の深さと $^{32}\text{P}$ 由来の放射能の強さの関係として, **問表 7.1** のような結果を得た. どの深さの施肥が小麦の根へのリン酸肥料の吸収能が最大か答えよ. ただし, $^{32}\text{P}$ の半減期は 14.2 日とする.

**問表 7.1**

| 施肥の深さ [cm] | 施肥から測定までの時間 [日] | 放射能の強さ [Bq g$^{-1}$] |
| --- | --- | --- |
| 10.0 | 10 | 15.0 |
| 12.0 | 15 | 13.0 |
| 14.0 | 20 | 8.0 |

**7.D** $^{227}\text{Ac}$ の半減期は 21.8 年であり, $^{227}\text{Ac}$ の $\alpha$ 崩壊により $^{223}\text{Fr}$ が, $^{227}\text{Ac}$ の $\beta$ 崩壊により $^{227}\text{Th}$ が同時に生成することが知られている. 以下の問いに答えよ.

(1) $^{227}\text{Ac}$ の $\alpha$ 崩壊により $^{223}\text{Fr}$ が生成する核反応式, および $^{227}\text{Ac}$ の $\beta$ 崩壊により $^{227}\text{Th}$ が生成する核反応式を書け.

(2) $^{227}\text{Ac}$ の $\alpha$ 崩壊により生成した $^{223}\text{Fr}$ と, $\beta$ 崩壊により生成した $^{227}\text{Th}$ の原子数の比を調べると, 98.6% が $^{223}\text{Fr}$, 1.40% が $^{227}\text{Th}$ であった. $^{227}\text{Ac}$ の $\alpha$ 崩壊と $^{227}\text{Ac}$ の $\beta$ 崩壊のそれぞれの反応経路の崩壊定数はいくらになるか.

# 付　録

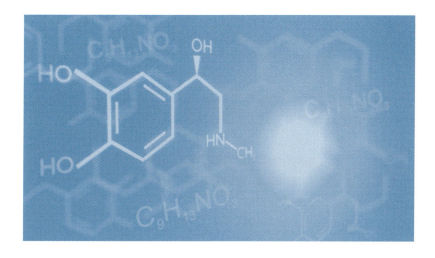

A.1　単位

A.2　有効数字

A.3　基礎物理定数表

A.4　微分・積分・偏微分

A.5　物理化学物性データ集

## A.1 単位

科学や工学ではさまざまな物理量を扱う．物理量はすべて「数値」と「単位」の積で表される．とくに指定がなければ，単位(unit)は，国際単位系（SI）を使う．SIでは7つの基本単位を定めている（**表A.1.1**）．

表A.1.1 ● SI基本単位

| 物理量 | 名称 | 記号 |
|---|---|---|
| 長さ | メートル | m |
| 質量 | キログラム | kg |
| 時間 | 秒 | s |
| 電流 | アンペア | A |
| 熱力学的温度 | ケルビン | K |
| 物質量 | モル | mol |
| 光度 | カンデラ | Cd |

7つの基本単位のほかに，基本単位の積などから誘導されるSI組立単位も存在する．SI組立単位でも，頻出するものには特別の名称がある（**表A.1.2**）．

表A.1.2 ● SI組立単位の例

| 物理量 | 名称 | 記号 | 定義 |
|---|---|---|---|
| 力 | ニュートン | N | $kg\ m\ s^{-2}$ |
| エネルギー | ジュール | J | $kg\ m^2\ s^{-2}$ |
| 圧力 | パスカル | Pa | $kg\ m^{-1}\ s^{-2}$ |
| 電荷 | クーロン | C | $A\ s$ |
| 電位（電圧） | ボルト | V | $kg\ m^2\ s^{-3}\ A^{-1}$ |

また，大きな数字や小さな数字を表すのに便利なよう，**表A.1.3**のSI接頭語が定められている．

表A.1.3 ● SI接頭語の例

| 記号 | 名称 | 倍率 | 記号 | 名称 | 倍率 |
|---|---|---|---|---|---|
| G | ギガ | $10^9$ | c | センチ | $10^{-2}$ |
| M | メガ | $10^6$ | m | ミリ | $10^{-3}$ |
| k | キロ | $10^3$ | μ | マイクロ | $10^{-6}$ |
| h | ヘクト | $10^2$ | n | ナノ | $10^{-9}$ |
| d | デシ | $10^{-1}$ | p | ピコ | $10^{-12}$ |

## A.2 有効数字

実験などで得られる数値は，測定機器の精度などにより数値の桁が異なる．

数値は，**有効数字** (significant figures) を考慮して，意味のある桁までの数字で表す．たとえば，時間 35.5 s は有効数字 3 桁，質量 2.6458 g は有効数字 5 桁である．また，0.0523 g は 3 桁であり，5 の左側の 0 は小数の位取りである．一方，20.50 cm は 4 桁であり，小数第 2 位の 0 はこの桁の値が 0 であることを表し，意味のある値である．20.5 cm であれば 3 桁であり，20.50 cm より精度が低い．

異なる有効数字の数値を用いて計算する場合，加減計算と乗除計算で，答えの有効数字の桁が異なる．加減計算では，用いた数値の有効数字で最下位の位を比べ，もっとも大きい位の桁に合わせることが望ましい．

$$0.250_{\text{小数第3位}} + 12.5_{\text{小数第1位}} = 12.750 = 12.8_{\text{小数第1位}}$$

乗除計算では，用いた数値の有効数字のうちもっとも低い桁のものに合わせることが望ましい．

$$4.86_{\text{3桁}} \times 0.0066_{\text{2桁}} = 0.032076 = 0.032_{\text{2桁}}$$

## A.3 基礎物理定数表

### A.3.1 基本物理定数表

| 名称 | 数値 | 名称 | 数値 |
|---|---|---|---|
| 氷点の絶対温度 | $T_0 = 273.15$ K | ファラデー定数 | $F = 9.6485 \times 10^4$ C mol$^{-1}$ |
| 気体定数 | $R = 8.3145$ J K$^{-1}$ mol$^{-1}$ | 電気素量 | $e = 1.6022 \times 10^{-19}$ C |
| | $= 0.08206$ atm dm$^3$ K$^{-1}$ mol$^{-1}$ | 電子の静止質量 | $m = 9.1094 \times 10^{-31}$ kg |
| アボガドロ定数 | $N_A = 6.0221 \times 10^{23}$ mol$^{-1}$ | 真空の誘電率 | $\varepsilon_0 = 8.8542 \times 10^{-12}$ F m$^{-1}$ |
| ボルツマン定数 | $k_B = 1.3806 \times 10^{-23}$ J K$^{-1}$ | 真空の透磁率 | $\mu_0 = 1.2566 \times 10^{-6}$ H m$^{-1}$ |
| 真空中の光速 | $c = 2.9979 \times 10^8$ m s$^{-1}$ | プランク定数 | $h = 6.6261 \times 10^{-34}$ J s$^{-1}$ |

### 表 A.3.2 エネルギー換算表

| | J | eV | kW h | cm$^{-1}$ |
|---|---|---|---|---|
| J | 1 | $6.242 \times 10^{18}$ | $2.778 \times 10^{-7}$ | $5.034 \times 10^{22}$ |
| eV | $1.602 \times 10^{-19}$ | 1 | $4.450 \times 10^{-26}$ | $8.066 \times 10^3$ |
| kW h | $3.600 \times 10^6$ | $2.247 \times 10^{25}$ | 1 | $1.812 \times 10^{29}$ |
| cm$^{-1}$ | $1.986 \times 10^{-23}$ | $1.240 \times 10^{-4}$ | $5.518 \times 10^{-30}$ | 1 |

**A.3.3 ● 圧力換算表**

|  | Pa | atm | bar | mmHg |
|---|---|---|---|---|
| Pa | 1 | $9.869 \times 10^{-6}$ | $1 \times 10^{-5}$ | $7.501 \times 10^{-3}$ |
| atm | $1.013 \times 10^5$ | 1 | 1.013 | 760 |
| bar | $1 \times 10^5$ | 0.9869 | 1 | 750.1 |
| mmHg | 133.3 | $1.316 \times 10^{-3}$ | $1.333 \times 10^{-3}$ | 1 |

## A.4 微分・積分・偏微分

物理化学では，微分積分は必ず使用するため基礎を理解する必要がある．とくに，偏微分や微分方程式はよく使用する．

### ◆ 偏微分

ある変数 $m$ が変数 $x$ と変数 $y$ の関数であるとき，$m(x,y)$ で表す．$m(x,y)$ は，$x$ と $y$ のどちらか一方の変数を定数とみなしてもう一方の変数で微分することができ，これを偏微分という．偏微分では，一定にする変数を括弧右下に下付文字で示し，「$\partial$」の記号を用いて以下のように表す．

変数 $x$ による偏微分（$y$：定数）　　　変数 $y$ による偏微分（$x$：定数）

$$\left(\frac{\partial m(x,y)}{\partial x}\right)_y = \left(\frac{\partial m}{\partial x}\right)_y \qquad \left(\frac{\partial m(x,y)}{\partial y}\right)_x = \left(\frac{\partial m}{\partial y}\right)_x$$

それぞれの偏微分を用いると，変数 $m$ の変化量 $dm$ は以下で表せる．

$$dm = \left(\frac{\partial m}{\partial x}\right)_y dx + \left(\frac{\partial m}{\partial y}\right)_x dy$$

変数 $m$ が3つの変数 $(x, y, z)$ の関数の場合でも，それぞれの偏微分を用いて変化量 $dm$ を表せる．

$$dm = \left(\frac{\partial m}{\partial x}\right)_{y,z} dx + \left(\frac{\partial m}{\partial y}\right)_{x,z} dy + \left(\frac{\partial m}{\partial z}\right)_{x,y} dz$$

> **復習**
> 偏微分 $\partial$ に対して，すべての変数を変化させて生じる微小変化を全微分とよび，d と表記する．全微分と偏微分の違いを理解しよう．

### 例題 A.1

理想気体の状態方程式を用いて，圧力 $P$ の変化量 $dP$ を温度 $T$ と体積 $V$ の変化量（$dT$, $dV$）で表せ．ただし，物質量 $n$ は一定とする．

**解答** 理想気体の状態方程式より

$$P = \frac{nRT}{V}$$

である．圧力 $P$ の変化量 $dP$ は，温度 $T$ と体積 $V$ の偏微分を用いて次のように表される．

$$dP = \left(\frac{\partial P}{\partial T}\right)_V dT + \left(\frac{\partial P}{\partial V}\right)_T dV$$

ここで,温度 $T$ と体積 $V$ の偏微分は

$$\left(\frac{\partial P}{\partial T}\right)_V = \frac{\partial}{\partial T}\left(\frac{nRT}{V}\right)_V = \frac{nR}{V}, \quad \left(\frac{\partial P}{\partial V}\right)_T = \frac{\partial}{\partial V}\left(\frac{nRT}{V}\right)_T = -\frac{nRT}{V^2}$$

のように計算できるので,圧力 $P$ の変化量 $dP$ は以下のようになる.

$$dP = \left(\frac{\partial P}{\partial T}\right)_V dT + \left(\frac{\partial P}{\partial V}\right)_T dV = \frac{nR}{V} dT - \frac{nRT}{V^2} dV$$

### ◆ 微分方程式

物理化学では,ある変数 $x$ の変化に対する別の変数 $y$ の変化といった,変化量の比 $dy/dx$ から変数 $x$ と変数 $y$ の関係を求めることが多い.2つの変数の関係は,微分方程式を解くことで求められる.

以下ではいくつかの例をもとに説明する.

#### 例題 A.2

変化量の比 $dy/dx$ が以下の式で与えられた場合の微分方程式を解け.ただし,$a, b$ は定数とする.

(1) $\dfrac{dy}{dx} = \dfrac{1}{x}$,  (2) $\dfrac{dy}{dx} = ay + b$,  (3) $\dfrac{dy}{dx} = a \times \dfrac{y}{x^2}$

#### 解答

これらは変数分離形の微分方程式であり,右辺と左辺に変数を分けた後,それぞれ積分する.

(1) 両辺に $dx$ を掛け,左辺に変数 $y$,右辺に変数 $x$ をまとめる.定数がある場合は,どちらの辺においてもよい.

$$\frac{dy}{dx} dx = \frac{1}{x} dx \quad \text{より} \quad dy = \frac{1}{x} dx$$

それぞれの変数で不定積分すると $\int dy = \int \dfrac{1}{x} dx$ より,

$$y = \ln x + C \quad (C: 積分定数)$$

となる.

(2) 左辺に変数 $y$,右辺に変数 $x$ をまとめる.

$$\frac{1}{ay+b} dy = dx$$

それぞれの変数で不定積分する.

$$\frac{1}{a} \ln(ay+b) = x + C \quad (C: 積分定数)$$

(3) 左辺に変数 $y$,右辺に変数 $x$ をまとめる.

$$\frac{1}{y} dy = a \times \frac{1}{x^2} dx$$

それぞれの変数で不定積分する.$\int \dfrac{1}{y} dy = a \times \int \dfrac{1}{x^2} dx$ より,

> **NOTE**
> 対数関数の表記は2つ
> ① $\ln x = \log_e x$
> ② $\log x = \log_{10} x$
> 底が $e$ と 10 で異なるので注意すること.

$$\ln y = -\frac{a}{x} + C \quad (C:積分定数)$$

となる.

### 例題 A.3

反応物濃度 $c$ の時間変化は以下のとおりである.$k$ を定数として,以下の微分方程式を $t_1 \to t_2$,$c_1 \to c_2$ の範囲で定積分せよ.

$$\frac{dc}{dt} = kc^2$$

**解答** 左辺に濃度 $c$,右辺に時間 $t$ をまとめる.

$$\frac{1}{c^2} dc = k \times dt$$

それぞれの変数で不定積分すると,$\displaystyle\int_{c_1}^{c_2} \frac{1}{c^2} dc = k \int_{t_2}^{t_2} dt$ より,

$$-\frac{1}{c_2} + \frac{1}{c_1} = k(t_2 - t_1)$$

となる.

### 微小変化と差分

微分で使われる「d」は状態量である物理量の微小変化を表す.たとえば,「$dT$」は温度 $T$ の微小変化量である.一方,状態量でない物理量の微小変化は「$\delta$」で表す.状態量でない物理量としては,仕事 $W$ と熱 $Q$ がある.仕事 $W$ の微小変化量は「$\delta W$」となる.

また,状態量の差分 $\Delta T = T_2 - T_1$ は微小変化量 $dT$ を $T_2$ から $T_1$ の範囲で定積分したものとなる.一方,状態量でない微小変化量 $\delta W$ の場合,積分はただの $W$ となる.状態1から状態2へ変化したときの仕事 $W$ は存在するが,状態1の仕事 $W_1$,状態2の仕事 $W_2$ は存在しない.以下に例を示す.

### 例題 A.4

例題 A.1 において,物質量 $n$ と体積 $V$ が一定であれば,変化量 $dP$ は変化量 $dT$ を用いて $dP = \dfrac{nR}{V} dT$ と表される.圧力と温度を $(P_1, T_1)$ から $(P_2, T_2)$ へ変化させたとき,それぞれの変化量 $\Delta P$ と $\Delta T$ の関係を求めよ.

**解答** 両辺をそれぞれ定積分する.

$$\int_{P_1}^{P_2} dP = P_2 - P_1$$

$$\int_{T_1}^{T_2} \frac{nR}{V} dT = \frac{nR}{V} \int_{T_1}^{T_2} dT = \frac{nR}{V} \times (T_2 - T_1)$$

ここで，差分 $(P_2-P_1)$，$(T_2-T_1)$ をそれぞれ $\Delta P$，$\Delta T$ とおくと以下の関係が得られる．

$$\Delta P = \frac{nR}{V} \times \Delta T$$

### 例題 A.5

気体の体積の微小変化 $dV$ による仕事は $\delta W = -PdV$ で表される．圧力 $P$ を一定として，体積が $V_1$ から $V_2$ へ変化したときの仕事 $W$ を求めよ．

**解答**

与えられた式を $V_1$ から $V_2$ の範囲で積分する．

$$\int \delta W = \int_{V_1}^{V_2} (-P) dV = -P \int_{V_1}^{V_2} dV$$

よって

$$W = -P \times (V_2 - V_1) = -P\Delta V$$

仕事は状態量でないため，$\delta W$ の積分は $W$ である．体積は状態量であるため，$dV$ の積分は差分 $\Delta V$ となる．

## A.5 物理化学物性データ集

表 A.5.1 ● 代表的な定圧モル熱容量 $C_p = a + bT + c/T^2$

| 物質 | $a$ [J K$^{-1}$ mol$^{-1}$] | $b$ [$\times 10^3$ J K$^{-2}$ mol$^{-1}$] | $c$ [$\times 10^{-5}$ J K mol$^{-1}$] |
|---|---|---|---|
| C（ダイヤモンド） | 9.12 | 13.2 | $-6.19$ |
| C（グラファイト） | 17.2 | 4.27 | $-8.79$ |
| $H_2$ (g) | 27.3 | 3.3 | 0.5 |
| $O_2$ (g) | 30 | 4.18 | $-1.7$ |
| $CO_2$ (g) | 44.14 | 9.04 | $-8.58$ |

早稲田，新版 熱力学—問題とそのとき方—アグネ（1992），pp.225–226．

表 A.5.2 ● 相変化の温度と相変化に伴うエンタルピー変化 $\Delta H$ [kJ mol$^{-1}$]

| 物質 | 凝固点 [K] | $\Delta H$（凝固点） | 沸点 [K] | $\Delta H$（沸点） |
|---|---|---|---|---|
| $H_2O$ | 273.15 | 6.01 | 373.2 | 40.7 |
| $NH_3$ | 195.4 | 5.65 | 239.7 | 23.4 |
| $CH_3OH$ | 175.5 | 3.16 | 337.2 | 35.3 |
| $CH_4$ | 90.7 | 0.94 | 111.7 | 8.2 |
| He | 3.5 | 0.02 | 4.22 | 0.08 |

アトキンス物理化学要論 第7版，p.63，表 2E-1．

**表 A.5.3** ● 標準生成エンタルピー $\Delta H_f^\circ$ [kJ mol$^{-1}$]，絶対標準エントロピー $S_{298}^\circ$ [J K$^{-1}$ mol$^{-1}$]，
標準生成ギブズエネルギー $\Delta G_f^\circ$ [kJ mol$^{-1}$]

| | 標準生成エンタルピー $\Delta H_f^\circ$ [kJ mol$^{-1}$] | 絶対標準エントロピー $S_{298}^\circ$ [J K$^{-1}$ mol$^{-1}$] | 標準生成ギブズエネルギー $\Delta G_f^\circ$ [kJ mol$^{-1}$] |
|---|---|---|---|
| C（s, グラファイト） | 0 | 5.74 | 0 |
| C（s, ダイヤモンド） | 1.895 | 2.377 | 2.900 |
| Cl$_2$（g） | 0 | 223.066 | 0 |
| CO（g） | −110.525 | 197.674 | −137.168 |
| CO$_2$（g） | −393.509 | 213.74 | −394.359 |
| Fe（s） | 0 | 27.28 | 0 |
| Fe$_2$O$_3$（s） | −824.2 | 87.40 | −742.2 |
| H$_2$（g） | 0 | 130.684 | 0 |
| H$_2$O（g） | −241.818 | 188.825 | −228.572 |
| H$_2$O（l） | −285.830 | 69.91 | −237.129 |
| H$_2$S（g） | −20.63 | 205.79 | −33.56 |
| N$_2$（g） | 0 | 191.61 | 0 |
| NH$_3$（g） | −46.11 | 192.45 | −16.45 |
| NO（g） | 90.25 | 210.761 | 86.55 |
| NO$_2$（g） | 33.18 | 240.06 | 51.31 |
| O$_2$（g） | 0 | 205.138 | 0 |
| O$_3$（g） | 142.7 | 238.93 | 163.2 |
| S（s, 斜方晶） | 0 | 31.8 | 0 |
| SO$_2$（g） | −296.83 | 248.22 | −300.194 |
| SO$_3$（g） | −395.72 | 256.76 | −371.06 |
| C$_2$H$_2$（g） | 226.73 | 200.94 | 209.2 |
| C$_6$H$_6$（g） | 82.93 | 269.2 | 129.66 |
| C$_6$H$_6$（l） | 49.04 | 173.26 | 124.35 |
| C$_2$H$_6$（g） | −84.68 | 229.6 | −32.82 |
| C$_2$H$_4$（g） | 52.26 | 219.56 | 68.15 |
| CH$_4$（g） | −74.81 | 186.264 | −50.72 |
| C$_3$H$_8$（g） | −103.85 | 269.91 | −23.47 |

杉原他，改訂第3版，化学熱力学中心の物理化学，学術図書出版，pp.225-226.

# 章末問題解答

## 第1章

### ■復習総まとめ問題

**1.1** $P_1V_1 = P_2V_2$ より，$1.00\times 10^5$ [Pa]$\times V_1 = 5.00\times 10^5$[Pa]$\times V_2$. よって，$V_2 = (1/5)\times V_1$. 1/5 倍になる.

**1.2** $PV = nRT$ より，物質量 $n$ が一定なら，$(PV/T)$ は一定.

$$\frac{1.00\,[\text{atm}]\times 100\,[\text{cm}^3]}{293\,[\text{K}]} = \frac{1.50\,[\text{atm}]\times V\,[\text{cm}^3]}{303\,[\text{K}]}$$

よって，$V = 68.9\,\text{cm}^3$.

**1.3** $PV = nRT$ より，$2.00\times 10^5$ [Pa] $\times 2.00\times 10^{-3}$ [m$^3$] $= n$ [mol] $\times 8.31$ [J K$^{-1}$ mol$^{-1}$] $\times 298$ [K].
よって，$n = 0.162\,\text{mol}$.

**1.4** モル分率：
窒素  $0.500$ [mol]$/(0.500$ [mol] $+ 1.00$ [mol]$) = 0.333$
二酸化炭素  $1 - 0.333 = 0.667$
分圧：$PV = nRT$ より
窒素  $P_{N_2}$ [Pa]$\times 1.00\times 10^{-3}$ [m$^3$] $= 0.500$ [mol]$\times 8.31$ [J K$^{-1}$ mol$^{-1}$]$\times 303$ [K] より，$P_{N_2} = 1.26\times 10^6$ Pa.
二酸化炭素  $P_{CO_2}$ [Pa]$\times 1.00\times 10^{-3}$ [m$^3$] $= 1.00$ [mol]$\times 8.31$ [J K$^{-1}$ mol$^{-1}$]$\times 303$ [K] より，$P_{CO_2} = 2.52\times 10^6$ Pa.

**1.5** (1) 根平均二乗速度：

$$u_{\text{rms}} = \sqrt{\frac{3\times 8.31\,[\text{J K}^{-1}\text{mol}^{-1}]\times 293\,[\text{K}]}{32.0\times 10^{-3}\,[\text{kg mol}^{-1}]}} = 478\,\text{m s}^{-1}$$

(2) 平均速度：

$$\bar{u} = \sqrt{\frac{8\times 8.31\,[\text{J K}^{-1}\text{mol}^{-1}]\times 293\,[\text{K}]}{\pi\times 32.0\times 10^{-3}\,[\text{kg mol}^{-1}]}} = 440\,\text{m s}^{-1}$$

(3) 最大確率速度：

$$u_{\text{mp}} = \sqrt{\frac{2\times 8.31\,[\text{J K}^{-1}\text{mol}^{-1}]\times 293\,[\text{K}]}{32.0\times 10^{-3}\,[\text{kg mol}^{-1}]}} = 390\,\text{m s}^{-1}$$

**1.6** $a = 2.25$ [atm dm$^6$ mol$^{-2}$] $= 2.25\times 10^{-6}$ [m$^6$]$\times 1.01\times 10^5$ [Pa]$\times$[mol$^{-2}$] $= 0.227$[Pa m$^6$ mol$^{-2}$] $= 0.227$ [kg m$^{-1}$ s$^{-2}$]$\times$[m$^6$ mol$^{-2}$] $= \underline{0.227\,\text{kg m}^5\,\text{s}^{-2}\,\text{mol}^{-2}}$
$b = 0.0428$ [dm$^3$ mol$^{-1}$] $= 0.0428\times 10^{-3}$ [m$^3$]$\times$[mol$^{-1}$] $= \underline{4.28\times 10^{-5}\,\text{m}^3\,\text{mol}^{-1}}$

**1.7** ファンデルワールス方程式より

$3.00\times 10^5$ [Pa]
$$= \frac{0.500\,[\text{mol}]\times 8.31\,[\text{J K}^{-1}\text{mol}^{-1}]\times T\,[\text{K}]}{5.00\times 10^{-3}\,[\text{m}^3] - 0.500\,[\text{mol}]\times 4.28\times 10^{-5}\,[\text{m}^3\,\text{mol}^{-1}]}$$
$$- 0.227\,[\text{Pa m}^6\,\text{mol}^{-2}]\times \left(\frac{0.500\,[\text{mol}]}{5.0\times 10^{-3}\,[\text{m}^3]}\right)^2$$

よって，$T = 362\,\text{K}$.

### ■難問にチャレンジ

**1.A** $PV = nRT$ より，温度 $T$，圧力 $P$ が一定なら，体積 $V$ は物質量 $n$ に比例する．$H_2 + (1/2)O_2 \rightarrow H_2O$ より，必要な酸素の体積は水素の 1/2 であるため，$1.00\,\text{dm}^3$

**1.B** $PV = nRT$ より，モル濃度 $C$ [mol m$^{-3}$] $= n$ [mol]$/V$[m$^3$] は以下のとおり．

$$C\,[\text{mol m}^{-3}] = \frac{n\,[\text{mol}]}{V\,[\text{m}^3]} = \frac{P\,[\text{Pa}]}{R\,[\text{J K}^{-1}\text{mol}^{-1}]\times T\,[\text{K}]}$$
$$= \frac{1.20\times 10^5\,[\text{Pa}]}{8.31\,[\text{J K}^{-1}\text{mol}^{-1}]\times 323\,[\text{K}]}$$
$$= 44.71\,\text{mol m}^{-3}$$

密度 [g m$^{-3}$] $=$ モル質量 $M$ [g mol$^{-1}$] $\times$ モル濃度 $C$ [mol m$^{-3}$] より

$$M = \frac{1.97\times 10^3\,[\text{g m}^{-3}]}{44.71\,[\text{mol m}^{-3}]} = 44.1\,\text{g mol}^{-1}$$

よって，分子量 44.1.

**1.C** $PV = nRT$ より，$2.00\times 10^3$ [Pa] $\times 11.0\times 10^{-3}$ [m$^3$] $= n$ [mol] $\times 8.31$ [J K$^{-1}$ mol$^{-1}$]$\times 298$ [K]．これより，$n = 8.88\times 10^{-3}$ mol.
気体の平均分子量

$$M = \frac{1.00\,[\text{g}]}{8.88\times 10^{-3}\,[\text{mol}]} = 112.6\,\text{g mol}^{-1}$$

単量体の分子量 60.0，二量体の分子量 120.0 とし，単量体のモル分率を $x$ とすると，二量体のモル分率は $1-x$ となる．
(平均分子量) $=$ (単量体の分子量)$\times$(単量体のモル分率)
　　　　　　　$+$ (二量体の分子量)$\times$(二量体のモル分率)

より，$112.6 = 60.0x + 120.0(1-x)$ を解いて，単量体のモル分率 $x = 0.123$，二量体のモル分率 $1-x = 1-0.123 = 0.877$.

**1.D** $Q$ [m³] の気体が $A$ [m²] の穴から速度 $u$ [m s⁻¹] で流出するときの流出時間 $t$ [s] は以下のとおり.

$$t\,[\mathrm{s}] = \frac{Q\,[\mathrm{m}^3]}{A\,[\mathrm{m}^2] \times u\,[\mathrm{m\,s}^{-1}]}$$

成分1の流出速度 $u_1$, 流出時間 $t_1$ および成分2の流出速度 $u_2$, 流出時間 $t_2$ とすると, $Q/A$ は一定であるため, 以下が成り立つ.

$$\frac{Q\,[\mathrm{m}^3]}{A\,[\mathrm{m}^2]} = u_1\,[\mathrm{m\,s}^{-1}] \times t_1\,[\mathrm{s}] = u_2\,[\mathrm{m\,s}^{-1}] \times t_2\,[\mathrm{s}]$$

式 (1.2.23) と合わせることで, $\dfrac{u_1}{u_2} = \dfrac{t_2}{t_1} = \sqrt{\dfrac{M_2}{M_1}}$ となる.

$\dfrac{t}{50.0\,[\mathrm{s}]} = \sqrt{\dfrac{2.00}{32.0}}$ より, $t = \underline{12.5\,\mathrm{s}}$

**1.E** 分子量：成分1 ²³⁵UF₆ ($M = 349.0$), 成分2 ²³⁸UF₆ ($M = 352.0$)

速度比が濃度比になるので, $\dfrac{u_1}{u_2} = \sqrt{\dfrac{352.0}{349.0}} = 1.0043$ より, ²³⁵UF₆ のほうが $\underline{1.004\,倍多くなる}$.

**1.F** $P_\mathrm{c} = \dfrac{a}{27b^2} = 33.5\,\mathrm{atm}$, $T_\mathrm{c} = \dfrac{8a}{27Rb} = 126\,\mathrm{K}$ なので,

$$\frac{T_\mathrm{c}}{P_\mathrm{c}} = \frac{126\,[\mathrm{K}]}{33.5\,[\mathrm{atm}]} = \frac{\dfrac{8a}{27Rb}}{\dfrac{a}{27b^2}} = \frac{8}{R} \times b$$

よって, $b = 0.0386\,\mathrm{dm}^3\,\mathrm{mol}^{-1}$

この値を $b = 4 \times \dfrac{4}{3}\pi r^3 \times N_\mathrm{A}$ に代入すると, $r = \underline{1.56 \times 10^{-10}\,\mathrm{m}}$.

## 第2章

■復習総まとめ問題

**2.1** 熱力学第1法則より $Q = \Delta U - W$ であり, 等温過程では理想気体の内部エネルギー変化は0になる. よって, $Q = -W = W_\mathrm{ex} = PdV = 1.013 \times 10^5\,[\mathrm{Pa}] \times 200 \times 10^{-6}\,[\mathrm{m}^3] = 20.3\,\mathrm{Pa\,m}^3 = \underline{20.3\,\mathrm{J}}$.

**2.2** 圧力変化はないので, 定圧条件より, $\Delta H = Q = 1\,[\mathrm{kW}] \times 150\,[\mathrm{s}] = \underline{150\,\mathrm{kJ}}$.

**2.3** エントロピー変化 = (生成系のエントロピーの総和) − (反応系のエントロピーの総和) より,

$$\Delta S = 192.3 - \left(\frac{1}{2} \times 191.5 + \frac{3}{2} \times 130.6\right)$$
$$= \underline{-99.4\,\mathrm{J\,K}^{-1}\,\mathrm{mol}^{-1}}$$

**2.4** (1) $\Delta S° = 2 \times 70 - 2 \times 131 - 205 = \underline{-327\,\mathrm{J\,K}^{-1}\,\mathrm{mol}^{-1}}$

(2) $\Delta G° = \Delta H° - T\Delta S° = -2 \times 286 \times 10^3 - 298 \times (-327) = \underline{-4.75 \times 10^5\,\mathrm{J\,mol}^{-1}}$

(3) $\Delta G° < 0$ なので, $\underline{自発的に起こる}$.

**2.5** 加熱に伴い酸素が得る熱は, 1 mol あたり

$$\Delta H = \int_{298}^{373} C_\mathrm{p}\,\mathrm{d}T\ [\mathrm{J\,mol}^{-1}]$$

なので, 0.40 mol の酸素が得る熱は,

$$Q = 0.40\Delta H$$
$$= 0.40 \int_{298}^{373} (30 + 4.18 \times 10^{-3}T - 1.7 \times 10^5 T^{-2})\mathrm{d}T$$
$$= 0.40 \times [30T + 2.09 \times 10^{-3}T^2 + 1.7 \times 10^5 T^{-1}]_{298}^{373}$$
$$= 9.0 \times 10^2\,\mathrm{J}$$

系が外界に与えた仕事は, $W_\mathrm{ex} = 255\,\mathrm{J}$ より, $\Delta U = Q - W_\mathrm{ex} = 896.1 - 255 = \underline{641\,\mathrm{J}}$.

**2.6** この反応の 298 K における標準反応エンタルピー $\Delta_\mathrm{r} H°_{298}$ および標準反応エントロピー変化 $\Delta_\mathrm{r} S°_{298}$ は,

$\Delta_\mathrm{r} H°_{298} = 20.42 + 0 - (-103.85) = 124.27\,\mathrm{kJ\,mol}^{-1}$
$\Delta_\mathrm{r} S°_{298} = 267 + 131 - 270 = 128\,\mathrm{J\,mol}^{-1}$

である. したがって, 298 K における標準反応ギブズエネルギー変化は次のようになる.

$$\Delta_\mathrm{r} G°_{298} = \Delta_\mathrm{r} H°_{298} - T\Delta_\mathrm{r} S°_{298} = 124.27 \times 10^3 - 298 \times 128$$
$$= 8.61 \times 10^4\,\mathrm{J\,mol}^{-1}$$

1000 K においては,

$$\Delta_\mathrm{r} H°_{1000} = \Delta_\mathrm{r} H°_{298} + \int_{298}^{1000} \Delta C_\mathrm{p}\,\mathrm{d}T$$
$$= \Delta_\mathrm{r} H°_{298} + \int_{298}^{1000} (109 + 30 - 131)\mathrm{d}T$$
$$= 124.27 \times 10^3 + 8 \times (1000 - 298)$$
$$= 1.30 \times 10^5\,\mathrm{J\,mol}^{-1}$$

$$\Delta_\mathrm{r} S°_{1000} = \Delta_\mathrm{r} S°_{298} + \int_{298}^{1000} \frac{\Delta C_\mathrm{p}}{T}\mathrm{d}T = 128 + \int_{298}^{1000} \frac{8}{T}\mathrm{d}T$$
$$= 128 + 8 \times [\ln T]_{298}^{1000} = 1.376 \times 10^2\,\mathrm{J\,K}^{-1}\,\mathrm{mol}^{-1}$$

よって, $\Delta_\mathrm{r} G°_{1000} = \Delta_\mathrm{r} H°_{1000} - T\Delta_\mathrm{r} S°_{1000} = \underline{-7.80 \times 10^3\,\mathrm{J\,mol}^{-1}}$.

**2.7** 式 (2.4.13) より, $\mathrm{d}H = T\mathrm{d}S + V\mathrm{d}P$. 温度一定の条件で両辺を $\mathrm{d}P$ で割ると,

$$\left(\frac{\partial H}{\partial P}\right)_T = T\left(\frac{\partial S}{\partial P}\right)_T + V$$

式 (2.4.18) のマクスウェルの関係式

$$\left(\frac{\partial S}{\partial P}\right)_T = -\left(\frac{\partial V}{\partial T}\right)_P$$

を上式に代入すると求める式が得られる.

**2.8** 圧力一定なので, エタノール 1 mol あたりに出入りする熱量 $Q$ は蒸発エンタルピー $\Delta H$ に等しい. したがって,

$$\Delta S = \frac{Q}{T} = \frac{\Delta H}{T} = \frac{3.86 \times 10^4}{273 + 78.6} = \underline{110 \text{ J K}^{-1} \text{mol}^{-1}}$$

蒸発の際のエタノール 1 mol の体積変化による仕事 $W$ は

$$\begin{aligned}
W &= -P\Delta V = -P(V_{気体} - V_{液体}) \\
&= -1.013 \times 10^5 \left( \frac{RT}{P} - 58 \times 10^{-6} \right) \\
&= -1.013 \times 10^5 \left\{ \frac{8.31 \times (273 + 78.6)}{1.013 \times 10^5} - 58.0 \times 10^{-6} \right\} \\
&= -2.92 \times 10^3 \text{ J}
\end{aligned}$$

したがって, 内部エネルギー変化 $\Delta U$ は, $\Delta U = Q + W = 3.86 \times 10^4 - 2.92 \times 10^3 = \underline{3.60 \times 10^4 \text{ J}}$.

■難問にチャレンジ

**2.A** (1) 等圧過程について, 熱力学第 1 法則より,

$$Q = \Delta U + P\Delta V \quad ①$$

また, 内部エネルギーが $T$ と $V$ の関数であることから,

$$dU = \left( \frac{\partial U}{\partial V} \right)_T dV + \left( \frac{\partial U}{\partial T} \right)_V dT$$

が成り立つ. これを式①に代入すると,

$$Q = \left( \frac{\partial U}{\partial T} \right)_V \Delta T + \left\{ P + \left( \frac{\partial U}{\partial V} \right)_T \right\} \Delta V \quad ②$$

となる. また, 式 (2.1.16) と式 (2.1.17) より, 定圧変化において $C_p = \left( \frac{Q}{\Delta T} \right)_P$ となり, また式 (2.1.11) より, $C_v = \left( \frac{\partial U}{\partial T} \right)_V$ であるから, 式②の両辺を $\Delta T$ で割った後, これらの式を代入すると

$$C_p = C_v + \left\{ P + \left( \frac{\partial U}{\partial V} \right)_T \right\} \left( \frac{\partial V}{\partial T} \right)_P$$

となる.

(2) 例題 2.18 の式①を問(1)で導出した式に代入する.

$$C_p = C_v + T \left( \frac{\partial P}{\partial T} \right)_V \left( \frac{\partial V}{\partial T} \right)_P \quad ③$$

理想気体 1 mol について $P = RT/V$, $V = RT/P$ であるから, 右辺第 2 項は $T(R/V)(R/P) = R$ となる. したがって, $C_p = C_v + R$ が導出される.

**別解**: ジュールの法則より, $\left( \frac{\partial U}{\partial V} \right)_T = 0$ である. したがって問(1)より, $C_p = C_v + P \left( \frac{\partial V}{\partial T} \right)_P$ として理想気体の状態方程式を使っても導出できる.

(3) $P$ が $V$ と $T$ の関数であるから, 全微分をとる.

$$dP = \left( \frac{\partial P}{\partial V} \right)_T dV + \left( \frac{\partial P}{\partial T} \right)_V dT$$

$P$ 一定の条件 ($dP = 0$) で上式を $dT$ で割ると,

$$\left( \frac{\partial P}{\partial V} \right)_T \left( \frac{\partial V}{\partial T} \right)_P + \left( \frac{\partial P}{\partial T} \right)_V = 0$$

となり, 導出される.

なお一般に, 3 つの変数 $X, Y, Z$ について $\left( \frac{\partial X}{\partial Y} \right)_Z = -\left( \frac{\partial Z}{\partial Y} \right)_X \left( \frac{\partial X}{\partial Z} \right)_Y$ が成り立つ.

(4) 問(3)の結果を問(2)で得られた式③に代入すると,

$$C_p = C_v - T \left( \frac{\partial P}{\partial V} \right)_T \left\{ \left( \frac{\partial V}{\partial T} \right)_P \right\}^2 \quad ④$$

また, $\alpha = \frac{1}{V} \left( \frac{\partial V}{\partial T} \right)_P$, $\kappa = -\frac{1}{V} \left( \frac{\partial V}{\partial P} \right)_T$ より, $\left( \frac{\partial V}{\partial T} \right)_P = \alpha V$, $\left( \frac{\partial V}{\partial P} \right)_T = -\kappa V$ であるから, これらを式④に代入すると,

$$\left( \frac{\partial V}{\partial P} \right)_T = -\kappa V \text{ となる.}$$

**2.B** (1) グルコースの燃焼反応は

$$C_6H_{12}O_6 + 6O_2 \rightarrow 6CO_2 + 6H_2O \quad ①$$

で表される. 題意より, グルコース 1 mol あたり 2802 kJ の熱エネルギーが放出される. すなわち, 外界が受け取るエネルギーは 2802 kJ mol$^{-1}$ である.

燃焼により平衡に到達すると, $\Delta G° = \Delta H° - T\Delta S° = 0$ である. したがって, 外界のエントロピー変化 $\Delta S°$ は, $\Delta S° = \Delta H°/T = 2802/298 = \underline{9.40 \text{ kJ K}^{-1} \text{mol}^{-1}}$.

(2) 反応式①より, 標準反応エントロピー変化 $\Delta_r S°$ は次のようになる.
$\Delta_r S° = 6 \times 214 + 6 \times 69.9 - 209 - 6 \times 205 = \underline{264 \text{ J K}^{-1} \text{mol}^{-1}}$

(3) $\Delta G° = H° - T\Delta S° = -2802 - 298 \times 0.264$
$= \underline{-2.88 \times 10^3 \text{ kJ mol}^{-1}}$

## 第3章

■復習総まとめ問題

**3.1** 温度が高くなると平衡定数が大きくなる. ファント・ホッフ・プロットの傾きは $-\Delta H/R < 0$ より $\Delta H > 0$ であるから, <u>吸熱反応</u>.

**3.2** 標準ギブズエネルギー変化 $\Delta G° = \{0 + (-394)\} - \{(-137) + (-228)\} = -29 \text{ kJ mol}^{-1}$ であるので, 式 (3.1.16) より,

$$\begin{aligned}
\ln K &= -\frac{\Delta G°}{RT} \\
&= -\frac{-29 \times 10^3 \text{[J mol}^{-1}\text{]}}{8.31 \text{[J K}^{-1}\text{mol}^{-1}\text{]} \times 298 \text{[K]}} \\
&= 11.7
\end{aligned}$$

よって, $K = e^{11.7} = \underline{1.21 \times 10^5}$.

**3.3** それぞれ以下のように平衡が移動する.
(1) 分子数の減る<u>右方向の反応 (正反応) が進む</u>.
(2) <u>平衡は移動しない</u>.
(3) 酸素分子の減る<u>右方向の反応 (正反応) が進む</u>.

**3.4** それぞれのエンタルピーの反応式は以下に対応する（解図 3.1）．

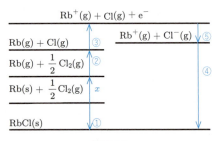

解図 3.1

① $Rb(s) + \frac{1}{2}Cl_2(g) \rightarrow RbCl$

② $\frac{1}{2}Cl_2(g) \rightarrow Cl(g)$

③ $Rb(g) \rightarrow Rb^+(g) + e^-$

④ $Rb^+(g) + Cl^-(g) \rightarrow RbCl(s)$

⑤ $Cl(g) + e^- \rightarrow Cl^-(g)$

ルビジウムの昇華エンタルピーの大きさを $x$ とおいてヘスの法則を用い，ボルン–ハーバーサイクルの図よりエンタルピーの絶対値（大きさ）だけで考えると，①＋$x$＋②＋③＝④＋⑤の関係となる．したがって，②の係数に注意して，$x$＝④＋⑤－①－②－③＝665＋351.5－439－242/2－372.5＝$\underline{84\ \text{kJ mol}^{-1}}$．

**3.5** ブラッグの条件 $2d\sin\theta = n\lambda$ より，波長 $\lambda$ が長くなると回折角 $\theta$ も大きくなる．同じ結晶面からの回折が起こるためには，波長の長い X 線のほうがより大きな角度で入射する必要があるため，回折ピークの位置は高角度側に移動する．

■ 難問にチャレンジ

**3.A** 化学反応式に基づき，例題 3.1 と同様に考える．

|  | $N_2(g)$ | ＋ | $3H_2(g)$ | $\rightleftarrows$ | $2NH_3(g)$ |
|---|---|---|---|---|---|
| （反応前） | 1.00 |  | 3.00 |  | 0 bar |
| （変化量） | $-x$ |  | $-3x$ |  | $2x$ bar |
| （平衡時） | $1.00-x$ |  | $3.00-3x$ |  | $2x$ bar |

式（3.1.4）より，圧平衡定数

$$K_P = \frac{P_{NH_3}^2}{P_{N_2}P_{H_2}^3} = \frac{(2x)^2}{(1.00-x)(3.00-3x)^3}$$

$$= \frac{4x^2}{27(1.00-x)^4} = 977$$

から $x$ を求める．$4x^2 = 977 \times 27(1.00-x)^4$ として平方根をとって 2 次方程式として変形すると，$x = 1.12$ および $0.901$ が得られる．ここで，$1.00 - x > 0$ であるので，$x = 0.901$ bar となる．したがって，$P_{N_2} = 1.00 - 0.901 = 0.099$ $= \underline{9.9 \times 10^{-2}\ \text{bar}}$，$P_{H_2} = 3.00 - 3 \times 0.901 = \underline{0.297\ \text{bar}}$，$\underline{P_{NH_3} = 2 \times 0.901 = 1.80\ \text{bar}}$．

**3.B** 燃焼熱と燃焼エンタルピーの符号が逆となることに注意すると，問題の反応は以下のように書ける．

$C(s) + O_2(g) \rightarrow CO_2(g)$,
標準燃焼エンタルピー $\Delta H_{c1}^\circ = -394\ \text{kJ mol}^{-1}$ ①

$CO(g) + \frac{1}{2}O_2(g) \rightarrow CO_2(g)$,
標準燃焼エンタルピー $\Delta H_{c2}^\circ = -283\ \text{kJ mol}^{-1}$ ②

(1) $C(s) + \frac{1}{2}O_2(g) \rightarrow CO(g)$ の化学反応式は①－②で書けるので，ヘスの法則により，$\Delta H_c^\circ = \Delta H_{c1}^\circ - \Delta H_{c2}^\circ = -111\ \text{kJ mol}^{-1}$ となる．したがって，燃焼熱は $\underline{-\Delta H_c^\circ = 111\ \text{kJ mol}^{-1}}$．

(2) 化学反応式は，①－2×②により，$C(s) + CO_2(g) \rightarrow 2CO(g)$ であるから，この反応の $\Delta H = \Delta H_{c1}^\circ - 2\Delta H_{c2}^\circ = 172\ \text{kJ mol}^{-1} > 0$ より吸熱反応である．したがって，温度を下げると，ルシャトリエの原理により逆反応が進み，$\underline{CO\text{ の濃度は低くなる}}$．

**3.C** 横軸を温度の逆数，縦軸を $\ln K$ としてファント・ホッフ・プロットを作成すると，傾き $-\Delta H^\circ/R = 1.08 \times 10^4$ K となる．よって，$\Delta H^\circ = -8.31\ [\text{J K}^{-1}\ \text{mol}^{-1}] \times 1.08 \times 10^4\ [\text{K}]$ $= -89700\ \text{J mol}^{-1} = \underline{-89.7\ \text{kJ mol}^{-1}}$.

**3.D** クラウジウス–クラペイロンの式（3.2.8）を変形すると，

$$\frac{1}{T_2} = -\frac{R}{\Delta H_{vap}}\ln\frac{P_2}{P_1} + \frac{1}{T_1}$$

となる．これに $P_1 = 1.013 \times 10^5$ Pa, $P_2 = 1.013 \times 10^6$ Pa, $T_1 = 263$ K を代入すると，

$$\frac{1}{T_2} = -\frac{R}{\Delta H_{vap}}\ln\frac{P_2}{P_1} + \frac{1}{T_1}$$

$$= -\frac{8.314\ [\text{J K}^{-1}\ \text{mol}^{-1}]}{24.94 \times 10^3\ [\text{J mol}^{-1}]}\ln\frac{1.013 \times 10^6\ [\text{Pa}]}{1.013 \times 10^5\ [\text{Pa}]} + \frac{1}{263\ [\text{K}]}$$

$$= 0.003035\ \text{K}^{-1} = 3.035 \times 10^{-3}\ \text{K}^{-1}$$

より，沸点 $T_2 = \underline{329\ \text{K}}$ となる．

**3.E** スクロースを A，溶媒（水）を B として考える．非電解質は電離度 $\alpha = 0$ としてファント・ホッフ係数 $i = 1$ となる．ファント・ホッフの式（3.3.13）より，A のモル濃度は

$$c_A = \frac{\Pi}{RT} = \frac{47.6 \times 10^3\ [\text{Pa}]}{8.31\ [\text{J K}^{-1}\ \text{mol}^{-1}] \times 298\ [\text{K}]}$$

$$= 19.22\ \text{mol m}^{-3}$$

である．

(1) この溶液 1 $m^3$ を考えると，モル分率は

$$x_A = \frac{1\ [m^3] \times 19.22\ [\text{mol m}^{-3}]}{\dfrac{1\ [m^3] \times 1000\ [\text{kg m}^{-3}]}{18.0 \times 10^{-3}\ [\text{kg mol}^{-1}]} + 1\ [m^3] \times 19.22\ [\text{mol m}^{-3}]}$$

$$= 0.0003455 = \underline{3.455 \times 10^{-4}}$$

となる．したがって，理想溶液としてラウールの法則を用いると，式（3.3.3）より，蒸気圧 $P = x_A P_A^* + (1-x_A)P_B^*$ である．ここで，溶質 A は固体であるから，$P \approx (1-x_A)P_B^* = (1 - 3.455 \times 10^{-4}) \times 3.177 = \underline{3.17\text{ kPa}}$ となる．

(2) この溶液のモル質量濃度は

$$m_A = \frac{19.22\,[\text{mol m}^{-3}]}{1000\,[\text{kg m}^{-3}]} = 0.01922\text{ mol kg}^{-1}$$

である．式（3.3.12）より，凝固点降下度 $\Delta T_f = K_f m_A = 1.86\,[\text{K kg mol}^{-1}] \times 0.01922\,[\text{mol kg}^{-1}] = 0.0357$ K となるので，凝固点は $\underline{-0.0357\text{℃}}$ となる．

3.F $\left(\dfrac{dU(r)}{dr}\right)_{r=r_{12}} = N_A M \left(\dfrac{z_1 z_2 e^2}{4\pi\varepsilon_0 r_{12}^2}\right) + \dfrac{nN_A B}{r_{12}^{n+1}} = 0$ より，

$B = -M\left(\dfrac{z_1 z_2 e^2}{4\pi\varepsilon_0 n}\right)r_{12}^{n+1}$ が得られる．これを

$U = -N_A M\left(\dfrac{z_1 z_2 e^2}{4\pi\varepsilon_0 r_{12}}\right) - \dfrac{N_A B}{r_{12}^n}$ に代入して整理する．

### 第 4 章

■復習総まとめ問題

**4.1** 強電解質とは溶液中でほぼ完全に電離し，電離度が 1 に近くなる物質である．弱電解質とは溶液中で一部が電離し，電離したイオンと非解離の溶質分子の間に化学平衡（電離平衡）が成立している物質である．電離度はきわめて小さく，0.1 以下の場合が多い．
強電解質：強酸である $\underline{\text{HCl, HNO}_3, \text{H}_2\text{SO}_4}$ および強塩基である $\underline{\text{NaOH, KOH}}$
弱電解質：弱酸である $\underline{\text{CH}_3\text{COOH, H}_2\text{CO}_3}$ や弱塩基である $\underline{\text{NH}_3}$

**4.2** 1. 電子伝導，2. イオン伝導，3. 電極，4. 電気
**4.3** 1. アノード，2. カソード，3. 負，4. 正，5. 陽，6. 陰，7. 放出し
**4.4** 解表 4.1 のとおり．

**解表 4.1**

| コロイド分散系 | 分散質 | 分散媒 | 例 |
|---|---|---|---|
| エアロゾル | 液体・固体 | 気体 | 煙，霧 |
| エマルジョン | 液体 | 液体 | 牛乳，マヨネーズ |
| サスペンジョン | 固体 | 液体 | 塗料 |

**4.5** イオン独立移動の法則から

$\Lambda^\infty(\text{CH}_3\text{COOH}) = 0.03498\,[\text{S m}^2\text{ mol}^{-1}]$
$\qquad\qquad\qquad + 0.00409\,[\text{S m}^2\text{ mol}^{-1}]$
$\qquad\qquad\qquad = \underline{0.0391\text{ S m}^2\text{ mol}^{-1}}$

伝導率を $\Lambda$，電離度を $\alpha$，電離定数を $K$ とすると以下のようになる．

$\Lambda = \dfrac{\kappa}{c} = \dfrac{0.00493\,[\text{S m}^{-1}]}{1.00\times 10^{-3}\times 10^3\,[\text{mol m}^{-3}]}$
$\quad = \underline{4.93\times 10^{-3}\text{ S m}^2\text{ mol}^{-1}}$

$\alpha = \dfrac{\Lambda}{\Lambda^\infty} = \dfrac{4.93\times 10^{-3}\,[\text{S m}^2\text{ mol}^{-1}]}{0.0391\,[\text{S m}^2\text{ mol}^{-1}]}$
$\quad = \underline{0.126}$

$K = \dfrac{c\alpha^2}{1-\alpha} = \dfrac{1.00\times 10^{-3}\,[\text{mol dm}^{-3}]\times(0.126)^2}{1-0.126}$
$\quad = \underline{1.82\times 10^{-5}\text{ mol dm}^{-3}}$

**4.6** それぞれの電極での電池反応は

左側：酸化反応 $\quad \dfrac{1}{2}\text{H}_2 + \text{Cl}^- \to \text{H}^+ + \text{Cl}^- + \text{e}^-$,

$\qquad\qquad\qquad \Phi_L^\circ = 0.000\text{ V}$

右側：還元反応 $\quad \text{AgCl} + \text{e}^- \to \text{Ag} + \text{Cl}^-$,

$\qquad\qquad\qquad \Phi_R^\circ = 0.222\text{ V}$

全反応 $\quad \text{AgCl} + \dfrac{1}{2}\text{H}_2 \to \text{Ag} + \text{H}^+ + \text{Cl}^-$,

$\qquad\qquad E^\circ = \Phi_R^\circ - \Phi_L^\circ = 0.222\text{ V}$

式（4.2.11）より，次のようになる．

$E = E^\circ - \dfrac{RT}{nF}\ln \dfrac{a_{\text{Ag}}\cdot a_{\text{H}^+}\cdot a_{\text{Cl}^-}}{a_{\text{AgCl}}\cdot a_{\text{H}_2}^{1/2}}$

$\quad = 0.222 - \dfrac{8.31\times 298}{1\times 96485}\ln(0.20\times 0.20)$

$\quad = 0.222 - 2\times 0.0257\times \ln 0.20 = \underline{0.305\text{ V}}$

**4.7** それぞれの電極での反応は次のようになる．
陰極：$\text{H}_2\text{O} \to \text{H}^+ + \text{OH}^-$, $\quad 2\text{H}^+ + 2\text{e}^- \to \text{H}_2$ より
$\qquad 2\text{H}_2\text{O} + 2\text{e}^- \to \text{H}_2 + 2\text{OH}^-$
陽極：$2\text{Cl}^- \to \text{Cl}_2 + 2\text{e}^-$
全反応：$2\text{H}_2\text{O} + 2\text{Cl}^- \to \text{H}_2 + \text{Cl}_2 + 2\text{OH}^-$
つまり，$2F$ の電気量を通電することで 2 mol の NaOH，すなわち $1F$ で 1 mol の NaOH が生成する．$1F = 96485$ C の電気量を必要とし，これを 2.00 A の電流で $t$ 秒間通電するとすれば $2.00\times t = 96485$ より，$t = 96485/(2.00\times 60\times 60) = \underline{13.4}$ 時間となる．

■難問にチャレンジ

**4.A** この溶液の濃度を $c$，伝導率を $\kappa$，モル伝導率を $\Lambda$，無限希釈におけるモル伝導率を $\Lambda^\infty$ とすると

$\Lambda = \dfrac{\kappa}{c} = \dfrac{0.680\,[\text{S m}^{-1}]}{0.0250\times 10^3\,[\text{mol m}^{-3}]} = 0.0272\text{ S m}^2\text{ mol}^{-1}$

$\Lambda^\infty = \lambda_+^\infty(\text{H}^+) + \lambda_-^\infty(\text{Cl}^-) = 0.0350\,[\text{S m}^2\text{ mol}^{-1}]$
$\qquad\qquad\qquad\qquad\qquad\;\; + 0.00752\,[\text{S m}^2\text{ mol}^{-1}]$
$\qquad\qquad\qquad\qquad\qquad\;\; = 0.0425\text{ S m}^2\text{ mol}^{-1}$

よって，この溶液の電離度 $\alpha$ は次のようになる．

$$\alpha = \frac{\Lambda}{\Lambda^\infty} = \frac{0.0272}{0.0425} = 0.640$$

$Cl_2$ は水に溶解すると $H^+$, $Cl^-$, $HClO$ を生成する．

$$\begin{array}{cccc} Cl_2 & + H_2O \rightarrow & H^+ + Cl^- + HClO \\ c(1-\alpha) & & c\alpha \end{array}$$

よって，$[H^+] = c\alpha = 0.0250 \times 10^3\,[\text{mol m}^{-3}] \times 0.640 = \underline{1.60 \times 10\,\text{mol m}^{-3}}$．

**4.B** HCl を溶解させる前の酢酸の電離度を $\alpha$, 濃度を $c = 0.100 \times 10^{-3}\,\text{mol m}^{-3}$ とする．

$$\begin{array}{cccc} CH_3COOH & \rightarrow & CH_3COO^- & + & H^+ \\ c(1-\alpha) & & c\alpha & & c\alpha \end{array}$$

式 (4.1.20) より，$1.8 \times 10^{-8} = c\alpha^2/(1-\alpha)$ となり，$1-\alpha \approx 1$ として $\underline{\alpha = 1.34 \times 10^{-2}}$．

HCl が溶解したときの酢酸の電離度を $\alpha'$, HCl の濃度を $c' = 1.00 \times 10^{-5}\,\text{mol m}^{-3}$ とすると，$[H^+] = c\alpha' + c'$ であるから

$$\begin{array}{cccc} HCl & \rightarrow & H^+ & + & Cl^- \\ & & c' & & c' \end{array}$$

を考慮すると，次のようになる．

$$1.8 \times 10^{-8} = \frac{c\alpha'(c\alpha' + c')}{c(1-\alpha')}$$

これより，$50000\alpha'^2 + 5009\alpha' - 9 = 0$ を解いて，$\underline{\alpha' = 1.77 \times 10^{-3}}$．

**4.C** (1) このダニエル電池での反応は

左側：酸化反応 $Zn \rightarrow Zn^{2+} + 2e^-$,

$$\Phi_L^\circ = -0.763\,V$$

右側：還元反応 $Cu^{2+} + 2e^- \rightarrow Cu$,

$$\Phi_R^\circ = +0.337\,V$$

全反応 $Zn + Cu^{2+} \rightarrow Zn^{2+} + Cu$,

$$E^\circ = \Phi_R^\circ - \Phi_L^\circ = +1.10\,V$$

式 (4.2.11) より

$$\begin{aligned}E &= E^\circ - \frac{RT}{nF} \ln \frac{a_{Zn^{2+}} \cdot a_{Cu}}{a_{Zn} \cdot a_{Cu^{2+}}} \\ &= +1.10\,[V] - \frac{8.31 \times 298}{2 \times 96485} \ln \frac{0.1 \times 1}{1 \times 0.001}\,[V] \\ &= +1.10\,[V] - 0.01283 \ln(100)\,[V] = \underline{+1.04\,V}\end{aligned}$$

(2) 左右の電極における電極反応が同じで，平衡電極電位を決める活量（近似的には濃度）だけが異なる系を濃淡電池という．$Ag \rightarrow Ag^+ + e^-$ となる傾向は $Ag^+$ の濃度が低いほうが大きいため，左側が負極となる．一方，$Ag^+$ の濃度が高いほうが $Ag^+ + e^- \rightarrow Ag$ の反応が起こり，両電解液の濃度が等しくなるまで放電反応が生じる．このとき，右側の電極系の電位は $E^\circ$ に等しく，水溶液中の標準電極電位をまとめた表 4.2.1 より $+0.799\,V$ であり，左右の電極系の電位 $E_l$, $E_r$ は，

$$E_l = +0.799\,[V] - \frac{8.31 \times 298}{1 \times 96485} \ln \frac{1}{0.1}\,[V] = +0.740\,V$$

$$E_r = +0.799\,[V] - \frac{8.31 \times 298}{1 \times 96485} \ln \frac{1}{1}\,[V] = +0.799\,V$$

よって，起電力は $E = E_r - E_l = 0.799\,[V] - 0.740\,[V] = \underline{6.0 \times 10^{-2}\,V}$．

**4.D** 陽極と陰極での反応は

陽極：$2H_2O \rightarrow 4H^+ + O_2 + 4e^-$

陰極：$2H^+ + 2e^- \rightarrow H_2$

全反応：$2H_2O \rightarrow 2H_2 + O_2$

なので，2 mol の水を電解すると 2 mol の水素分子と 1 mol の酸素分子が生成する．水の分子量は 18 であるから，水 9.0 g が 0.50 mol となり，得られた水素と酸素の物質量はそれぞれ $\underline{0.50\,\text{mol}}$ および $\underline{0.25\,\text{mol}}$ となる．

鉛蓄電池のそれぞれの電極での反応と全電池反応は次のようになる．

負極：$Pb + SO_4^{2-} \rightarrow PbSO_4 + 2e^-$

正極：$PbO_2 + 4H^+ + 2e^- + SO_4^{2-} \rightarrow PbSO_4 + 2H_2O$

全反応：$Pb + PbO_2 + 2H_2SO_4 \rightarrow 2PbSO_4 + 2H_2O$

上式から，$2F$ の放電により 2 mol の硫酸が 2 mol の水に変化するため，希硫酸の濃度は減少する．9.0 g つまり 0.50 mol の水を電解するのに必要な電気量は $1.0F$ であり，そのとき鉛蓄電池の中では 1.0 mol（98 g）の硫酸がなくなり，1.0 mol（18 g）の水が生成する．電解前の希硫酸の質量は 2.0 kg であるから，その中の硫酸と水の量は

$H_2SO_4 : 2000 \times 30/100 = 600\,[g]$

$H_2O : 2000 - 600 = 1400\,[g]$

$1F$ を通電する電解後の硫酸と水の量は

$H_2SO_4 : 600 - 98 = 502\,[g]$

$H_2O : 1400 + 18 = 1418\,[g]$

となるため，$1F$ を通電する電解後の硫酸の濃度は $502/(502+1418) = 26.1$ より，$\underline{26\%}$ となる．

**4.E** それぞれの電極での反応は次のようになる．

陽極：$4OH^- \rightarrow 2H_2O + O_2 + 4e^-$

陰極：$2H^+ + 2e^- \rightarrow H_2$, $Zn^{2+} + 2e^- \rightarrow Zn$

陽極で生成する $O_2$ は，気体の状態方程式 $PV = nRT$ より $1 \times 61.6/1000 = n \times 0.082 \times (273+27)$ を解いて $n = 0.0025$ mol となる．

$O_2$ を 1 mol 生成するのに $4F$ の電気量が必要であるから，$O_2$ が 0.0025 mol 生成するために必要な電気量は $0.0025 \times 4F = 0.01F$ である．すなわち，$0.01 \times 96485 = 964.85\,[C]$ の電気量を 30 分間で流したのだから，電流の大きさを $i\,[A]$ とすると $i \times 30 \times 60 = 964.85$ より，$\underline{i = 0.54\,A}$ となる．

陰極で発生した $H_2$ の物質量は，$1 \times (49.2/1000) = n \times 0.082 \times (273+27)$ より，$n = 0.002$ mol．

1 mol の $H_2$ を発生させるために必要な電気量は $2F$ であるから，0.002 mol の $H_2$ を発生させるためには $0.004F$ の電気量が必要．

流れた電気量は $0.01F$ であるから,Zn の析出に用いられた電気量は $0.01F - 0.004F = 0.006F$ となる.1 mol の Zn の析出には $2F$ の電気量を必要とするため,$0.006F$ の電気量では $0.003$ mol の Zn が析出し,その量は $0.003 \times 65.4 = 0.196$ [g].これは 30 分間の電解で析出した量であるから,1 分間で析出した量は $0.196/30 = \underline{0.0065}$ [g].

### 第 5 章

#### ■復習総まとめ問題

**5.1** (1) A:2 次反応,B:1 次反応.反応速度 $v$ が A,B の濃度の何乗で変化しているかをみること.例題 5.2 参照.
(2) 化合物 A:12 分,化合物 B:6 分,化合物 C:3 分.半減期の A の初期濃度依存性については,0 次反応では比例,1 次反応では依存しない,2 次反応は反比例する.表 5.1.1,式 (5.1.27),式 (5.1.28),解表 5.1(問題 5.B)参照.

**5.2** $k = Ae^{-\Delta E/RT}$ に従うので,2 つの温度 $T_1 = 500$ K, $T_2 = 1200$ K について,その反応速度定数をそれぞれ $k_1 = 0.400 \text{ s}^{-1}$, $k_2 = 5.00 \text{ s}^{-1}$ と表す.2 つのアレニウス式を連立すると

$$\ln \frac{k_2}{k_1} = -\frac{\Delta E}{R}\left(\frac{1}{T_2} - \frac{1}{T_1}\right)$$

が成り立つ.数値を代入して変形して解くと,活性化エネルギーは $\Delta E = 1.80 \times 10^4 \text{ J mol}^{-1} = \underline{18.0 \text{ kJ mol}^{-1}}$ となる.
頻度因子 $A$ は,アレニウス式を変形して計算できる.

$$A = k \times e^{\frac{\Delta E}{RT}} = 5.00 \times \exp\left(\frac{1.80 \times 10^4}{8.31 \times 1200}\right) = \underline{30.4 \text{ s}^{-1}}$$

**5.3** (1) 反応速度式:$\dfrac{\text{d}[A]}{\text{d}t} = -k[A]$

積分系:$[A] = [A]_0 e^{-kt}$

(2) 反応速度式:$\dfrac{\text{d}[A]}{\text{d}t} = -k[A][B] = -k'[A]$

$[B]_0 \gg [A]_0$ より,$[B] = [B]_0 = $ 一定と近似できるので,$k' = k[B]_0$ と置き換えることができる(擬一次反応).

積分系:$[A] = [A]_0 e^{-k't} = [A]_0 e^{-k[B]_0 t}$

**5.4** (1) $\dfrac{\text{d}[A]}{\text{d}t} = -k_1[A]$, $\dfrac{\text{d}[B]}{\text{d}t} = k_1[A] - k_2[B]$,

$\dfrac{\text{d}[C]}{\text{d}t} = k_2[B]$

(2) $[A] = [A]_0 e^{-k_1 t}$

(3) $[B] = \dfrac{k_1 [A]_0}{k_2 - k_1}(e^{-k_1 t} - e^{-k_2 t})$ なので,B の濃度の最大値を与える時間において,$\dfrac{\text{d}[B]}{\text{d}t} = 0$ となる.ゆえに,両辺を時間で微分して

$$\frac{\text{d}[B]}{\text{d}t} = \frac{k_1 [A]_0}{k_2 - k_1}(-k_1 e^{-k_1 t} + k_2 e^{-k_2 t}) = 0$$

式を変形すると $k_1/k_2 = e^{(k_1 - k_2)t}$ となるので,B の濃度が最大となるときの時間を $t_{\max}$ とすると,次のようになる.

$$t_{\max} = \frac{\ln k_1 - \ln k_2}{k_1 - k_2}$$

**5.5** (1) $A + A \rightleftarrows A + A^*$, $A^* \rightarrow P$ の反応機構について,$A^*$ の生成と消滅について反応速度式を考えると

$$\frac{\text{d}[A^*]}{\text{d}t} = k_1 [A]^2 - k_1'[A][A^*] - k_2[A^*]$$

が成立する.

(2) 定常状態近似を適用すると,$\dfrac{\text{d}[A^*]}{\text{d}t} = 0$ より,

$[A^*] = \dfrac{k_1 [A]^2}{k_1'[A] + k_2}$ が得られる.

(3) P の生成に関する反応速度式は $\dfrac{\text{d}[P]}{\text{d}t} = k_2 [A^*]$ となる.さらに,問(2)の $[A^*]$ の式を代入すると,次式を得る.

$$\frac{\text{d}[P]}{\text{d}t} = \frac{k_2 k_1 [A]^2}{k_1'[A] + k_2}$$

(4) $k_1'[A] \gg k_2$ のとき,問(3)の結果において分母が $k_1'[A]$ となるので,

$$\frac{\text{d}[P]}{\text{d}t} = \frac{k_2 k_1}{k_1'}[A]$$

となり,P の生成速度 $\dfrac{\text{d}[P]}{\text{d}t}$ は $[A]$ の 1 次反応になっていることがわかる.

**5.6** 1. ミカエリス, 2. $k_2[E]_0$, 3. 0, 4. $k_2[E]_0[S]/K_\text{M}$, 5. 1

**5.7** 問図(a)

#### ■難問にチャレンジ

**5.A** (1) 速度式は $\dfrac{\text{d}[A]}{\text{d}t} = -(k_1 + k_2)[A]$ となるので,両辺を積分すると,$\underline{[A] = [A]_0 e^{-(k_1 + k_2)t}}$.

(2) 生成物の濃度の比は,反応速度定数の比になるので,$\alpha = [B]/[C] = k_1/k_2$.

(3) アレニウスの式と問(2)の結果より

$$\alpha = \frac{k_1}{k_2} = \frac{A_1 e^{-\Delta E_1/RT}}{A_2 e^{-\Delta E_2/RT}} = \frac{A_1}{A_2} e^{-(\Delta E_1 - \Delta E_2)/RT} = \frac{A_1}{A_2} e^{-\Delta E/RT}$$

となる.ただし,活性化エネルギーの差は $\Delta E = \Delta E_1 - \Delta E_2$ としている.

$T = 300$ K と $600$ K のときの比をそれぞれ $\alpha_{300}$, $\alpha_{600}$ と書くと

$$\alpha_{300} = \frac{A_1}{A_2} e^{-\Delta E(R \times 300)} \quad \text{①}$$

$$\alpha_{600} = \frac{A_1}{A_2} e^{-\Delta E(R \times 600)} \quad \text{②}$$

となる.題意より,$\alpha_{300} = \alpha_{600}/2$ なので,式②は

$$2\alpha_{300} = \frac{A_1}{A_2} e^{-\Delta E(R \times 600)} \quad \text{③}$$

となり,これに式①を代入する.

$$2\frac{A_1}{A_2} e^{-\Delta E(R \times 300)} = \frac{A_1}{A_2} e^{-\Delta E(R \times 600)}$$

展開して整理すると次のようになる.

$$\ln 2 = \frac{\Delta E}{R \times 300} - \frac{\Delta E}{R \times 600}$$

$$\Delta E = \frac{\ln 2 \times R}{\frac{1}{300} - \frac{1}{600}} = 3457.7 \text{ J K}^{-1} \text{ mol}^{-1}$$

$$= \underline{3.46 \text{ kJ K}^{-1} \text{ mol}^{-1}}$$

**5.B** (1) $k$:反応速度定数,$n$:反応次数,$k$の単位:$\text{mol}^{1-n} \text{ m}^{-3(1-n)} \text{ s}^{-1}$

(2) 反応速度式の積分系から半減期を表す式を求めると,**解表 5.1** のようになる.これより,(a) $n=1$,(b) $n=2$,(c) $n=0$.

**解表 5.1**

| 反応次数 | 積分形速度式 | 半減期 |
|---|---|---|
| 0 次 | $[A] = [A]_0 - kt$ | $\tau_{1/2} = \frac{[A]_0}{2k}$ |
| 1 次 | $[A] = [A]_0 e^{-kt}$ | $\tau_{1/2} = \frac{\ln 2}{k}$ |
| 2 次 | $[A] = \frac{[A]_0}{kt[A]_0 + 1}$ | $\tau_{1/2} = \frac{1}{k[A]_0}$ |

(3) アレニウス式は $k = Ae^{-\Delta E/RT}$ で表される.温度一定の条件下で半減期を測定したのは,温度変化により反応速度定数が変化するので,半減期もその影響を受けるからである.

**5.C** (1) $[\text{CH}_3]$ および $[\text{CH}_3\text{CO}]$ の反応速度式はそれぞれ

$$\frac{d[\text{CH}_3]}{dt} = k_1[\text{CH}_3\text{CHO}] - k_2[\text{CH}_3][\text{CH}_3\text{CHO}]$$
$$+ k_3[\text{CH}_3\text{CO}] - k_4[\text{CH}_3]^2$$

$$\frac{d[\text{CH}_3\text{CO}]}{dt} = k_2[\text{CH}_3][\text{CH}_3\text{CHO}] - k_3[\text{CH}_3\text{CO}]$$

となる.$[\text{CH}_3]$ および $[\text{CH}_3\text{CO}]$ について定常状態近似 $\frac{d[\text{CH}_3]}{dt} = 0$,$\frac{d[\text{CH}_3\text{CO}]}{dt} = 0$ が成り立つとすると,これ

らを連立して解くことで

$$[\text{CH}_3] = \left(\frac{k_1}{k_4}\right)^{1/2} [\text{CH}_3\text{CHO}]^{1/2}$$

を得る.

(2) $\text{CH}_4$ の生成速度の式 $v = \frac{d[\text{CH}_4]}{dt} = k_2[\text{CH}_3][\text{CH}_3\text{CHO}]$ に問(1)の関係式を代入すると,

$$v = k_2(k_1/k_4)^{1/2} [\text{CH}_3\text{CHO}]^{3/2}$$

となり,$\text{CH}_3\text{CHO}$ に対する反応次数は $\underline{3/2}$ となる.

(3) 問(2)で求めた $v = k_2(k_1/k_4)^{1/2} [\text{CH}_3\text{CHO}]^{3/2}$ の関係式において,反応速度定数 $k_1, k_2, k_4$ にアレニウスの式(5.1.30)を反応①,反応②,反応④の活性化エネルギー $E_1, E_2, E_4$ として代入する.$v$ についても反応速度定数の部分においてアレニウスの式(5.1.30)が成り立つとして,$v = A \exp(-E/RT) [\text{CH}_3\text{CHO}]^{3/2}$ を代入すると,

$$Ae^{-\frac{E}{RT}} [\text{CH}_3\text{CHO}]^{3/2}$$
$$= A_2 e^{-\frac{E_2}{RT}} \left(\frac{A_1}{A_4}\right)^{1/2} e^{\frac{1}{2}\left(-\frac{E_1}{RT} + \frac{E_4}{RT}\right)} [\text{CH}_3\text{CHO}]^{3/2}$$
$$= A_2 \left(\frac{A_1}{A_4}\right)^{1/2} e^{-\frac{1}{RT}[E_2 + \frac{1}{2}(E_1 - E_4)]} [\text{CH}_3\text{CHO}]^{3/2}$$

となり,指数関数部分に注目すると,

$$E = E_2 + \frac{1}{2}(E_1 - E_4)$$

となる.

(4) 問(3)より,$\text{CH}_4$ の生成速度 $v$ に対する活性化エネルギー $E$ は,

$$E = E_2 + \frac{1}{2}(E_1 - E_4)$$

が成り立つので,値を代入して解くと,$192 = 33.0 + (1/2) \times (E_1 - 0.00)$ より,$E_1 = \underline{318 \text{ kJ mol}^{-1}}$.

## 第 6 章

■復習総まとめ問題

**6.1** (1) 1s 軌道:2 個,球形◯,(2) p 軌道:6 個,ローブ型◯◯

**6.2** (1) 電子の加速電圧を $V$ [V],加速された電子の速度を $v$ [m/s] とすると,$e \times V = \frac{1}{2}mv^2$.ド・ブロイの関係式より,電子の波長を $\lambda$ [m] とすると,$\lambda = \frac{h}{mv}$ なので,連立して解くと,$V = \underline{1.5 \times 10^6 \text{ V}}$ となる.

(2) 井戸型ポテンシャルのエネルギーの公式を利用する.遷移する2つの準位をそれぞれ $n_1, n_2$ ($n_1 < n_2$) とすると,$\Delta E = (n_2^2 - n_1^2) \times \frac{h^2}{8mL^2}$ であるので,この式に数値を代入する.$\Delta E = \underline{1.64 \times 10^{-19} \text{ J}}$,$\lambda = \frac{hc}{\Delta E} = \underline{1.21 \times 10^{-6} \text{ m}}$.

6.3 水素原子の電子を遷移するために必要なエネルギーは $\Delta E = \dfrac{me^4}{8\varepsilon_0^2 h^2}\left(\dfrac{1}{n_1^2} - \dfrac{1}{n_2^2}\right)$ で計算できる．したがって，$\underline{(n=1 \to n=3)} > (n=2 \to n=4) > (n=3 \to n=5)$．

6.4 3つの量子数の取りうる値について $0 \leq \ell \leq n-1$（整数），$-\ell \leq m \leq \ell$（整数）の関係に注意する．
　(a) × 　(b) × 　(c) ○ 　(d) × 　(e) ×

6.5 Si：$1s^2 2s^2 2p^6 3s^2 3p^2$，Ca：$1s^2 2s^2 2p^6 3s^2 3p^6 4s^2$

6.6
$$\int \Psi_1^* \times \Psi_2 \, \mathrm{d}x\mathrm{d}y\mathrm{d}z$$
$$= \int \left(\dfrac{1}{\sqrt{3}}\varphi_s^* + \dfrac{\sqrt{2}}{\sqrt{3}}\varphi_{p_x}^*\right)\left(\dfrac{1}{\sqrt{3}}\varphi_s - \dfrac{1}{\sqrt{6}}\varphi_{p_x} + \dfrac{1}{\sqrt{2}}\varphi_{p_y}\right) \mathrm{d}x\mathrm{d}y\mathrm{d}z$$
$$= \dfrac{1}{3}\int \varphi_s^* \varphi_s \, \mathrm{d}x\mathrm{d}y\mathrm{d}z - \dfrac{1}{3}\int \varphi_{p_x}^* \varphi_{p_x} \, \mathrm{d}x\mathrm{d}y\mathrm{d}z = 0$$

ここで，
$$\int \varphi_s^* \varphi_{p_x} \, \mathrm{d}x\mathrm{d}y\mathrm{d}z = \int \varphi_s^* \varphi_{p_y} \, \mathrm{d}x\mathrm{d}y\mathrm{d}z = \int \varphi_{p_x}^* \varphi_{p_y} \, \mathrm{d}x\mathrm{d}y\mathrm{d}z = 0$$
を用いた．

6.7 結合次数が大きいと結合が安定になり，結合長も短くなる．
(1) $N_2$：結合次数3，$N_2^+$：結合次数2.5．ゆえに，$N_2$ より $N_2^+$ のほうが結合が長い．
(2) $F_2$：結合次数1，$F_2^+$：結合次数1.5．ゆえに，$F_2^+$ より $F_2$ のほうが結合が長い

6.8 (a) $sp^3$ 混成　(b) $sp^2$ 混成　(c) $sp^3$ 混成　(d) $sp^3$ 混成　(e) $sp$ 混成

6.9 ・$BF_3$ の場合
解図6.1(a)の電子配置図をみると，Bは不対電子1個をもつ．$BF_3$ においては，B原子は3つのF原子に囲まれているので，3つのF原子と結合できるように，2s軌道から $2p_y$ 軌道に電子が1つ移動（昇位）し，$sp^2$ 混成軌道を形成する（解図(b)）．その結果，3つのF原子と結合するので，$\underline{sp^2 混成軌道}$ となる．$sp^2$ 混成軌道なので，$\underline{平面構造}$ をとる．

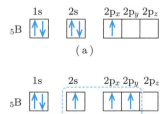

解図6.1

・$BeCl_2$ の場合
Be原子は1s軌道と2s軌道を電子が占有している（解図6.2(a)）．2つのCl原子に囲まれているので，2つのCl原子と結合できるように2s軌道の電子を2p軌道に移動（昇位）し，不対電子を2個にして2つのCl原子と結合する（図

(b)）．$\underline{sp 混成軌道}$ なので，$\underline{直線構造}$ をとる．

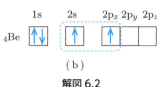

解図6.2

■難問にチャレンジ

6.A (1) $n$：主量子数，$\ell$：方位量子数（あるいは軌道角運動量量子数），$m$：磁気量子数

(2) 水素原子の1s軌道の波動関数は $\Phi_{1s} = R_{1s}(r) Y_{1s}(\theta, \varphi)$ で表される．体積要素 $\mathrm{d}x\mathrm{d}y\mathrm{d}z$ を極座標で表すと，$\mathrm{d}x\mathrm{d}y\mathrm{d}z = r^2 \sin\theta \mathrm{d}r \mathrm{d}\varphi \mathrm{d}\theta$ の関係があり，角度方向の波動関数 $Y_{1s}(\theta, \varphi)$ は規格化されている $\left(\int_0^\pi \mathrm{d}\theta \int_0^{2\pi} |Y_{1s}(\theta, \varphi)|^2 \sin\theta \mathrm{d}\theta = 1\right)$ ことから，中心（核）からの距離 $r \sim r + \mathrm{d}r$ の位置に電子が存在する確率 $P(r)\mathrm{d}r = |R_{1s}(r)|^2 r^2 \mathrm{d}r$ となる．ゆえに，$\underline{P(r) = |R_{1s}(r)|^2 r^2}$．

(3) 問(2)より，
$$P(r) = \left|\dfrac{2}{a_0^{3/2}} e^{-r/a_0}\right|^2 \times r^2 = \dfrac{4r^2}{a_0^3} e^{-2r/a_0}$$

である．極大値は $P(r)$ を距離 $r$ で微分して $\dfrac{\mathrm{d}P(r)}{\mathrm{d}r} = 0$ で得られるので，
$$\dfrac{\mathrm{d}P(r)}{\mathrm{d}r} = \dfrac{4}{a_0^3}\left\{2r + r^2 \times \left(-\dfrac{2}{a_0}\right)\right\} e^{-2r/a_0}$$

これを解くと，$P(r)$ が最大となるのは $\underline{r = a_0}$ となる．

6.B N原子，O原子の原子軌道とそれらから形成される分子軌道を解図6.3に示す．図に示すように，各原子軌道のp軌道から形成される結合性軌道である $\sigma$ 軌道，$\pi$ 軌道，$\pi^*$ 軌道にそれぞれ2個，4個，1個収容され，結合が形成されることがわかる（結合性軌道に電子が6個，反結合軌道に電子が1個で，結合次数は2.5）．

NOの $\pi^*$ 軌道に電子が1個のみ収容され，不対電子が残るので，NO分子は常磁性となる．

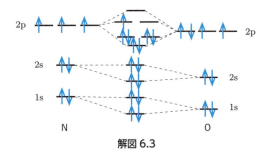

解図 6.3

**6.C** (1) Xe は貴ガスであり，最外殻の s 軌道，p 軌道の電子はすべて占有されている．一方，O は最外殻の p 軌道の電子が 2 個不足している．そこで，O 原子の 3 つの p 軌道のうち，2 つの p 軌道で電子 4 個のすべてを占有し，1 つの p 軌道を空にして，空の p 軌道に Xe の占有されている p 軌道の 2 個の電子対を共有し，O の p 軌道の 2 個の電子不足を補おうとする（配位結合）．同様の配位結合を 3 つの酸素原子と行うために，Xe の s 軌道と 3 つの p 軌道を混成し，$sp^3$ 混成軌道を形成，4 つの混成軌道のうちの 3 つを O 原子との配位結合に使う結果，$XeO_3$ は $sp^3$ 軌道で N–H 結合をつくっている $NH_3$ と類似した三角錐型構造になると予想される（**解図 6.4**）．

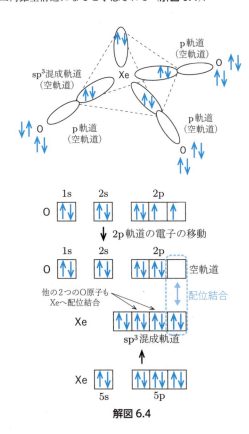

解図 6.4

(2) d 軌道は 5 種類存在するが，配位子の接近により安定化する d 軌道（$d_{xy}, d_{yz}, d_{zx}$）と不安定化する d 軌道（$d_{z^2}$, $d_{x^2-y^2}$）があるだけ（注意：配位子の配位の仕方で安定化，不安定化する d 軌道が変わる）でなく，配位子の違いでエネルギーの分裂の大きさが異なることが知られている．$CN^-$ が配位子のときは Fe の d 軌道の分裂が大きいため，安定化した 3 つの d 軌道に電子を充填する（不対電子が減るため，低スピン配置とよぶ．**解図 6.5**(a)）が，$F^-$ が配位子のときは Fe の d 軌道の分裂が小さいため，フントの規則に従い，エネルギー分裂したにもかかわらず，5 つの d 軌道のすべてにスピンを平行にして電子を充填する（不対電子が多くなるため，高スピン配置とよぶ．**解図 6.5**(b)）．このような Fe 軌道への電子配置の違いを反映して混成軌道の違いが生じる．

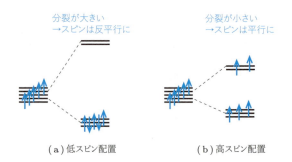

(a) 低スピン配置　　(b) 高スピン配置

解図 6.5

## 第 7 章

■復習総まとめ問題

**7.1** (1) $^{85}_{37}Rb$ (2) $^{208}_{82}Pb$ (3) $^{13}_{7}N$ (4) $^{24}_{12}Mg$ (5) $^{30}_{15}P$

**7.2** $^{238}_{92}U + ^{12}_{6}C \rightarrow ^{246}_{98}Cf + 4\,^{1}_{0}n$

**7.3** $N = N_0 \times \left(\dfrac{1}{2}\right)^{\frac{t}{t_{1/2}}}$ の公式より，$N = 100\,[ng] \times \left(\dfrac{1}{2}\right)^{32/8}$ = $\underline{6.3\,ng}$．

**7.4** $N = N_0 \times \exp(-\lambda t)$ の公式より，崩壊定数 $\lambda = \underline{4.1 \times 10^{-4}\,年^{-1}}$，半減期 $\underline{1700\,年}$．

**7.5** ベクレル Bq は 1 秒あたりの崩壊数なので，1.00 g の $^{14}C$ の原子数 $\left(\dfrac{1.00}{14.0} \times 6.02 \times 10^{23}\right)$ と崩壊定数 $\lambda$ の積で表される．崩壊定数 $\lambda = \dfrac{\ln 2}{t_{1/2}}$（ここで，$t_{1/2}$ は $^{14}C$ の半減期 [s]）の値を代入すると，$\underline{1.65 \times 10^{11}\,Bq}$．

**7.6** 質量欠損は $\Delta m = 2 \times 2.014101 \times 10^{-3}\,[kg\,mol^{-1}] - (3.016049 \times 10^{-3}\,[kg\,mol^{-1}] + 1.007825 \times 10^{-3}\,[kg\,mol^{-1}]) = 0.004328 \times 10^{-3}\,kg\,mol^{-1}$．ゆえに，核融合で得られるエネルギーは $E = 0.004328 \times 10^{-3}\,[kg\,mol^{-1}] \times (3.00 \times 10^8\,[m\,s^{-1}])^2 = \underline{3.90 \times 10^{11}\,J\,mol^{-1}}$．

■難問にチャレンジ

**7.A** (1) $^{87}Rb(t) = ^{87}Rb_0 \times \exp(-\lambda t)$　①

また，$^{87}\text{Sr}(t) = {}^{87}\text{Sr}_0 + ({}^{87}\text{Rb}_0 - {}^{87}\text{Rb}(t))$　②
式①を式②に代入して $^{87}\text{Rb}_0$ を消去する．
$^{87}\text{Sr}(t) = {}^{87}\text{Rb}(t) \times \{\exp(\lambda t) - 1\} + {}^{87}\text{Sr}_0$　③

(2) 問(1)で求めた式③の両辺を安定同位体 $^{86}\text{Sr}$ の原子数で割ると

$$\frac{{}^{87}\text{Sr}(t)}{{}^{86}\text{Sr}} = \frac{{}^{87}\text{Rb}(t)}{{}^{86}\text{Sr}} \times \{\exp(\lambda t) - 1\} + \frac{{}^{87}\text{Sr}_0}{{}^{86}\text{Sr}}$$

となり，傾き 0.067 より，$\exp(\lambda t) - 1 = 0.067$．得られた $\lambda = 1.42 \times 10^{-11}$ 年$^{-1}$ を代入すると，$t = 4.57 \times 10^9$ 年 = <u>45.7 億年</u>．

**7.B** $^{226}\text{Ra} \xrightarrow{\text{反応速度定数} k_1} {}^{222}\text{Rn} \xrightarrow{\text{反応速度定数} k_2}$ 生成物のように崩壊するとすると，$^{222}\text{Rn}$ の速度式は

$$\frac{d[{}^{222}\text{Rn}]}{dt} = k_1 \times [{}^{226}\text{Ra}] - k_2 \times [{}^{222}\text{Rn}]$$

となる．ここで，定常状態近似の仮定を用いると $\frac{d[{}^{222}\text{Rn}]}{dt} = 0$ なので，上式に代入すると，$[{}^{222}\text{Rn}] = \frac{k_1 \times [{}^{226}\text{Ra}]}{k_2}$ となることがわかる．

10.0 g 中の $^{226}\text{Ra}$ の原子数は $\frac{10.0 \,[\text{g}]}{226} \times 6.02 \times 10^{23} = 2.66 \times 10^{22}$ 個．一方，半減期 $\tau$ と反応速度定数 $k$（崩壊定数 $\lambda$）は逆数の関係 $\left(k = \frac{\ln 2}{\tau}, \tau \text{は半減期}\right)$ があるので，$^{226}\text{Rn}$ と $^{222}\text{Rn}$ の半減期をそれぞれ $\tau_1$，$\tau_2$ と書くと，$[{}^{222}\text{Rn}] = \frac{\tau_2 \times [{}^{226}\text{Ra}]}{\tau_1}$ の関係が成り立つ．これより，$^{222}\text{Rn}$ の原子数は次のようになる．

$$\frac{3.82}{5.84 \times 10^5} \times 2.66 \times 10^{22} = \underline{1.74 \times 10^{17} \text{ 個}}$$

**7.C** $^{32}\text{P}$ でラベルすることで，小麦の根から一定濃度の $^{32}\text{P}$ を含有させることができる．$^{32}\text{P}$ は放射性同位体であるため，放射能の強さは半減期に従い時間とともに減少するので，式 (7.1.4) $\ln(N_0/N) = \frac{t}{t_{1/2}} \times \ln 2$ を使って，各施肥の深さにおける $N_0$ を求めて比較すればよい．たとえば，10.0 cm のところでは，$N_0 = N \times \exp\left(\frac{t}{t_{1/2}} \times \ln 2\right) = 15.0 \,[\text{Bq g}^{-1}] \times \exp\left(\frac{10\,[\text{日}]}{14.2\,[\text{日}]} \times \ln 2\right) = 24.4 \text{ Bq g}^{-1}$．同様に，12.0 cm では 27.0 Bq g$^{-1}$．14.0 cm では 21.2 Bq g$^{-1}$．ゆえに，<u>最大の吸収効率をもつのは 12.0 cm</u>．

**7.D** (1) $\alpha$ 崩壊：$^{227}\text{Ac} \rightarrow {}^{223}\text{Fr} + {}^{4}_{2}\text{He}$，$\beta$ 崩壊：$^{227}\text{Ac} \rightarrow {}^{227}\text{Th} + {}^{0}_{-1}\text{e}$

(2) 半減期が 21.8 年なので，崩壊定数 $\lambda = \frac{\ln 2}{t_{1/2}} = \frac{\ln 2}{21.8} = 3.18 \times 10^{-2}$ 年$^{-1}$．各元素を生成する核反応の崩壊定数は，上記の崩壊定数 $\lambda$ に生成比を掛け算して得られるので，次のようになる．

$^{223}\text{Fr}$：$3.18 \times 10^{-2} \,[\text{年}^{-1}] \times 0.986 = \underline{3.14 \times 10^{-2} \text{ 年}^{-1}}$
$^{227}\text{Ac}$：$3.18 \times 10^{-2} \,[\text{年}^{-1}] \times 0.014 = \underline{4.45 \times 10^{-4} \text{ 年}^{-1}}$

（参考：並列反応における各反応の反応速度定数は，反応物の減衰の時間変化から得られる反応速度定数に各反応の分岐率を掛け算することで得られる．）

# 索　引

## ■英数

- $\alpha$ 崩壊　192
- $\beta$ 崩壊　192
- $\gamma$ 崩壊　192
- $\pi$ 軌道　179
- $\pi^*$ 軌道　179
- $\sigma$ 軌道　179
- $\sigma^*$ 軌道　179
- $d$ 軌道　172
- $f$ 軌道　172
- GM 計数管　195
- $p$ 軌道　172
- sp 混成軌道　182
- $sp^2$ 混成軌道　183
- $sp^3$ 混成軌道　183
- $s$ 軌道　172
- X 線回折　92
- 1s　172
- 1次反応　135
- 2p　172
- 2s　172
- 2次反応　135
- 3d　172

## ■あ行

- 圧縮因子　17
- 圧平衡定数　69
- アノード　118
- アボガドロの原理　4
- アボガドロの法則　4
- アモルファス　90
- アレニウス式　137
- イオン移動度　106
- イオン強度　108
- イオン選択性電極　116
- 一次電池　112
- 井戸型ポテンシャル　167
- 陰極　117
- 液相線　80
- エネルギー準位　162
- エネルギー等分配則　8, 15
- エンタルピー　33
- エントロピー　47
- オストワルトの希釈律　108

## ■か行

- 回転　8
- 壊変定数　194
- 界面　122
- 界面張力　124
- 解離　102
- 解離度　102
- 化学電池　112
- 化学平衡　70
- 化学平衡の法則　68
- 化学ポテンシャル　58
- （化学）量論係数　43, 68, 130
- 可逆反応　139
- 核融合　196
- 確率密度　166
- カソード　118
- 活性化エネルギー　137
- 活量　68, 108
- 活量係数　108
- カルノーサイクル　45
- 完全溶液　84
- 擬 $n$ 次反応　134
- 規格化条件　166
- 基質　144
- 気体定数　5
- 気体分子運動論　8
- 起電力　110
- 軌道角運動量量子数　171
- ギブズエネルギー　53
- ギブズ–デュエムの式　60
- ギブズの相律　78
- ギブズ–ヘルムホルツの式　57
- 球対称　172
- 吸着　147
- 境界条件　168
- 凝固点降下　87
- 凝固点降下定数　87
- 極座標系　171
- キルヒホッフの法則　43
- クラウジウス–クラペイロンの式　80
- クラウジウスの不等式　47
- グラハムの流出の法則　16
- クラペイロンの式　79
- 系　28, 77
- 系列　163

## ■か行

- 外界　28
- 結合次数　178
- 結合性軌道　177
- 結晶　90
- 結晶構造　90
- 原子軌道　172
- 原子力発電　196
- 顕熱　35
- 合金状態図　80
- 光子　157
- 格子エネルギー　91
- 格子エンタルピー　91
- 格子欠陥　90
- 酵素　144
- 構造原理　174
- 酵素反応　144
- 光電効果　157
- 光電子　157
- 黒体輻射　156
- 固相線　81
- コールラウシュのイオン独立移動の法則　105
- コロイド分散系　121
- コロイド粒子　121
- 混合エントロピー　49
- 混成軌道　182
- 根平均二乗速度　11

## ■さ行

- 最大確率速度　12
- 三重点　78
- 磁気量子数　171
- 仕事関数　158
- 実在気体　2
- 質量欠損　197
- 質量保存則　197
- 時定数　137
- シャルルの法則　2
- 自由度　8, 78
- 縮重　173
- 主量子数　171
- シュレーディンガー方程式　167
- 準静的過程　31
- 昇位　183
- 昇華曲線　78
- 蒸気圧曲線　78

蒸気圧降下　86
状態量　32
衝突頻度　15
食塩電解　120
触媒　147
初速度法　133
シンチレーション検出器　195
振動　8
浸透　89
浸透圧　88
ストークスの式　123
制御棒　196
生物電池　114
成分　77
絶対エントロピー　51
絶対標準エントロピー　51
絶対零度　4
全圧　6
遷移状態　137
前駆平衡反応　143
潜熱　35
相　77
相境界　79
相図　77
相転移　77
相平衡　77
相変態　77
束一的性質　86

■た 行
対応状態の原理　22
太陽電池　113
多結晶　93
単位　202
単位格子　90
単位胞　90
単結晶　93
逐次反応　139
中性子　196
超臨界状態　78
超臨界流体　22
直交条件　166
沈降　123
定圧モル熱容量　33
定在波　161
定常状態近似　142
定積熱容量　33
定積モル熱容量　32
てこの関係　81
デバイ-ヒュッケルの極限則　109
電解　117

電解質　102
電気伝導率　103
電気分解　117
電極電位　111
電極反応　110
電気量　118
電子構造　174
電子スピン　174
電子相関　173
電子配置　174
電池　109
電池図式　109
電離　102
電離度　102
動径分布関数　171
ド・ブロイの式　161, 165
ド・ブロイ波長　161
ドルトンの分圧の法則　6

■な 行
内部エネルギー　28
二次電池　112
二重性　164
濡れ性　124
熱機関　45
熱輻射　156
熱力学　28
熱力学第1法則　28
熱力学第2法則　45
熱力学第3法則　51
熱力学的状態方程式　56
ネルンスト式　114
燃料電池　112
濃度平衡定数　69

■は 行
バイオ電池　114
パウリの排他原理　174
発光スペクトル　163
パッシェン系列　163
波動関数　166
腹　170
バルマー系列　163
反結合性軌道　177
半減期　136, 193
半電池　111
半透膜　88
反応次数　132
反応速度　130
反応速度式の積分系　132
反応速度式の微分形　132

反応速度定数　132
反応の進行度　130
非結合性軌道　179
非晶質　90
比熱比　36
比表面積　122
被覆率　147
標準圧平衡定数　69
標準化学ポテンシャル　60
標準起電力　111
標準状態　5
標準水素電極　111
標準生成エンタルピー　39, 41
標準濃度平衡定数　69
標準反応エンタルピー　39
標準反応エントロピー　51
表面　122
表面張力　124
ビリアル状態方程式　18
頻度因子　137
ファラデー定数　119
ファラデーの法則　118
ファンデルワールス係数　19
ファンデルワールス方程式　19
ファント・ホッフ係数　89
ファント・ホッフの式（圧平衡定数に関する）　73
ファント・ホッフの式（浸透圧に関する）　89
ファント・ホッフ・プロット　73
不確定性原理　165
節　170
節面　172
沸点上昇　86
沸点上昇定数　87
物理電池　113
ブラウン運動　122
ブラッグの条件　93
ブラッグの法則　93
プランク定数　157
プロトンジャンプ機構　106
分圧　6
分散系　121
分散質　121
分散媒　121
分子軌道　178
フントの規則　175
粉末X線回折法　94
分離法　133
平均自由行程　15
平均速度　12

平衡移動の法則　74
（平衡）状態図　77
平衡定数　68
並進　8
並列反応　139
ヘスの法則　39, 91
ヘルムホルツエネルギー　53
ヘンリーの法則　84
ポアソンの法則　36
ボーア半径　161
ボイル温度　18
ボイル–シャルルの法則　3
ボイルの法則　2
方位量子数　171
崩壊系列　192
崩壊定数　194
放射性同位体　192
放射線　192
放射線系列　192
ボルツマン定数　15
ボルン–ハーバーサイクル　91

■ま行

マイヤーの関係式　34

マクスウェルの関係式　55
マクスウェル–ボルツマンの速度分布　12
マーデルングエネルギー　92
マーデルング定数　92
ミカエリス定数　145
ミカエリス–メンテンの式　144
無限希釈におけるモル伝導率　105
めっき　120
毛細管現象　124
モル体積　4
モル伝導率　104
モル分率　6

■や行

ヤング–ラプラスの式　124
融解曲線　77
有効数字　203
輸率　107
溶液　83
陽極　117
溶質　83
溶媒　83

■ら行

ライマン系列　163
ラインウィーバー–バーク・プロット　146
ラウールの法則　83
ラジオアイソトープ　192
ラングミュアの吸着等温式　148
理想気体　2
理想気体の状態方程式　5
理想希薄溶液　85
理想溶液　84
流出速度　16
リュードベリ定数　163
量子仮説　156
量子数　171
臨界圧力　22
臨界温度　22
臨界点　22, 78
臨界モル体積　22
ル・シャトリエの原理　74
連鎖反応　196
ローブ型　172

著者略歴

村上能規（むらかみ・よしのり）
1997 年　東京大学大学院工学系研究科化学システム工学専攻博士後期課程修了
　　　　長岡技術科学大学助教，八戸工業高等専門学校准教授等を経て
現在　　長岡工業高等専門学校物質工学科教授
　　　　博士（工学）（1997 年，東京大学）

齊藤貴之（さいとう・たかゆき）
2006 年　東北大学大学院工学研究科生物工学専攻博士後期課程修了
　　　　八戸工業高等専門学校助手，准教授等を経て
現在　　八戸工業高等専門学校産業システム工学科マテリアル・バイオ工学コース教授
　　　　博士（工学）（2006 年，東北大学）

寺門　修（てらかど・おさむ）
2002 年　カールスルーエ大学物理化学研究所博士課程修了
　　　　東北大学多元物質科学研究所助手，名古屋大学大学院工学研究科助教等を経て
現在　　函館工業高等専門学校物質環境工学科教授
　　　　Dr.rer.nat.（2002 年，カールスルーエ大学）

水野章敏（みずの・あきとし）
2002 年　北海道大学大学院理学研究科化学専攻博士後期課程単位取得退学
　　　　学習院大学助教を経て
現在　　函館工業高等専門学校物質環境工学科准教授
　　　　博士（理学）（2003 年，北海道大学）

岸岡真也（きしおか・しんや）
1998 年　東京工業大学大学院総合理工学研究科電子化学専攻博士課程単位取得退学
　　　　科学技術振興事業団研究員，長岡技術科学大学助教等を経て
現在　　群馬大学共同教育学部准教授
　　　　博士（工学）（1998 年，東京工業大学）

渡辺昭敬（わたなべ・あきひろ）
1997 年　新潟大学大学院自然科学研究科物質化学専攻博士課程修了
　　　　神戸市立工業高等専門学校助手，准教授等を経て
現在　　神戸市立工業高等専門学校応用化学科教授
　　　　博士（理学）（1997 年，新潟大学）

例題で学ぶ 物理化学

2025 年 4 月 4 日　第 1 版第 1 刷発行

著者　　村上能規・齊藤貴之・寺門　修・水野章敏・岸岡真也・渡辺昭敬

編集担当　藤原祐介（森北出版）
編集責任　富井　晃（森北出版）
組版　　　双文社印刷
印刷　　　シナノ印刷
製本　　　同

発行者　森北博巳
発行所　森北出版株式会社
　　　　〒102-0071　東京都千代田区富士見 1-4-11
　　　　03-3265-8342（営業・宣伝マネジメント部）
　　　　https://www.morikita.co.jp/

©Yoshinori Murakami, Takayuki Saito, Osamu Terakado, Akitoshi Mizuno,
　Shinya Kishioka, Akihiro Watanabe, 2025
Printed in Japan
ISBN978-4-627-26181-5